U0504917

产品设计与开发系列丛书

非标准设备设计方法及案例解析

李桂琴　李　明　李书训　编著

机械工业出版社

本书结合作者产学研合作中的成熟案例，阐述了非标准设备设计的方法和案例。本书内容包括设计基础、方案设计、详细设计、成本估算、计算机辅助设计，以及微小颗粒粉料送料机、飞剪式废料处理机、视频引伸计、封隔器试验台、烧结设备、海洋纵深温度分布实时探测系统六个案例的设计过程。本书旨在为非标准设备从业人员提供全面的参考，以应对现代设计中的复杂挑战。

本书适合从事机械设计、设备开发、制造工艺及相关研究的工程师和技术人员，尤其适合专注于非标准设备领域的从业者使用，也可供相关专业高校师生参考。

图书在版编目（CIP）数据

非标准设备设计方法及案例解析 / 李桂琴，李明，李书训编著. -- 北京：机械工业出版社，2025. 6.
（产品设计与开发系列丛书）. -- ISBN 978-7-111-78078-6

Ⅰ. TH122

中国国家版本馆 CIP 数据核字第 2025EX1956 号

机械工业出版社（北京市百万庄大街 22 号　邮政编码 100037）

策划编辑：雷云辉　　　　　　　责任编辑：雷云辉　卜旭东
责任校对：潘　蕊　陈　越　　　封面设计：鞠　杨
责任印制：单爱军
北京盛通数码印刷有限公司印刷
2025 年 6 月第 1 版第 1 次印刷
169mm×239mm · 24 印张 · 426 千字
标准书号：ISBN 978-7-111-78078-6
定价：129.00 元

电话服务　　　　　　　　　　网络服务
客服电话：010-88361066　　　机 工 官 网：www.cmpbook.com
　　　　　010-88379833　　　机 工 官 博：weibo.com/cmp1952
　　　　　010-68326294　　　金 书 网：www.golden-book.com
封底无防伪标均为盗版　　　机工教育服务网：www.cmpedu.com

前　言

随着工业自动化和智能制造的快速发展，非标准设备的需求日益增长。标准化设备通常适用于大规模生产和通用性较强的场景，而特定的生产环境和工艺往往要求定制化的非标准设备，以实现更高效、精确的操作和控制，提高产品质量和一致性。本书旨在为设计人员提供一套较为系统、实用的设计方法和参考案例，帮助他们处理复杂项目、寻找最佳解决方案。

本书的初衷源于编者在非标准设备设计领域多年积累的教学、实践经验和深刻洞察。编者意识到，市面上虽然已有不少机械设备设计相关的书籍，但缺乏结合实例梳理设计流程和剖析底层知识的相关资料。对于一线设计人员而言，通过浏览大量晦涩的专业书籍来寻找具体设计方法，既耗时烦琐，也难以在实践中直接应用。为此，编者结合实际案例，系统性地整理了在真实项目中应用的设计方法和注意事项，形成一套完整的设计流程，供非标准设备设计者参考。

本书内容结构按实际设计过程的步骤设置，以系统性、实用性和可操作性为原则，力求为设计者提供全面且具体的指导。

第1~3章主要介绍了非标准设备设计的基础知识、方案设计和详细设计，包括需求分析、功能分解、结构与功能匹配以及多方案选择与评价等重点内容。这部分内容既可帮助初学者构建非标准设备设计的整体框架，也可为有经验的设计者提供系统化的思路。

第4章和第5章探讨了非标准设备成本估算与计算机辅助设计的具体应用，包括报价工艺、降本方法、干涉检查、计算机辅助优化、二维工程图的绘制及物料清单（Bill of Material，BOM）的生成等内容，以支持非标准设备的安全设计和经济性分析，提高设计效率和产品质量。

第6~11章通过多个典型设备设计案例，全面展示了非标准设备的设计应用和技术实现方法。例如，第 6 章和第 7 章分别介绍了微小颗粒粉料送料机和飞剪式废料处理机的设计过程，着重讲解了功能结构分解、误差分析和动力学仿真等关键环节。此外，第 9 章介绍了封隔器试验台的研发过程，第 10 章还讨论了烧结设备的设计与开发，包括温度场仿真与结构设计，使读者能够全面理解非标准设备在特定应用场景中的设计要点。第 8 章和第 11 章展示了非标准设备在新兴行业中的应用，如视频引伸计和海洋纵深温度分布实时探测系统的设计，为设计人员提供了跨学科的设计参考。这些内容不仅拓展了非标准设备设计在不同领域的应用，也为设计人员在新兴领域的技术创新提供了宝贵经验。

本书的编写力求做到内容严谨、语言通俗易懂，注重理论与实际操作的结合，确保为设计人员提供实用的参考。本书中的每一设计步骤和实例都经过实践验证，符合实际工程需求，致力于为从业者在非标准设备设计的每个环节提供可靠的指导和启发，帮助他们建立非标准设备设计的理论体系，助力其提升专业能力。鉴于编者水平有限，书中难免有错误之处，敬请广大读者批评指正。

目 录

第**1**章

非标准设备设计基础

1.1　产品设计分类与结构设计准则

　　非标准设备指不按照国家标准和行业标准制造，而是根据用户的特定需求定制设计和制造，且不遵循广泛通用的标准规格或型号的设备。

　　非标准设备具有设计独特性，并对环境极具依赖性，缺乏统一的规则框架，难以通过既定规则或简明的公式概括，具有灵活性高、创新性强、成本差异大、生产周期长、技术集成度高等特点。对于新型设计，不同的人可能有不同的想法和期望，系统地整理相关信息和知识，并在此基础上进行创造性设计，对设计者而言是一个巨大的挑战。为此，人们开发出了很多工具和方法，如计算机辅助设计（Computer Aided Design，CAD）、专家系统、基于实例推理（Case-Based Reasoning，CBR）、遗传算法等。尽管此类工具与方法能够显著提高设计效率，但仍面临一定的局限性，例如，CAD 不支持概念设计，对早期的创新和概念开发帮助有限；专家系统的建立依赖大量的专业知识，对于创新设计缺乏足够的规则约束。非标准设备设计的另一个重大挑战是设计目标的多样性和不一致性。由于设计一般涉及多个参与者，设计目标和要求常存在冲突，须协调和综合多方利益和期望。

　　非标准设备设计作为工程实践的核心环节，强调创造性思维与跨学科合作，旨在将抽象概念转化为实用的产品与系统，以满足特定的需求和标准。设计活动中，设计师须综合运用各个专业领域的知识，在材料、工艺、经济等现实条件约束下追求技术问题的最佳解决方案。此外，设计师还须与多个角色建立横向联系，如售货员、采购员、财会员、生产员、计划员、制造工程师、试验工程师、装配领导、材料专家和科研人员等，通过合作获取必要的信息和资料，

1

确保设计的合理性。

通过反复开发设计进行批量产品开发的优化过程如图 1-1 所示。这个过程从单件产品开发的模型试验开始，然后进行小批量生产的样机测试，最终得到大批量生产的优化产品。

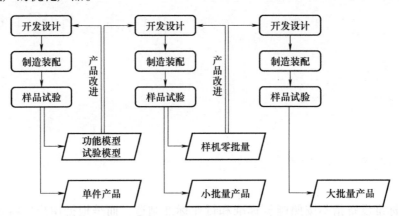

图 1-1　产品的分布式开发过程

非标准设备的设计活动可以根据任务特性和目标的不同，划分为以下三种基本类型。

（1）新设计　根据全新或变化的任务需求，从零开始构建和制订设计方案，涉及系统性的创新。

（2）适应性设计　在现有设计基础上，通过调整和改进以适应新的任务要求或解决既有系统的问题，强调对现有方案的优化和升级。

（3）变型设计　在保持核心功能和设计原理不变的前提下，通过尺寸、布局等参数的变化，开发出满足多样化市场需求的产品变种，目的是高效设计以快速响应市场变化。

调查表明，在机械制造业的产品设计中，55% 为适应性设计，25% 为新设计，20% 为变型设计。由于这些类型的区分并不是截然分明的，因此并不总是能够对设计所属类型做出精确的划分。尽管如此，新设计和适应性设计所占比例明显较大，这表明在设计领域中加强创造性和灵活性的工作十分必要。

在设计方法学的发展中，凯塞林（Kesselring F.）、韦黑特勒（Wachtler R.）等人对现代设计方法学体系的形成起到了促进作用。他们提出了设计方法各个阶段和工作步骤的建议，这些建议沿用至今。

凯塞林在其结构学一书中，提出了五个优先的结构设计原理：①最小制造成本（简省结构）；②最小空间要求；③最小重量（轻型结构）；④最小损耗；

⑤最方便操作。

韦黑特勒提出的控制论体系，强调创造性设计是一个高级的学习过程，这种学习超越了简单的调节，包含质与量的双重变化。在设计语境下，这意味着设计不仅是对已有参数的微调，而且涉及原理、概念和技术创新的深度变革。调节是一个基本的反馈控制过程，它允许系统对环境变化做出反应，维持或恢复预设的状态。相比之下，学习则是一种更复杂的调节形式，不仅涉及对外部输入的即时响应，还包含系统自身的适应性改变，即在多次尝试与反馈中改进其行为或结构，进而达到更好的适应性和性能。设计过程的优化进程不是静态的，而是一个持续反馈和自我调整的过程。每次设计迭代后的评估和反馈都为下一轮设计提供信息，信息的回流促进了设计的迭代进化，推动解决方案逐渐向最优状态逼近。

学习和调节都是循环的过程，这在系统技术方法中体现为迭代设计、测试、评估与修正的循环，这种循环加强了设计的适应性和创新性。在设计优化进程中，有效的反馈机制是核心，它确保设计迭代基于实际表现和目标的偏差进行调整，直至达到最优或满意的结果。反馈不仅限于技术性能指标，还包括用户反馈、成本效益分析等多维度信息。

1.2　能量、物料和信号的转换

技术任务的执行依托于技术产品，系统与外界环境通过输入和输出的交换与环境相连。胡勃卡（Hubka V.）将各类技术系统（装置、设备、机器、仪器、部件或零件）均视为服务于特定技术过程的实体，并存在能量、物料和信息的传递或转换。

从能量的角度，机床中电能转变为机械能和热能，内燃机将燃料化学能转化为热能和机械能，核电站将核能转为热能，这些都凸显了能量形式在技术应用中的核心作用。从物料的角度，物料在技术系统中经历混合、分离、改性、包装、运输等多种转换，从原材料加工成半成品或成品，或通过加工赋予零件特定性能，体现了物料转化的多样性。从信息的角度，技术系统内部的信息（信号）经由输入、处理、比较、组合、输出、显示和记录等步骤，展现了信息流在控制和通信中的关键角色。

技术实现则根据任务目标和方案种类的不同，将能量转换、物料转换或信息转换的流动形式视为主流，尽管其中伴随其他类型的流动，能量流通常作为基础存在。在某些场景中，如测量仪器采集、转换或显示信号时，虽没有物料流转换起作用，但有些情况下必须为此提供能量，另一些情况下则可直接利用内在的能量。每个信号流总会连带一个能量流，但不一定必须用物料流起作用。

针对这些转换，必须细致考虑各项量的数量与质量，以确立清晰的设计目标、选择合适的解决方案并评估其效能。此外，设计活动的实际意义往往与成本效益关联密切，即输入成本与输出价值的衡量起到决定性作用。因此，详细设计不仅要实现功能需求，还需在经济性和资源利用上达到最优，确保技术解决方案既高效又经济可行。

1.3　功能关系建立

为了描述和解决设计任务，采用功能来代表系统中输入与输出间的关系。系统功能可以分解为一系列子功能，每个子功能对应总任务内的若干分任务。这些子功能间的组织遵循一定的逻辑顺序和依赖关系，确保整体功能的有效实施。部分子功能的实现基于其他子功能，进而形成任务执行的必要序列。

设计中，子功能的组合不仅遵循逻辑强制关系，也允许通过变异探索多种实现途径，这为设计创新和优化提供空间。设计人员在重组子功能时，需保证各子功能间的兼容性，确保整体系统功能的和谐统一。

在机械制造领域，设计任务往往涵盖能量转换、物料处理和信息传递三大核心要素，功能结构设计紧密围绕能量流、物料流和信息流的处理需求。通过细致分析各分功能及其相互作用，设计者能够构建高效、合理的系统架构，在满足基本技术性能指标的基础上，兼顾经济性、可维护性和可持续性等多方面的要求。

1.3.1　物理效应及其作用关系

为了便于对设计问题进行深入讨论，可将功能分为主功能和副功能。主功能直接关联并服务于系统的核心目标，而副功能作为辅助性的支撑，间接贡献于总体功能的实现，其区分依据往往与解决方案的具体形式相关。尽管两者在某些情境下界定不够清晰，但这种划分仍有助于降低设计的复杂程度，使设计方案求解过程容易进行。

功能结构建立是设计流程中的重要步骤，它通过模块化思维简化复杂性，使得设计师能够分步骤地专注于每个分功能求解。功能结构化不仅可以增强设计的条理性，还便于先期针对单一分功能开展工作，再逐步集成以形成完整系统。

分功能的求解均以物理效应为基础，物理效应可以通过物理定律来描述，如摩擦力的库仑定律（$F_R = \mu F_N$）、杠杆平衡原理（$F_a a = F_b b$）、固体的线性热膨胀定律（$\Delta l = al \Delta \delta$）等。设计时，针对同一功能可能存在多种可选择的物理效应，如利用杠杆、楔形、电磁或液压原理来增强力的效果。不过，具体选择何种物理效应，需考虑与相邻功能的兼容性及实际操作条件的适宜性，以确保技术系统的综合效能。另外，某种物理效应只有在一定条件下才能保证有关分功能的最优化实现，例如，气动控制只有在一定前提下才优于机械控制或电力控制。

技术产品或技术系统通常是更高一级系统的组成部分，与操作者紧密互动。操作者通过直接干预（如操作、校正、监控）影响技术系统运作，同时接收系统反馈，形成闭环控制，不断调整操作以优化系统性能。这种人-技术系统的交互体现了设计中对用户体验和系统适应性的重视（见图 1-2），确保技术系统能够高效、准确地响应外部指令，共同完成既定任务。

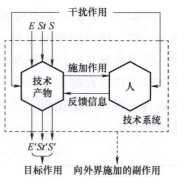

图 1-2　有人参与的技术系统关系

注：E 和 E' 分别表示输入、输出能量，St 和 St' 分别表示输入、输出物料，S 和 S' 分别表示输入、输出信号。

此外，全面考虑系统与其周围环境及相邻系统间的相互作用至关重要。环境因素（包括意外的干扰作用，如环境温度过高等）可能对系统产生不利影响，导致非预期的副作用，如机构变形或位置偏移。同时，系统自身执行正常功能时也可能产生副作用（如振动、噪声等）。这些不仅影响系统性能，还可能对操作者和周边环境造成负面影响。

因此，设计过程中必须采取系统性视角，深入分析所有潜在的内外部作用力及其对系统目标与条件的综合影响，具体表现为以下几方面。

（1）全面识别作用　系统地识别并评估所有可能的外部干扰及系统自身运行产生的副作用。

（2）目标导向分析　基于总设计目标，对有益的作用予以利用或增强，对有害的作用需通过设计手段予以减轻或消除。

（3）预防与适应措施　在设计过程中加入预防措施，如采用隔振技术减少振动，或通过材料选择和结构优化来提升系统对环境干扰的抵抗能力。同时，确保设计具备一定的适应性，以应对未来可能遇到的未知挑战。

（4）环境与人类因素　充分考虑技术系统对环境和使用者的影响，确保设计既高效又可持续，符合人机工程学原则，提升用户体验，减少对环境的不良影响。

1.3.2　设计过程应遵循的一般导则

非标准设备设计的解决方案必须综合衡量目标达成与限制条件两个方面，确保技术功能的满足、经济合理性与人-环境安全性的均衡。不可仅聚焦技术功能的满足，设计时还需纳入经济效益评估与安全保护措施，以及充分考虑人机交互的便捷性和舒适性。

技术解决方案的制订受到多方面制约，如人机界面设计、制造可行性、物流运输、用户操作便捷性、安装便捷性、产品检验、后期维护、循环利用、成本控制及时间期限等。即便任务书中未明确指出所有约束条件，它们依然对设计过程起着先决作用，设计者须主动识别并考虑这些潜在因素。概括而言，设计需遵循以下关键特征标志（见表 1-1），确保方案的全面性和实用性。

表 1-1　非标准设备设计遵循的关键特征标志

关键特征标志	描述
安全可靠性	确保系统稳定运行，减少故障风险
人机工程	优化人机界面，提升操作便利性和用户体验
加工制造	考虑生产工艺和加工能力，选择适宜的制造方法
检验验证	在生产各阶段实施质量控制，确保产品达标
安装便捷	简化安装过程，降低安装成本与难度
运输适应性	设计便于内部和外部物流运输的产品
使用友好	确保产品易于操作和日常使用
维护简便	便于日常保养、检查及维修
回用与处置	考虑产品的可回收性与环保处置方案
费用	成本、时间和期限

这些关键特征标志相互交织，共同影响着功能结构、作用机制和组件配置的设计决策。在方案设计初期应全面考虑这些要素，并在设计过程中持续审度，确保设计方案能够适时适应技术与环境的变化，有效指导设计向既定目标推进，同时灵活调整以满足实际可实施性。

1.4　设计工作一般流程与步骤

非标准设备设计方法的核心在于分析过程与综合过程，通过一系列有序的工作步骤和决策步骤展开，从定性分析逐渐向定量具体化推进。产品系统的技术开发流程（见图1-3）起始于获取产品信息，这些信息由市场分析或明确的任务说明给出，可称为问题分析，即明确产品开发的本质。随后通过产品研究确立目标清单，进而成为后续方案评价的重要基础。

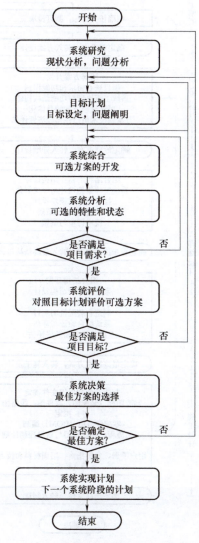

图 1-3　产品系统的技术开发流程

产品综合阶段基于前期收集的信息，探索多样化和结构化的解决方案。这些解决方案需要与初始目标进行对比，通过评价和决策过程，筛选出最能满足任务需求的方案。此过程强调对方案特性的深入了解，以确保优化决策的准确性。通过产品评价则或可得到一个相对优化的方案，并以此作为产品决策的基础。最后，在产品实现计划阶段输出信息。图 1-4 所示为设计工作步骤流程，这些工作步骤并不总是能直接达到开发目标的，常常要经过反复的进程方能得到适宜的方案。决策阶段的引入，使得这一优化过程变得容易，优化过程是描述一种信息转换的过程。

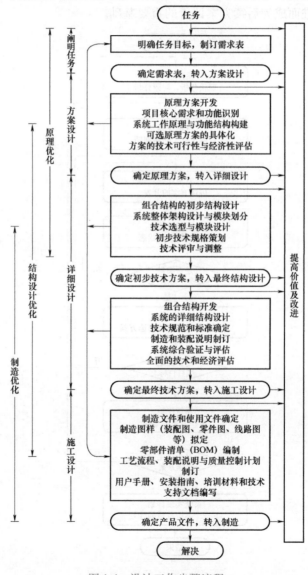

图 1-4　设计工作步骤流程

通过设计进程的迭代与反馈，产品从抽象逐步向具体进化，并受到个人专业领域与共性规律的影响。图 1-4 所示的流程展示了从阐明任务、方案设计、详细设计到施工设计的详细步骤，每个阶段都伴随必要的决策点，以确保方案的逐步完善。

（1）任务书制订　确保需求明确并可调整，适应设计开发的进展。

（2）方案设计　通过抽象思考构建功能结构，探索原理方案及其变型，关注原理的适宜性而非过度关注细节设计。原理方案表达形式多样，如功能结构框图、接线图、流程图或示意图。其评价剔除不符合要求的变型，并综合技术与经济因素评估剩余方案。

（3）详细设计　详细设计需确保结构的完整性和经济性，通过初步设计草案的比较与优化，最终确定技术、经济上可行的方案。最终的总体详细设计草案需经过功能、耐久性、空间相容性等的检验，同时也必须满足费用方面的要求，才允许进入施工阶段。

（4）施工设计　完成所有零件的详细设计，即确定所有零件的形状、尺寸、表面质量和材料，确保制造可行性与成本控制。此阶段同样重要，不容忽视，因为细节决定设计的成败。

设计流程中，原理、结构、制造三个环节的优化尤为关键，且相互作用、互有重叠，要求设计者在各个阶段都要考虑后续阶段的限制和要求。

有意识、分步骤的流程不仅可以确保全面性，也为创新设计提供坚实基础，通常能更高效地达成目标，相比传统方法更节省时间。

第 2 章

非标准设备方案设计

2.1 制订需求表

非标准设备的设计任务通常伴随着动态变化的环境与特定约束条件,设计团队的首要任务是深入理解并持续跟踪这些条件。初期就应尽可能完整地制订任务书,作为后续创新与决策的基础,以便预防后续的频繁修订,最小化不必要的设计变动。

需求表的编制需清楚刻画目标和条件,将需求分为必达需求、最低必达需求和期望需求。

必达需求是设备功能与性能的最基本要求,如特定的功率输出、尺寸规格、环境适应性等,任何设计方案都必须满足。

最低必达需求为进一步细化硬性标准,以具体数值设定门槛,如"功率不得低于20kW""长度不得超过400mm",为设计提供明确的量化指标。

期望需求则更多聚焦提升设备的附加价值与用户体验,如远程操控的便捷性、高度的免维护特性等。这些需求并非强制,在资源允许的条件下能显著增强设备的市场竞争力。对期望需求进行优先级划分(高、中、低),有助于在设计过程中合理分配资源,确保关键期望得到优先满足。

编写需求表要注意表述的清晰性与精确性,避免使用含糊不清的词汇,每一条需求都应是可测量、可验证的具体条款。这不仅为设计团队提供了明确的行动指南,也为后续的评估与选择过程奠定了客观基础。众多设计方案需先满足所有必达需求方有资格进入评估阶段,以探讨其在满足期望需求方面的表现。

需求表的优化表述,是一个动态迭代的过程,随着项目进展与外部条件的变化,适时的调整与更新是必要的。通过持续沟通与反馈,确保需求表的指标始终贴合项目最新需求，为非标准设备的设计铺设一条清晰、高效的道路。综上所述，一个周密详尽的需求表，不仅是设计工作的起点，更是确保项目按时、按质、按预算完成的重要保障。由主要特征标志构成的需求表案例见表 2-1。

表 2-1　由主要特征标志构成的需求表案例

特征标志	举例
几何	大小、高度、宽度、直径、所占空间、数目、排列、连接关系、加装关系和拓展关系
运动	运动种类、运动方向、速度、加速度
力	力的大小、力的方向、力的频率、质量、载荷、变形、刚度、弹性、稳定性
能量	功率、效率、损耗、摩擦、通风、压力、温度、湿度、加热、冷却、能量消耗、能量贮存、能量转变
物料	输入和输出产物的物理和化学性质、辅助物料、规定的材料、材料运输
信号	输入和输出信号、显示种类、运行和监控仪器、信号形式
安全性	直接安全技术、保护系统、运行-工作-环境安全性
人机工程	操作、操作种类、视野、照明、造型
制造	生产场地所引起的限制、可制造的最大尺寸、应优先选用的制造方法、制造手段、可达到的质量和公差
检验	计量和测试能力、特殊规定（TÜV、ASME、DIN、ISO、AD、GB 等标准）
装配	特殊装配规定、装配、装入、工地安装、基础建造
运输	由起重工具、轨道型面、运输路径所引起的大小和宽度限制、发货种类和条件
使用	低噪声、磨损速率、应用和销售区、投入运行的地点
维护	无须维护性或维护的次数和时间要求、检验、更换和修理、诊断、清洁
再利用	重新使用、重复利用、最终处置、弃置
费用	可容许的最大制造费用、工具费用、投资和折旧费用
期限	开发终期、中间步骤的网络计划、供货期

需求表是设计流程的基石，确保设计目标与实际需求紧密契合。需求表的建立遵循以下指示进行。

1. 收集要求

（1）全面梳理特征标志　概述主要特征标志（见表 2-1），搜索具体需求，确保既包括定量数据，也覆盖定性描述。

（2）明确需求细节　通过提问引导深入分析，如"设计需达成的核心目标是什么？""必备的性能特质包括哪些？""哪些属性是不可接受的？"等。

（3）拓展信息网络　积极收集额外信息，如市场趋势、用户反馈、技术前沿等，以丰富需求内容。

（4）分级明确需求　区分必达需求（如安全规范、基本功能）与期望需求（如智能化、美观性），并将后者按重要性分为高、中、低等级，以便在设计过程中优先排序。

2. 需求排序与组织

（1）突出核心要素　将直接影响设计目标实现的主要任务和关键数据置于前列。

（2）分系统归类　依据系统内部逻辑或功能模块（如前置处理、主体功能、后置服务）或按照特征标志（如安全性、成本效益）进行分类，以增强需求表的条理性和可读性。

3. 文档编制与责任明确

（1）正式文档编制　将上述内容整理为需求表文档，确保每一项需求表述清晰、准确无误。

（2）标注参与者信息　记录参与者及相关部门的贡献，便于后续沟通与责任追溯。

4. 需求审查与修订

（1）持续校核与补充　组织跨部门会议，对需求表进行多轮校验，吸纳各方意见，对遗漏或变更的需求及时调整，确保需求表的完整性与实效性。

（2）需求表确定　如果任务阐明清楚，各参与者认同需求表的内容既满足技术可行又经济合理，即标志着需求定义阶段的完成，而后可依据需求蓝本启动方案设计工作。

2.2　功能结构分解

非标准设备必须满足的要求规定了其功能，功能结构分解是将抽象需求转化为具体设计的关键步骤，其核心在于满足特定且个性化的功能需求，并定义如何转换输入（如能量、物料、信息）为期望的输出。功能结构分解将复杂的目标功能拆解为更小、更易管理的分功能模块，每个子功能直接对应总功能实现所需解决的子任务。

首先，清晰地界定总功能，即系统如何在输入与输出间建立理想的转换关系。总功能的表述不预设特定的解决方案，直接聚焦所追求的目标效果。其次，任务的复杂程度决定了功能分解的深度和广度。更复杂的任务要求更细致的分功能层级，以确保每个环节都能被精确设计与优化。通过框图等形式能够形象展示各分功能间的逻辑关系和能量、物料、信号的流动路径，形成层次分明的功能结构。最后，功能结构分解的深度与分功能数量需依据设计任务的新颖程度和后续设计的解决过程灵活调整，如图 2-1 所示。对创新性强或高度定制的非标准设备，需进行更细化的分解以探索更多的设计空间。而较成熟的技术领域则可适度简化以提高设计效率。

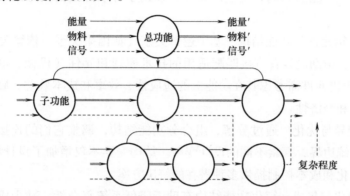

图 2-1　通过将整体功能分解为子功能来建立功能结构

对于完全的新设计，设计者通常缺乏对具体分功能及其相互关系的清晰认知。由此，建立功能结构的过程成为方案设计的核心环节。可以按照需求表的要求，通过必达需求和期望需求识别功能关系，逐步构建功能结构。先用少数分功能构成粗略的结构，然后逐步分析获得重要的分功能。通过分解与重构帮助设计者在探索与试错中优化功能结构，同时考虑制造技术的可行性，确保设计的创新性与实用性。

对于适应性设计，已有的结构和组件为适应性设计提供了基础，功能结构的构建更多依赖于对现有系统的分析与改进。可以通过对已知解的变异和优化，探索新设计的可能性。在开发组合式系统时，需确保部件的模块化和互换性。

对于变型设计，设计者需识别可沿用的功能和创新功能结构，从而有针对性地优化功能结构，促进新旧功能的融合。

建立功能结构时，一定要区分新设计和适应性设计。新设计侧重从需求表出发，基于必达需求和期望需求识别功能关系，以此为基础构建功能结构。适应性设计则基于对现有系统或组件的分析，利用已知方案作为功能结构的起点，通过变异和优化探索新的解决方案或开发组合产品。在此过程中，制造技术对功能结构及其组合方式有重要影响。以下方面有助于建立功能结构。

（1）初步构建粗略结构　基于需求表，首先识别出直接关联输出或目标实现的少数分功能，并以此作为构建功能结构的基础，逐步揭示并分解复杂的分功能，这样做，比一开始就制订复杂结构要简单些。有些情况下，可利用粗略结构快速开发初步的方案，然后进一步分析获得重要的分功能。

（2）独立列举与排序　在某些复杂系统中，不必急于建立所有分功能间的直接联系，而先独立分析所有已识别的重要分功能。根据分功能的实现难度、成本或对系统性能的影响程度进行排序，以助于寻求方案的关键或最具挑战性的部分。

（3）逻辑元件与功能结构　基于逻辑关系（如因果关系、依赖关系等）推导功能结构，帮助设计者直接匹配适用的技术原理和元件（机械、电气、通信等）。选择逻辑元件需考虑其在功能上的适应性、效率和成本效益，确保功能结构的可行性和经济性。

（4）变异与优化　通过分解、组合分功能结构，调整它们的连接顺序、连接方式及系统边界，探索不同的设计变型。结构变异不仅增加了设计的灵活性，也为性能优化和成本控制提供多种潜在的解决方案。

（5）简化与集成　简化功能结构有助于降低系统复杂性，减少成本和潜在故障点。在可行条件下，将相关功能整合到单一载体中，实现紧凑和高效的系统设计。但在特定情况下，如需满足高可靠性或便于维护的需求，分离设计可能更优，即必须有意识地将各种功能分配给不同的功能载体来实现。

（6）选择性采纳与评估　基于对功能结构的深入分析，优先采用具有较大使用潜力的结构进行深入开发，避免在不具前景的方案上浪费资源。定期评估各设计方案，淘汰不符合性能、成本或时间要求的对象。

（7）明确研发方向　分析功能结构后，明确哪些分功能需要创新技术或原理的研究，哪些可利用现有的成熟方案。集中精力解决对整体系统性有重大影响的关键分功能，这些分功能的优化常对系统产生连锁正面效应。

功能结构的构建是一个动态且迭代的过程，其深度和广度需根据设计任务的新颖性、复杂度及设计团队的经验灵活调整。设计者需持续评估、调整和完善功能结构，促进创新且高效的设计解决方案开发。

2.3　结构与功能匹配

在非标准设备的设计过程中，通过识别并整合每个分功能的作用原理来确保分功能的有效实施，这一环节将抽象概念逐步具象化为具体解决方案。作用原理是实现功能目标的核心，融合了必要的物理效应、几何设计和材料特性，共同构成功能实现的基础框架。但某些设计任务更聚焦于结构优化，不必探索新的物理效应，而侧重于已知原理的应用与改进。摆脱传统几何形态和材料选择的固有影响，综合考虑物理现象、几何构造及材料属性的作用原理尤为重要。这不仅促进了功能实现，也为多个分功能集成提供可能，以构建高效的功能结构体系。设计策略上，应追求多样化的解决方案变型，即解域。这要求设计者灵活运用物理效应的变异、几何形态的调整和材料特性的选择拓展设计空间。实际上，为达成单一分功能，或要综合运用多种物理效应，通过不同的功能载体协同作用以达到最佳设计效果。

在详细设计和产品规划的全周期内，应采取高效且适用的求解策略，为后续发展奠定坚实基础。以下求解方法可用于不同设计阶段，促进方案的获取与完善。

1. 文献调研

深入挖掘专业文献、专利数据库和竞争对手产品分析是获取行业前沿知识和现有解决方案的直接路径。随着信息技术的发展，利用数据库系统的高效存储和检索信息为设计者提供了丰富的灵感源泉和理论依据。

2. 自然系统借鉴

自然界是设计灵感的宝库，通过观察自然界的生物形态、结构及其运作机制可启发创新设计。例如，蜂巢结构、鸟类飞行原理等自然现象被广泛应用于轻质结构设计和空气动力学领域。这种"自然到技术"的转化，即"仿生学"或"生物力学"，为技术革新提供了无限可能。

3. 技术系统分析

对既有技术系统进行深入剖析，是衍生新方案或改进旧设计的有效方式。无论是竞争对手的产品、企业历史产品，还是具有相似功能的其他产品，均可作为分析对象，通过结构分析揭示内在逻辑、物理特性和结构关联，为初步设计提供辅助手段。不过，此过程需警惕创新思维受限于既有框架的风险。

4. 类比考察

类比法是一种强大的工具，通过将问题映射到不同但相似的领域，可以发现新的解决方案路径。转换问题背景，如变换能量形式，有助于跳出常规思维模式。此外，类比模型的仿真与建模可在早期开发阶段提供研究系统性态的可能性，引导设计优化和功能分解的新视角。但是，必须先经过相似性考察，才能把类比模型转移到尺寸和状态显著不同的系统中。

5. 测量、试验研究

进行系统测量、利用相似力学进行模型测试及其他试验研究，都是验证设计可行性的关键环节，尤其对于精密机械、微电子等高技术含量产品。这些试验不仅验证设计假设，也是设计迭代和性能优化的基础。试验和原型制作紧密融入设计流程，可以加速从理论到实践的转化。

综上所述，以上策略结合了理论探索与实践验证，通过跨学科知识的融合与创新方法的应用，为非标准设备详细设计与产品规划开辟了多元化的方案解决空间，推动从概念构想到实际应用的全程优化。

2.4　多方案选择及方案变型

在方案设计阶段，大量的设计方案提议有助于探索解域的广度，其中不乏理论可行却难以实际加工的方案，因此，早期筛选并减少不可行的选项是必要的。另一方面，确保不遗漏潜在成为关键作用原理的创意，因为合适的作用原理常常要同其他作用原理结合才能看出是否具有优越的结构性能。完全避免决策失误虽难以实现，但遵循一套系统化、可验证的选择流程能够显著提高从众多设计提议中甄选最佳方案的概率。选择流程包含两个核心环节：淘汰不适宜的方案和优选有潜力的方案。

当方案提议较多时，根据以下原则进行初步淘汰。

（1）任务相容性与内部一致性（准则 A）　方案需与总任务目标相符，且各分功能间协调一致。

（2）满足必达要求（准则 B）　确保方案至少达到需求表中的最低要求。

（3）实现可能性（准则 C）　评估方案在实际应用中的可行性，包括技术成熟性、尺寸适应性、布置合理性等。

（4）成本控制（准则 D）　估算方案成本，确保在预算范围之内。

优选过程中，准则 A 和准则 B 倾向提取明确的"是/否"判断依据。而准则 C 和准则 D 则需要更多的定量和定性估计，并应在确定满足准则 A 和准则 B 之后实施。每完成一个设计步骤，尤其是在建立功能结构之后，都应根据上述准则逐一审视并淘汰不符合要求的方案。在评价准则 C 和准则 D 时，由于它们的主观性和不确定性较大，除了基于量化数据直接排除明显不合理的方案，还应积极识别那些在效率、空间占用或成本方面展现出显著优势的方案，给予优先考虑。这样的评估机制可确保设计资源的高效利用，引导设计团队聚焦于最有潜力的设计方向。

众多的设计解决方案可根据以下准则进行方案的有效筛选与优化。

（5）安全性与人机交互（准则 E）　优先考虑直接有利于提升安全性能或具有良好人机工程设计的方案。这要求设计方案满足功能需求的同时，还要确保操作安全，提升用户体验。

（6）内部资源与知识产权优势（准则 F）　确定满足能充分利用公司现有技术知识（Know-how）、材料资源、生产工艺及拥有有利专利条件而更容易实现的方案，这样可以加速产品开发进程，保护知识产权，降低潜在的法律风险。

采用优选策略应基于实际情况，当方案数量较大、逐一详细评估成本过高时，才适宜采用上述优选准则。对于初步的功能结构和作用原理筛选，主要依赖任务相容性与内部一致性（准则 A）和满足必达要求（准则 B），以确保方案的基本可行性和符合项目核心要求。随着设计深入，作用原理组合形成更具体的设计方案，这时才需进一步考虑实现可能性（准则 C）和成本控制（准则 D）。若存在大量方案，则可依据准则 E 和准则 F 进一步优化。

准则的排列顺序旨在提高决策效率，但不代表各准则在所有情况下的重要性排序，实际应用中应灵活调整。对于少数方案的筛选，虽不必严格遵循上述顺序，但仍应综合考虑所有准则以确保最终选定的方案在满足功能性和经济性的同时，兼具安全、人机工程和充分利用内部资源的优势。

2.5　方案评价

方案评价旨在衡量设计方案相对于既定目标的价值、效用或优越性，评价的核心在于相对性，即方案的价值在于如何有效达成预设目标，而非绝对标准。这一过程通过对不同方案变型比较或与理想方案的对比，以"价值比"作为量化指标，体现方案与理想方案的接近度。

有效的评价不应局限于单方面，如单纯的成本效益分析、安全性能评估、人机交互体验或环境保护等，而应全面覆盖所有与目标相关的因素，并依据这些目标的权重进行均衡考量。这意味着在设计初期，即使面对具体化程度较低的方案，评价也需同时采用定量与定性的方法，确保所有关键影响因素均能得到恰当评估。评价方法必须具备高度灵活性与全面性，涵盖任务特定需求与通用标准的综合评估，同时在成本、安全性、人机工效、环境影响等多个维度进行深入分析。这一过程涉及目标优先级的权衡，依据各因素对项目成功的贡献度来分配权重。此外，评价体系应能够兼容从数据密集的定量研究到概念初期的定性评估，适应设计的不同阶段。

2.5.1　评价的基本进程

非标准设备的评价旨在确保设计方案不仅满足技术性能要求，还兼顾经济性、安全性、人机工程等多维度目标。以下是非标准设备评价的基本进程。

1. 建立评价准则

评价过程的起始点在于确立清晰、全面的目标体系，这些目标作为评价准则的基础，指导设计方案变型的评估与筛选。目标设定应直接源自项目需求表，全面覆盖技术性能、成本效益分析、安全性等多个维度，确保没有关键要素被遗漏。构建目标时需遵循以下原则。

（1）完整性与相关性　确保目标体系广泛覆盖所有对决策具有重大意义的需求与条件，防止在评价阶段忽略关键因素。

（2）目标独立性　各个评价目标需保持相互独立性，即提升某一方面性能的措施不应影响其他目标的实现。

（3）信息获取的经济性　在保证成本效益的前提下，尽可能定量或至少定性地描述各个目标的特性，确保评价依据的准确性和可操作性。

评价目标随设计阶段的推进和产品创新度的不同而有所调整，其设定需紧密结合评价的具体情境与目的。特别是在方案设计阶段，要把技术可行性、经济性及安全环保作为评价的重点，给予特别关注。

基于上述考虑，通过表2-2列出的主要特征标志可进一步提炼出针对原理方案的评价准则。这些准则不仅聚焦于技术实现的效率与创新，还充分考虑了经济性、安全性等多维度指标，确保评价体系的全面性和实用性。通过这样的评价框架，设计团队能在早期阶段就对技术方案的综合性能有深刻认识，为后续决策提供坚实基础，有效推动非标准设备设计的优化与实施。

表 2-2　用于方案设计阶段评价的主要特征标志

主要特征标志	举例
功能	由选出的解决原理或由方案变型保证产生的，要求的辅助功能载体的特性
作用原理	选出的那个/那些原理在简单明确地实现功能、作用充分、干扰最少这些方面的特性
机构设计	构件数目少，复杂度低，占空间少，没有特别的材料和布置问题
安全性	优先考虑直接的安全技术（本身就是安全的），不需要附加的防护措施，保证工作安全性和环境安全性
人机工程	人机关系满意，没有不容许的载荷或损害，造型好
制造	只需少数常用的制造方法，无须复杂的夹具装置，只有少数简单零件
检验	只需少数检验和试验，简单易行而说明问题
装配	装配容易、舒适而迅速，无须特殊工具

（续）

主要特征标志	举例
运输	可用普通方法运输，无危险
使用	运转简便，寿命长，磨损少，操作轻松而意义明确
维护	保养和清理少而简易，检视容易，调整无问题
再利用	重复利用性好，不难消除
费用	无须特殊的运行成本或其他辅助成本，没有期限风险

2. 权重分配

明确各项评价准则对方案总体价值的重要性（即权值或权重）是评价准则体系构建的核心任务之一。这一过程有助于在实际评价前剔除非关键性的准则，而集中于最为显著的影响因素。保留的准则通过"权因子"进行标记，权因子作为正实数，反映了该评价准则在所有评价准则中的相对重要性层次。

建议把需求表中的优先级意愿纳入加权考虑，但这要求在构建需求表的阶段就已明确各项意愿的优先顺序。由经验可知，此顺序往往在实际设计过程中才逐步明朗，因此各评价准则的重要性高低在方案逐步成型过程中才得以明确。尽管如此，提前评估并预设各意愿的重要性能够使后续的评价工作更容易实施。在效用价值分析中，通常采用 0~1（或 0~100）间的权值来加权，确保所有评价准则的权值总和等于 1（或 100），以此建立一个相对均衡的百分比权重体系。构建一个清晰的目标系统，对于实施这种加权法至关重要，它能促进评价过程的系统性和透明度，使得评价准则的设置、权重分配及后续的决策制定更为合理、高效。

3. 特征值收集

确立了评价准则及其相对重要性之后，后面的步骤则是为每个待评价的方案变型，匹配已知或经分析得出的特性指标。这些特性值旨在量化学术、经济、安全等多维度的性能表现，理想情况下以数值形式呈现，便于量化比较；当无法量化时，则需详尽地用文字描述，确保评价的全面性和准确性。

实践证实，事先在评价表中系统地罗列这些特性值与对应的评价准则，是开展评价的有效准备工作。这一过程侧重于客观数据和事实的收集，称为"客观步骤"，它先于涉及个人判断和偏好考虑的"主观步骤"。通过这种结构化的准备工作，设计团队能够在正式评价之前，对各方案的性能表现有一个全面而具体的认识，为后续的决策提供坚实的客观基础，同时也确保评价过程的透明度和可追溯性。

4. 主观评价

主观评价的核心任务是将前期确立的客观特性值转化为反映评价者主观判断的"价值"，此步骤因融入了或强或弱的主观成分而称为"主观步骤"。价值评估通过打分体系来实施，其中效用价值分析通常采用 0～10 分的宽泛评分范围，以适应不同深度和精度的评价需求。而当未充分了解方案特性或粗略评估已经足够时，采用 0～4 分的较窄分段，便于快速区分评价对象的"远低于平均""低于平均""平均""高于平均"和"远高于平均"五个等级。

实施评价时，一种实用策略是首先确定每个评价准则下表现最好和最差的方案变型，并赋予它们最低和最高的分数（如 0 分和 10 分，或在小价值谱中为 0 分和 4 分）。以此为基准，其他变型的评分将变得相对容易。

当各个评价准则对最终方案的总价值重要性不同时，先前确定的权因子（g_i）便发挥重要作用。通过将各变型在某准则下的原始评分（ω_{ij}）乘以相应准则的权因子，计算出加权后的分价值（$\omega g_{ij} = g_i \omega_{ij}$）。这一过程确保评价的全面性和平衡性，既考虑了单项指标的重要性，也兼顾其对整体方案价值的相对重要性。

在效用价值分析框架下，未经加权的评分为"目标价值"，反映了单项评价准则下的直接表现；而经过加权调整后的分数，则称为"效用价值"，它更贴近综合考量所有相关因素后的方案总价值评估，是决策过程中更为关键的参考指标。

5. 总价值计算

完成每个方案变型的单项评价并获得其分价值后，进一步确定方案的总价值。这一过程分为两种情况：一种是不考虑评价准则之间的相互影响（即认为它们是完全独立的）；另一种是考虑相互影响（通过加权处理）。于是，一个变型 j 的总价值计算如下。

不加权的计算为

$$G_{\omega j} = \sum_{i=1}^{n} \omega_{ij} \tag{2-1}$$

式中，$G_{\omega j}$ 是方案变型 j 的总价值，表示在所有标准下的加权和；ω_{ij} 是方案变型 j 在第 i 个评价准则下的原始评分，每个标准均有一个对应的评分，反应了该方案在特定标准下的表现；n 是评价准则的数量。

加权的计算为

$$G_{\omega g_j} = \sum_{i=1}^{n} g_i \omega_{ij} = \sum_{i=1}^{n} \omega_{gij} \tag{2-2}$$

式中，$G_{\omega g_j}$是方案变型 j 的加权总价值，表示在考虑了各评价准则的相对重要性后，通过加权处理得到的综合评估值；g_i 是第 i 个评价准则的权因子，数值越高，表示该准则对总价值越重要；ω_{ij} 是方案变型 j 在第 i 个评价准则下的原始评分；ω_{gij} 是经过加权处理后的评分；n 是评价准则的数量。

6. 方案变型比较

在基于加法规则的方案评价中，有几种不同的处理方法来确定最佳方案，这些方法旨在从不同角度提供全面的评估视角。

（1）确定最大总价值　这是最直接的方法，即通过比较各个方案变型的加权或不加权总价值，将总价值最高的变型认定为最优解。这种方法适用于快速识别在综合考虑所有评价准则下表现最佳的方案。

（2）确定价值比　当需要进一步分析每个方案相对于一个理想状态的价值时，可以计算"价值比"。首先，设定一个理论上的理想价值（最大可能价值），然后将每个方案的总价值与其相比，得出价值比。这有助于理解每个变型相对于理想状态的接近程度，以提供一个绝对价值的衡量标准。

不加权的计算为

$$W_j = \frac{G\omega_j}{\omega_{\max} n} = \frac{\sum_{i=1}^{n} \omega_{ij}}{\omega_{\max} n} \tag{2-3}$$

加权的计算为

$$Wg_i = \frac{G\omega g_j}{\omega_{\max} \sum_{i=1}^{n} g_i} = \frac{\sum_{i=1}^{n} g_i \omega_{ij}}{\omega_{\max} \sum_{i=1}^{n} g_i} \tag{2-4}$$

综合技术和经济价值比，可以进一步得出"总价值比"，这一指标能够全面衡量一个方案在技术实现和经济成本控制上的综合表现，对于追求性价比最优的设计决策尤为重要。通过这些多层次的评价方式，设计者能够更全面、深入地理解各方案的优势和劣势，从而做出更加明智的选择。

2.5.2　方案设计阶段的评价案例

在应对设计领域复杂性与多元参与者协作的挑战时，将基于问题的模糊推理系统（Issue-Based Fuzzy Reasoning System，IBFRS）应用到产品设计评价环节。IBFRS 作为一种高级知识处理工具，致力于构建一个高效平台，用以明确设计问题、需求及评价标准，强化设计者对项目全面而深入的理解。该系统基于模糊逻辑，巧妙扩展了传统的二元逻辑界限，将逻辑真值范畴从简单的{0，1}延伸至连续的［0，1］区间，借此表达现实世界中存在的模糊性和不确定性，如图 2-2所示。这种连续标度能够更精确地反映人们的模糊认知，模拟人类处理不确定信息的方式，为设计中的模糊概念提供了有力的分析手段。

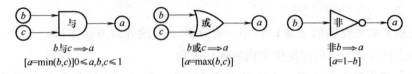

图 2-2　几种基本逻辑关系的模糊推理图

IBFRS 的工作原理围绕一个由逻辑变量（以大写字母表示）和逻辑真值（小写字母标识）构成的网络展开，其中包含问题、论点、论据和参考四个基本元素。这些元素通过模糊逻辑关系互相联结，形成动态推理网络。设计过程中，不论是初步的概念生成还是深入的方案评估，设计者都能够通过此系统提出问题、阐述论点、提供支持证据，并引用外部资料增强论证。这种结构不仅促进了设计知识的系统化记录与分析，还使得设计决策过程中的信息交流与综合评价更为透明与高效。在 IBFRS 的支持下，设计团队能够更灵活地处理设计的多维性和复杂性，促进创新思维的碰撞与整合，从而提升设计项目的整体质量和实施效率。

IBFRS 为复杂的思维推理过程提供了一个直观且高效的模型化框架（见图 2-3）。该系统架构围绕四大核心要素构建：问题、论点、论据/反证及参考。它通过多样化的链接方式，映射出思考者在探索问题解决方案时的逻辑路径与知识建构过程。框架起始于一个中心题目，它界定了探讨的范围与目标。随后，参与者主动提出与该题目相关的各类问题，每项问题都是深化理解的契机。对于这些问题，他们以各自论点作为讨论的基石。为了增强论点的说服力，参与者需提出论据（实证数据、前人研究或逻辑推演）来支撑自己的立场。更进一步，通过引入外部参考文献，如学术论文、行业报告等，为论据增添权威性和深度。

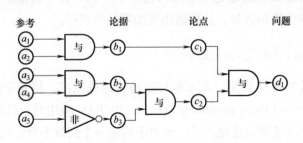

图 2-3　推理模型及其逻辑链接的表达

尤为值得注意的是，IBFRS 网络的动态特性允许新问题从既有问题和论点中衍生，不断推动讨论向更深层次或不同方向发展。通过不同类型的逻辑关联，如因果、对比、支持或反驳等，IBFRS 确保所有节点（问题、论点、论据、参考）紧密相连，形成一个高度互联的知识图谱。因此，利用 IBFRS 网络来可视化这一思维探索旅程，这不仅极大地便利了信息的组织与追踪，也使得整个推理过程的逻辑脉络变得清晰可循，从而提升了决策制定的有效性和创造性解决方案的发掘能力。简而言之，IBFRS 网络成为理解和优化复杂思维过程的强大工具，其结构直观且符合人类解决问题时的多元化和非线性思考模式。

在 IBFRS 框架下，问题和论据的逻辑结构通过网络节点和数学等式中的变量抽象表达，而问题的论点则映射为节点状态及模糊变量的取值，利用模糊逻辑运算来刻画问题间论点的关联性与互动影响。这种设置不仅捕捉了决策标准的本质，还使系统能够动态响应论点的变动，反映 IBFRS 作为动态网络的特性，不仅记录"是什么"，更描绘了"如何变化"及"变化程度"。它为设计者提供了一个灵活的知识表达工具，让他们在特定情境下展现思维深度、知识积累和推理逻辑，特别是针对不同设计挑战，系统能够灵活调整结构，伴随设计过程的演进不断自我优化，映射设计者思想的成熟与评价标准的演进。IBFRS 的核心价值在于不强求设计者掌握所有细节，而是利用一般性知识和推理技巧去应对层出不穷的新挑战，体现了在创新设计中对模糊性、灵活性的高度适应。设计分析通过 IBFRS 提供一个通用框架，该框架能够封装非精确（模糊）的推理逻辑，将复杂的前提、结论和推理规则以量化的形式简洁地描述，既便于人理解，也易于计算机处理。因此，IBFRS 不仅是设计知识的高效存储与应用工具，更是促进设计创新和智慧决策的强大引擎，它适应设计实践的不断变化，促进设计知识的持续进化与应用。

以编者为某机床制造厂进行加工中心造型设计为例，具体分析 IBFRS 在设计中的应用，其基本原理和方法同样适用于其他机械产品。设计中，编者邀请 4~7 位设计者，根据厂家所提供的形体限制尺寸及三面开窗等基本要求，提出至少 2~3 个造型方案的构思草图，并说明方案的设计思想，描述其设计和支持设计的推理。初步设计阶段产生了很多方案，表 2-3 列出了在草图基础上得到的部分初步设计方案。在设计过程中，不同设计师分析问题的方法是不同的，所有的设计师都以功能要求为基本实现目标。

表 2-3　部分初步设计方案

方案序号	描述	方案序号	描述
方案1	外形紧凑，采用全封闭式设计，线条简洁，整体呈立方体状。以白色为主调，搭配蓝色装饰线条，凸显设备的科技感和现代感	方案5	柔和的外形设计，大尺寸防护门提升了操作便利性和安全性。机床以灰色和蓝色为主色调，整体设计柔和而现代，突出操作安全性
方案2	外观方正，工作区域宽敞，配备大尺寸透明防护门，结构强调稳固性。主体采用银灰色与蓝色相结合，透明防护门赋予设备现代工业的科技感	方案6	机床呈流线型，设计扁平而宽大，仿生胶囊，展现出现代工业的设计美学。白色与深蓝色相结合，流线型设计增强视觉上的动感与流畅性
方案3	采取开放式设计，工作区宽敞，悬挂式操作面板提供高度的操作灵活性。白色为主，辅以蓝色和灰色元素，色彩搭配清爽、简洁高效	方案7	复杂的曲面设计，突出智能化与自动化的特点，造型前卫。灰蓝相间的配色突显科技感与现代感，曲面结构使整体更具动态
方案4	采用紧凑型设计，结构简洁。以蓝色为点缀，灰白色为主，造型硬朗，给人以稳固、专业的印象	方案8	外形简洁方正，强调稳固与可靠性，结构设计符合模块化扩展的需求。主要采用白色和浅蓝色，简洁大方，体现专业与稳定性

1）设计师 A 考虑造型线型的调和，给出两个不同风格的方案：方案 1 的造型以圆弧、曲线为主调，形体的主要部位以曲线构成，各面之间以圆滑的过渡或曲线的转折与主体相呼应，从而达到造型体的线型风格协调和统一。方案 2 的造型以直线为主调，主要部分以直线构成形体，各面之间的过渡也与主体统一。

2）设计师 B 提出以美观的观点出发，用四方体包容形体限制尺寸得到初级形态，在此基础上做调整，得到方案 3、方案 4 和方案 8。

3）设计师 C 则采用最小包容原则得到 T 型形体，然后考虑造型独特的原则得到方案 7。

4）设计师 D 用仿胶囊形设计了方案 6，考虑到虽然它有表面流畅的风格，但加工困难，又给出了一个普通的方案 5。

通过 IBFRS，这些分散的设计思路被系统化整合。首先，确立了"可用性"

与"吸引力"两大核心评价标准，并细化了各自的支撑论据，如操作便捷性、工艺性和经济性、造型独特性与比例协调等。在 IBFRS 框架内，各设计提案的特征被转换为模糊逻辑中的节点与变量，通过量化与定性的描述，以及模糊逻辑运算，形成了一个动态评估网络。设计者们的观点、设计思想与推理过程在这一网络中相互关联，形成对不同方案综合价值的评判。系统不仅能够处理并比较不同设计师对"什么"和"多少"的考虑，还能揭示设计背后的"怎样"决策逻辑，促进方案的优化与迭代。最终，IBFRS 成为一座桥梁，不仅促进了设计知识的共享与融合，还帮助团队在众多创意中，依据明确的评价体系，筛选出既实用又具吸引力的最优设计方案，其方法论对其他机械产品的设计同样具有高度的适用性和指导意义。

如图 2-4 所示，以方案 3 和方案 7 为例的模糊推理图，若在应用中考虑目标的加权系数和参加专家的权重，模糊等式可由下列等式表示。

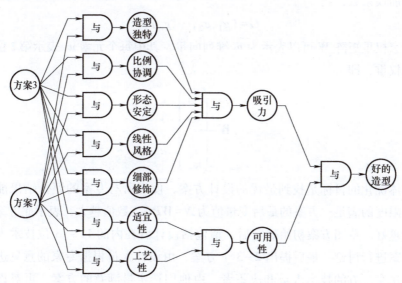

图 2-4 以方案 3 和方案 7 为例的推理模型及其逻辑链接的表达

整个设计目标系统可视为由 n 个目标组成的一个集合，每个目标有一个加权系数 g_i。这些目标及其加权系数可表达为

$$\begin{cases} U = \{u_1, u_2, \cdots, u_n\} \\ G = \{g_1, g_2, \cdots, g_n\} \end{cases} \tag{2-5}$$

式（2-5）满足 $\sum_{i=1}^{n} g_i = 1$，$g_i \leqslant 1$。

各参加专家的权重也是一个集合，包括 m 个专家，每个专家有一个权重 w_i。

这些专家及其权重可表达为

$$W = \{w_1, w_2, \cdots, w_m\} \tag{2-6}$$

式（2-6）满足 $\sum\limits_{i=1}^{m} w_i = 1$，$w_i \leq 1$。

m 个专家对于某个方案的 n 个目标下的变量值可以用一个 $n \times m$ 的矩阵 P 来表示，其中 p_{ij} 代表第 i 位专家对第 j 个目标的评价结果，可用矩阵表示为

$$P = \begin{pmatrix} p_{11} & p_{12} & \cdots & p_{1n} \\ p_{21} & p_{22} & \cdots & p_{2n} \\ \vdots & \vdots & & \vdots \\ p_{m1} & p_{m2} & \cdots & p_{mn} \end{pmatrix} \tag{2-7}$$

目标函数集合 G 可以表示为一个 n 维行向量，其中每个元素 g_i 表示第 i 个目标的加权系数，则

$$G = (g_1, g_2, \cdots, g_n) \tag{2-8}$$

专家权重矩阵 W 可以表示为 m 维列向量，其中每个元素 w_i 表示第 i 位专家给出的权重，即

$$W = \begin{pmatrix} w_1 \\ w_2 \\ \vdots \\ w_m \end{pmatrix} \tag{2-9}$$

整体优化的目标是找到最优的设计方案，使得所有专家的评价结果能够得到最大限度的满足。方案的最后变量值为 $N = WPG$，数值越大，表示此方案的综合性能越好。草图方案初始确定后，请包括设计者在内的 11~13 位技术人员对设计方案进行讨论，最后提出 2~3 个方案，由设计人员根据专家的意见进行修改后，送交厂方的技术人员和决策者，由他们选定最满意的方案，再对设计进行局部的完善和整体的协调，以及色彩方案的优化等。经过反复论证和计算，最终确定方案 3 的综合性能最优。

在设计分析流程中，无论是早期的概念设计阶段，还是后期的论证与评价阶段，系统均展现出其在澄清设计问题及其相互关系方面的独特价值。它助力设计团队集中精力解决关键问题，同时提升用户对设计案例的深入理解，确保用户不仅掌握设计成果，还能透彻理解面临的问题及解决方案的思考路径。该系统便捷地将设计理念与设计标准转化为计算机可执行的数学语言，加速了从概念到实施的转化过程。

概而言之，IBFRS 在设计实践中的应用带来了以下显著优势。

1）通过模糊逻辑，IBFRS 以贴近自然语言的方式呈现设计相关的兴趣、意见、信息和知识，使交流更为直观且高效。这一方式不仅贴近现实世界问题处理的复杂性，还简化了表达，提高了沟通的质量。

2）系统通过定性与定量的双重分析，精确描绘了设计问题内各要素间的相互作用，利用具体评价指标和方法，为设计决策提供综合辅助工具，增强了问题解决的系统性和科学性。

3）IBFRS 借助模糊推理图和等式，清晰地展现了设计观点的多维度关联，促进了设计团队内部及人和计算机之间的无缝交流。模糊逻辑的量化处理，不仅使设计推理逻辑严谨、可追踪，也为计算机辅助设计提供了实施的基础，推动设计优化与论证的自动化进程。

2.6　方案设计案例：激光电视投影仪的移动镜头门

本节以激光电视投影仪的移动镜头门为例，从中可看出设计进程及设计方法应用。

1. 阐明任务和需求

任务需求如下：激光电视投影仪在工作时主要利用反射镜将偏转后的光线投射到屏幕上，这时就需要将镜头门打开，而当激光电视投影仪不工作时，则还需将镜头门关闭。目前现有激光电视投影仪的镜头门开启和关闭动作都需手动操作实现，这为用户的实际应用带来了许多不便之处。一种应用于激光电视投影仪的移动镜头门（见图 2-5），以实现激光电视投影仪的镜头门能够自动开启和关闭。

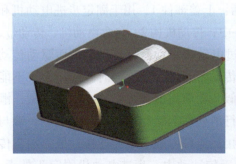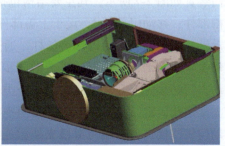

图 2-5　激光投影仪移动镜头门结构设计方案

2. 原理方案的具体化

在同时研究可能的调节或操作机构的情况下，将作用原理具体化为各种可能的结构变型，直至使其成为可进行评判的方案变型。

（1）方案 A：齿条齿轮传动式移动门　本方案采用齿条齿轮啮合、齿条不动而齿轮随顶盖门等一系列部件一起移动的方式，结合相配套的滑槽，使移动门按照既定的轨迹往复运动，从而实现镜头门的自动开启和闭合。采用双步进电动机带动齿轮啮合传动，结构简单、紧凑，同时保证了移动门的开启与闭合过程平稳、灵敏。

齿条齿轮传动式移动门如图 2-6 所示，滑槽支架 5 经孔定位固定于上盖，滑动支架 2 通过螺孔一端固设于移动门，另一端用于固定电动机，并与滑槽支架 5 组成联动机构；移动门 1 一端与滑动支架连接；上盖用于各个零部件的固定；步进电动机 9 作为整个移动门装置的动力装置，固定在滑动支架 2 的一端；齿轮 3 固定在电动机轴上，滑槽螺钉 8 与滑动环相结合，位于滑槽支架 5 下端滑槽。

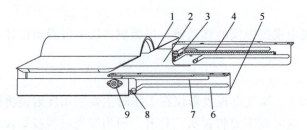

图 2-6　齿条齿轮传动式移动门

1—移动门　2—滑动支架　3—齿轮　4—齿条　5—滑槽支架

6、7—平行导轨　8—滑槽螺钉　9—步进电动机

（2）方案 B：滑轨式移动镜头门　本方案设计的滑轨式自动开启闭合的移动门装置如图 2-7 所示，其主要结构包括：上盖部件 1，用于固定步进电动机和滑槽部件；移动门部件 3，设于上盖部件中；传动机构 2，包含电动机、传动带、传动轴、联轴器、传动螺母、丝杠，通过电动机带动丝杠转动，进而驱动传动螺母做直线运动，采用电动机带动同步传动带运动，丝杠同时转动，由于不能平动，门必须先上升，因此采用一个类似凸轮轨道的弧形结构；滑槽支架，滑槽支架经孔固定，滑槽支架上开设两平行滑槽作为运行轨道；滑动支架一端与移动门相连接，另一端与滑槽支架相连接；连杆一端与螺栓连接，另一端与传动带连接；传动带两端与连杆套连，用于传动动力。步进电动机固定于外壳，为移动门机构提供动力。

固定支架包括第一横板和第一纵板，并且，第一横板与上盖之间由紧固件紧固连接；其中，第一纵板沿长度方向设有两条平行的 L 形导向槽。活动支架包括第二横板和第二纵板，第二横板与移动门体的下端之间由紧固件紧固连接；活动支架的后端设有随活动支架同步移动的连接块，连接块与活动支架之间由两个分别贯穿相对应 L 形导向槽的滑动连接组件紧固连接。驱动装置由步进电动机驱动旋转的传动轴，随传动轴同步旋转的丝杠，以及与丝杠相旋合的丝杠螺母；其中，丝杠螺母嵌设在连接块内。

3. 评价原理解决方案

图 2-7 所示的方案 B 获得优选。

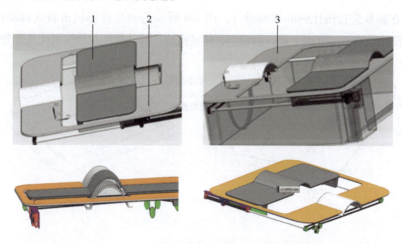

图 2-7　滑轨式自动开启闭合的移动门装置
1—上盖部件　2—传动机构　3—移动门部件

滑轨式移动镜头门具有如下特点：

1）步进电动机由电动机固定座安装在上盖的前端下侧壁，传动轴与步进电动机的输出轴之间、以及输出轴与丝杠之间均由联轴器连接，丝杠的两端分别由丝杠支座安装在上盖的后端下侧壁。

2）每个滑动连接组件包含贯穿 L 形导向槽的滑槽螺钉，轴向套装在滑槽螺钉上且沿 L 形导向槽滑动的滑动环，以及与滑槽螺钉相旋合的螺母。

3）第一横板与第一纵板为一体结构，第二横板与第二纵板为一体结构。

滑轨式移动镜头门的优点如下：

1）滑轨式移动镜头门通过两个相对齐的联动支架机构共同驱动移动门体前后移动到适当位置，从而实现滑轨式移动镜头门的自动开启和关闭，具有自动化程度高、使用方便的优点。

2）该联动支架机构采用步进电动机驱动、丝杠螺母机构传动的方式，因而还具有控制精确、运行稳定、可靠性强的优点。

3）滑轨式移动镜头门中，L形导向槽能够使得移动镜头门在打开时，移动门体能够顺利地移动到上盖的上方；并使得移动镜头门在关闭时，移动镜头门体能够与上盖齐平，结构紧凑。

本案例设计的激光投影机移动门装置，主要通过螺杆传动方式，将传动机构与移动机构连接，再配以相应的导轨机构限定门的移动轨迹，最终实现门的自动开启和闭合。

4. 方案结构设计

对方案 B 进行按比例的详细设计，图 2-8 所示为激光投影机滑轨式移动门装置的整体设计结构，主要由上盖、移动门、传动机构、移动机构和导轨机构几部分组成。

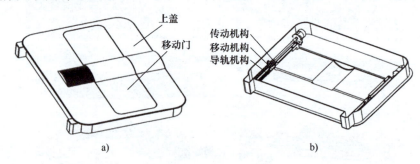

图 2-8　整体设计结构
a）外形　b）内形

从图 2-8 中可以看出，整个移动装置是在门的两侧对称分布的，移动过程分两侧同步进行，共同驱动移动门实现开启与闭合。

（1）传动机构设计　所设计的移动门传动机构主要是采用螺杆螺母螺旋传动的方式，具体的结构组成如图 2-9 所示。为保证丝杠具有足够的抗扭强度，长度不能太长，这里增加一段驱动轴将其与电动机转轴相连接。由此，电动机转轴带动丝杠转动，进而使丝杠上的螺母沿杆做相应的平移。这时，将螺母与移动机构以一定的方式连接，并可驱动其他部件的移动。整个传动机构主要通过电动机支座和丝杠前后支架与激光投影机主体部分固定连接。

（2）移动机构设计　移动机构的具体结构组成如图 2-10 所示，该机构与上盖部件固定连接，在传动机构的驱动下带动移动门沿导轨机构移动。连接板是连接移动机构与移动门的重要部件，对其强度也有较高的要求，图 2-10 中对其结构的设计在保证其抗弯强度的同时也节省了材料及空间。这里设有垫片和滑套来减少机构在沿导轨移动时与导轨之间的摩擦和磨损。连接块与前面传动机

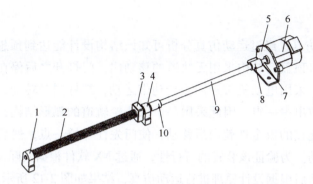

图 2-9 传动机构

1—丝杠后支座 2—丝杠 3—传动螺母 4—丝杠前支座 5—电动机支架

6—电动机 7—电动机轴 8、10—联轴器 9—传动轴

构中的传动螺母连接，从图 2-10 中可以发现，连接块的上下是贯通的，故二者在水平方向相对固定，而在竖直方向上可以相对移动。这样就可以实现移动门水平移动的同时在垂直方向上的移动。

（3）导轨机构设计 导轨机构是用来限定移动机构及移动门的移动轨迹，即开启与闭合的路线，其具体结构如图 2-11 所示。因为仅有两个点是无法平稳支承一个平面的，所以图中的导轨机构设计了双滑槽机构。两个滑槽一前一后分布排列，这样就实现以四点来支承移动门，保证了移动门的平稳移动。由滑槽的轨迹可以知道，从外部宏观看来，移动门是先抬升到一定高度后沿水平方向移动来达到开启效果。

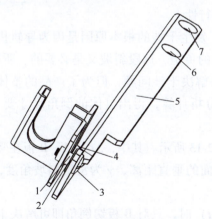

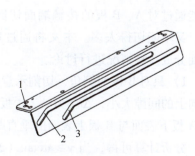

图 2-10 移动机构

1—滑套 2—垫片 3—螺钉

4—连接块 5—连接板 6、7—固定孔

图 2-11 导轨机构

1—固定孔 2—滑轨 1 3—滑轨 2

5. 移动门设计方案仿真分析

（1）运动仿真　经过运动仿真分析可知该结构设计能达到预想的开闭门效果，激光投影机顶盖门结构采用无轨道的移动门，门打开之后停在投影机上表面平行的地方。采用电动机带动同步传动带运动，螺杆同时转动，由于不能平动，门必须先拉出去一点，因此采用一个像凸轮轨道的弧形结构，当螺杆转动时，和门固定连接的钣金件就向后移动，使门先往外拉一点，然后平行于投影机的上表面运动。为验证该装置的可行性，通过 NX 软件根据实际尺寸对结构进行三维建模，然后根据设计原理进行运动仿真，结果如图 2-12 所示。

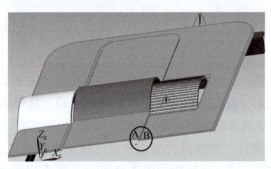

图 2-12　仿真结果

其中，A、B 板分别代表移动门和上盖。从图 2-12 中可以发现，在移动门一开始抬升的过程中，由于同时伴有水平方向的位移，圈中 A 板与 B 板的接触端面发生干涉，故有必要解决干涉问题。下面通过运动仿真对该装置进行分析，解决其中出现的干涉问题，保证应用的可行性。

（2）干涉问题的解决　由分析可知，发生干涉的根本原因是因为导轨机构的滑槽起始段是一段斜坡，为减轻电动机的负担，这段斜坡又是必要的。所以，只能通过对 A、B 板的接触端面切倒角来解决干涉问题，但为了产品的整体美观，又不能切得太多。本文将通过理论分析计算，得出具体的倒角尺寸要求。下面分成 3 种情况进行讨论。

1）只对 B 板切倒角，切割示意如图 2-13 所示。其中，Δt 为 A、B 板在竖直方向上的间隙大小，Δh_1 为 A、B 板下表面的垂直距离，γ 为滑槽斜坡角度，H 为 A 板下表面与 B 板上表面的垂直距离。

分析计算可得，当 $\gamma \geqslant \arctan(\Delta h_1 / \Delta t)$ 时，只对 B 板切倒角即可解决干涉问题。此时，倒角尺寸应满足 $\Delta x \geqslant H / \tan\gamma - \Delta t$、$\Delta y \geqslant H - \Delta t \cdot \tan\gamma$。

2）只对 A 板切倒角，切割示意如图 2-14 所示。其中，Δh_2 为 A、B 板上表面的垂直距离。

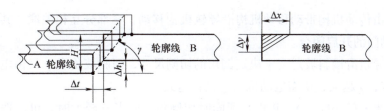

图 2-13　B 板切割示意

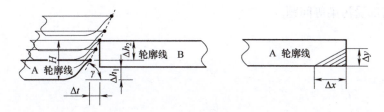

图 2-14　A 板切割示意

分析计算可得，当 $\gamma \geqslant \arctan(\Delta h_2 / \Delta t)$ 时，只对 A 板切倒角即可解决干涉问题。此时，倒角尺寸应满足 $\Delta x \geqslant H/\tan\gamma - \Delta t$、$\Delta y \geqslant H - \Delta t \cdot \tan\gamma$。

3）对 A、B 板均切倒角，当 γ 角度较小，无法满足前面两种情况时，只能同时对 A 板和 B 板切倒角，切割示意如图 2-15 所示。

图 2-15 中 A、B 板中的阴影部分体积必须全部切除，通过上下移动 a 点来分配 A 板和 B 板各切多少。

运用软件对这套机构进行运动仿真。模型中设定两个移动副、两个转动副及一个传动副，给定驱动电动机的转速，可以得到所

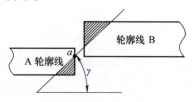

图 2-15　A、B 板切割示意

需要的运动效果，但是这套机构在开始起动时存在顶盖门和顶盖板相碰撞的干涉问题。就这个干涉问题进行了深入的研究发现，当移动导轨的倾斜角 γ 与顶盖门和顶盖板的倒角相同时，那么在相同条件下切屑的体积最小，能够确保边缘的强度；当 γ 与顶盖门和顶盖板的倒角不同时，顶盖门和顶盖板的倒角必须大于 γ，边缘强度变小。

导轨倾角 $\gamma > 63.4°$ 时，可以只对顶盖门倒内角来解决干涉问题；当 $\gamma > 71.6°$ 时，可以只倒顶盖板外角来解决干涉问题；当 $\gamma < 63.4°$ 时，必须同时倒顶盖门内角和顶盖板外角来解决干涉问题。

从传动机构、移动机构和导轨机构三部分对激光投影机螺杆传动式的移动门装置进行结构设计，再通过 NX 仿真软件进行分析，得到以下结论：

1）由传动机构带动移动机构沿导轨机构移动，三部分互相关联，共同作用完成移动门的开启闭合。

2）导轨滑槽斜坡角度 γ 决定倒角的切割尺寸，而斜坡角度 γ 又由电动机的功率决定，γ 越大，所需电动机功率也就越大。

3）当 γ 较小时，A、B 板必须同时切倒角，而当 γ 较大时，可以选择只对 A 板或 B 板切倒角，这样既能解决干涉问题，也能避免因倒角太明显而引起的美观和内部受污染等问题。

第 3 章

非标准设备详细设计

3.1 详细设计规则

　　详细设计的目的就是确定解决方案的结构，结构设计过程中需要进行材料的选择、加工方法的选择、关键尺寸的确定及空间相容性的验证，同时，还需要通过多维度决策，对方案的功能、耐久性、可加工性、装配可行性、使用性能和成本进行综合评估与优化。

　　详细设计是一个不断反复思考和检查的过程（见表 3-1）。

表 3-1　以主要特征标志表示的详细设计导则

主要特征标志	举例
功能	1）预定的功能能否实现 2）要求有哪些辅助功能
作用原理	1）选出的作用原理能否带来希望获得的效应、效率和成果 2）从原理上可能会出现哪些干扰
参数选择计算	在预定的材料、确定的使用期限和作用载荷下，所选用的形状和尺寸能否保证满足以下要求： 1）充分的贴久度 2）允许的变形 3）足够的稳定性 4）足够的共振安全度 5）无害的膨胀 6）允许的腐蚀和磨损性能
安全性	是否考虑了影响操作、工作及环境安全性方面的因素

（续）

主要特征标志	举例
人机工程	1）是否注意了人机关系 2）是否考虑了载荷、体应力和疲劳的影响 3）是否关注了好的造型设计
加工	是否从工艺和经济的角度考虑了加工
检验	在加工中、加工后或某个特殊要求的时刻，能否进行或安排必要的检验
装配	企业内、外装配过程能否简单而明确地开展
运输	是否考虑和检查了企业内、外的运输条件和危险性
使用	是否充分地注意了在使用和运行中所有出现的现象，如噪声、振动等
维护	能否总以可靠的方式实现管理、检查和维修措施，并能够进行检查
回用成本	1）是否可能实现再应用或再利用，是否保持在规定的成本界限之内 2）是否会有附加的运行费用或其他费用
期限	1）能否按期完成 2）有无使得期限缩短的结构措施

在任何阶段，都必须遵守"明确""简单"和"安全"的基本原则，这是由"满足技术功能、经济地实现设计目标、对人和环境安全"这些一般目标推导出来的。

（1）明确性原则　准确确定技术功能和性能，可节省时间和高昂的研究费用。

（2）简单性原则　经济有效地实现设计目标，采用较少的零件数和简单的结构型式，可以加快加工过程并提高质量。

（3）安全性原则　从耐用性、可靠性、事故预防及环境保护等方面处理问题（见3.2.1小节）。

遵守"明确""简单"和"安全"这些基本原则，能够提升设计质量和成功率。缺少这三者的有机结合，要想获得满意的解决方案是不可能的。

3.1.1　明确性原则

根据表3-1中列出的导则，明确性原则应用在下列方面。

（1）功能　在功能结构内部，必须清晰地定义输入和输出之间的分功能排列关系。

（2）作用原理　应能够描述原因和效应之间的关系，以便正确且经济地进行参数计算；作用结构必须能确定能量流（或力流）、物料流和信号流的有序走向，以防止过大的力，否则就会发生力和变形过大等不希望出现的状态及快速磨损；设计时要考虑结构上由载荷引起的变形和温度变化导致的膨胀。

（3）参数选择计算　必须明确说明载荷作用的大小、种类、频率或时间。若缺乏这些信息，则应在合理的假设下进行计算，并给出预期的使用寿命或工作时间。因此，结构设计时应当能够描述所有运行状态的载荷情况，并通过适当的方法进行计算。

检查稳定性、共振状态、磨损和腐蚀特性等，确保不会损害功能及降低构件耐用性。

（4）安全性　安全性的相关原则见 3.1.3 小节。

（5）人机工程　操作顺序、实施、布置和接入方式应按照合理的步骤进行，确保人机交互的顺畅。

（6）加工和检验　图样、零件表和说明书中的说明应明确和完整，便于加工和检验。设计师可根据需要采取特殊的组织措施，如用生产记录来实现加工技术指标。

（7）装配和运输　结构设计应保证装配按序进行，避免错误的工作次序；同时检查企业内外的运输条件和潜在危险。

（8）使用和维护　构造和构形应直观易懂、易于检查；尽量减少维修时所用的辅助材料及工具种类，且维修过程可进行检查。

（9）回用　应明确规定可回用材料的分离位置，以及装配和拆卸顺序，以简化回收利用过程。

3.1.2　简单性原则

在技术应用方面，"简单"意味着设计应当是"非复合的""一目了然的""易于理解的"以及"经济的"。

当一个解决方案能够通过少量构件或零件实现时，它被认为是简单的。这是因为较少的零件数量通常会带来更低的加工成本、更少的磨损和更低的维修费用。某一解决方案用少量的构件或零件即可实现时，对我们来说就是简单的，因为这时候得到较低加工成本、较少磨损和较低维修费用的概率提高了。但是，即使构件或零件数量减少，这种简化的效果结论也只有在其构造和几何形状保持简单的情况下才可能成立。因此，在设计时原则上应力求做到尽可能少的零件数目和尽可能简单的结构形状。

功能的实现总是要求构件或零件的尺寸最小，但有必要考虑其经济性。例如，在采用数量多、形状简单而加工费用昂贵的零件，或是采用一个形状复杂、加工费用低廉、但在期限上却不确定的铸件之间如何作出决断。根据表 3-1 列出的导则，应对其相互关系进行全面的考虑。

（1）功能　分功能数目应尽可能少，并且其相互间的连接关系要明了而合乎逻辑。

（2）作用原理　当选择作用原理时，应考虑作用过程和组成件的数目少、规律清楚、费用低廉。具体情况下，什么结构能被视为简单取决于任务及其条件。

（3）参数选择计算　在参数选择计算过程中，采用简单的几何形状有助于直接列出材料力学和弹性力学的数学计算式。对称形状有利于识别由加工、载荷和温度引起的变形。对于许多设计对象来说，简单构型可显著减少计算工作量和试验耗费。

（4）安全性　安全性的相关原则见 3.1.3 小节。

（5）人机工程　人-机关系也应同样地应当简单，并且可以利用明确的操作流程、直观的布局、一目了然的布置方式及易于理解的信号使用户体验得到明显的改善。

（6）加工和检验　如果满足下列条件，就可较简单地、也就是较迅速和准确地进行加工和检验：几何形状简单，能够节省加工时间；加工方法少，能够减少夹紧、调整和等待的时间；形状清楚，能够更方便和迅速地展开检验工作。

（7）装配和运输　如果满足下述条件，装配同样会被简化，也就是变得更容易、更省时间和更可靠地完成：被装配零件易于识别、能够迅速地理解装配工艺、每一个调整过程只需要进行一次、避免已装配零件的重复装配。

（8）使用和维护　使用和维护无须特别和复杂的说明即可操作；过程一目了然、易于发现差错或干扰；维修不应麻烦、费力和耗时。

（9）回用　回用应通过采用可回用的材料、简单的装配和拆卸过程，以及简单的部件实现。

3.1.3　安全性原则

1. 安全技术的概念和种类

安全技术是确保技术产品或系统有效执行，最大限度降低对人类和环境潜在风险的关键。安全技术具体包括直接安全技术、间接安全措施及预警安全系统。直接安全通过设计消除或减少危险源；间接安全则通过防护系统或装置减轻危害；预警安全则侧重于提前识别并预警潜在风险。

尽管安全性要求会增加设计复杂度，短期内或与经济性相悖，但在长期视角下，安全性与经济性的目标趋于一致，特别对越来越昂贵和复杂的非标准设备来说，其无故障、安全可靠的运行是持续保证经济收益的前提。尽管缺乏可靠性不一定会引起事故或直接的损害，但是防止事故和损害的安全性和保证高度耐用性的可靠性总是一致的。因此，有必要通过直接和间接的安全技术，将安全性作为系统的组成部分加以实现。

可靠性是衡量系统在给定的工作范围及规定的工作时间内稳定完成既定任务的能力，与安全性密切相关。提高机械零部件、非标准设备及其保护装置的可靠性是安全保护的前提。可用性是衡量运行状态下可靠性的重要指标，体现了设备可有效使用的时间占比。

对安全性的研究主要牵涉以下范畴。

（1）运行安全性　确保技术系统运行过程中控制和限制潜在危害，防止系统及周边环境（如车间、邻近系统）产生损坏。

（2）工作安全性　保障操作人员在使用技术系统及日常活动中免受伤害，包括工作内外的场景。

（3）环境安全性　限制技术系统对周围环境的损坏。

（4）保护措施　当直接安全设计无法完全排除风险时，采用保护系统或设施使危险性降低到可容许的程度。

在确保运行安全性、工作安全性或环境安全性方面，构件本身及其在技术系统中协同工作以完成指定功能的可靠性，以及专为防护目的设计的机器或系统的可靠性，具有决定性的意义。无论是维持设备顺畅运行、保护作业人员免受伤害，还是防范对外部环境的不利影响，均根植于构件可靠性或功能可靠性这一前提。因此，可靠性构成了安全防护体系的基础，更是实现全面安全目标的前提。

2. 直接安全技术原理

直接安全技术是确保技术系统安全运行的核心，它通过系统或组件自身的结构和功能设计实现安全性，具体包括"保持安全""限制失效"和"冗余配置"三大原理。

（1）保持安全原理　要求系统的所有组件及其相互作用在预期的使用期间能够承受所有可能的载荷和环境条件，确保不发生失效或干扰。可通过以下措施实现这一目标：①准确识别作用于系统的载荷和环境条件，如预期的作用力、寿命、环境类型等；②基于可靠的假设和计算方法进行充分安全的计算；③实施严格的质量控制，包括加工、装配过程中的检查；④测试组件在超载或极端环境下的耐用性；⑤明确界定安全使用范围，排除可能导致失效的条件。

确保安全性的关键在于全面且精确地识别并评估所有可能影响系统稳定性的因素，这包括了解各种作用力、环境条件及其强度的详细情况。达到这一目标不仅依赖于深厚的专业经验和知识积累，还往往伴随着高昂的成本投入，如前期的研究开发、材料与结构的持续监测与评估。即便经过了严格验证并被认为处于安全状态，系统仍有可能遭遇意外失效，这种情况下通常会导致灾难性后果，如飞机机翼断裂、桥梁坍塌等严重事故。此类事件强调了安全评估与验证过程的极端重要性，以及持续监测与维护对于预防潜在灾难的必要性。因此，安全工程不仅仅是理论上的计算和设计，它是一个动态的、需要持续投资的过程，旨在通过科学的方法和实践经验的结合，最大限度地降低风险，确保安全。

（2）限制失效原理 限制失效原理的核心在于接受系统或设备在正常使用期间可能出现一定程度的功能干扰或局部损坏，但其设计必须确保此类情况不会引发灾难性后果。实施时，应遵循以下原则。

1）维持有限的安全功能，即系统在部分功能受损时仍能保持在安全状态下运行，防止危险状况发生。

2）失效转移机制旨在设计上确保一旦某个组件失效，其功能可由其他组件暂时接替，直至设备完全停机，且缺陷或失效能被及时识别。

3）失效状态的及时辨识是系统需具备自我诊断能力，能及时发现并警示失效部位，为操作人员提供采取应对措施的机会。实质上，限制失效原理的工作机制在于主功能受限时，系统会以诸如运行不稳定、密封失效、动力减弱、运动受阻等形式发出预警，预警时尚未引起系统崩溃。因此，建立有效的警报系统，使操作人员能够迅速察觉失效的初始迹象，是该原理应用的关键。

以弹性联轴器中球状橡胶元件为例，即使该元件出现表面裂纹仍能保持正常功能。随着载荷循环增加，裂纹扩展，刚度下降，转速变化提供失效预警，最终可能导致性能下降，但不会引发联轴器的完全失效或分离，确保了安全。类似地，韧性材料法兰螺栓连接在过载情况下，虽密封能力下降，但不会发生突发性脆性断裂，避免了严重的安全事故。

（3）冗余配置原理 作为增强系统安全性和可靠性的有效手段，其核心在于通过增加多余但功能互补的组件来确保系统在部分元件失效时仍能维持运行。冗余原则虽然看似过剩和烦琐，但对于确保机械制造安全具有重要意义。若系统元件不会直接引发危险，而与之并列或串联布置的其他系统元件能够全部或部分承担其功能，那么通过增加元件的重复配置，系统安全性得以显著提升。

例如，飞机配备多台发动机、多股钢缆悬挂重物、双路电源供应等，均为积极冗余的例子，意味着所有部件共同参与工作，任何单个部件的故障仅导致能量或能力减弱而非设备失效。

消极冗余则体现在备用单元的即时启用上，如备用泵在主泵故障时通过切换机制介入，这种设计要求备用单元与积极单元在规格和性能上相匹配。

原理冗余是指功能相同但工作原理不同的多元配置，以进一步增加系统的安全性。

冗余元件可并联或串联布置，甚至可采用交叉连接，以确保即使多个部件失效也能维持系统功能，如图 3-1 所示。同时，信号监控系统也采用冗余设计，如通过"三选二"或信号对比机制来提高信息处理的可靠性。

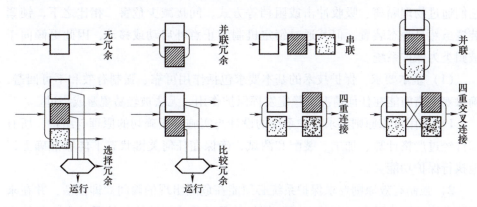

图 3-1　冗余的排列及连接

但是，冗余配置不能取代保持安全原则和限制失效原则，即冗余虽能提升系统在故障情况下的持续运行能力，但无法预防或控制那些可能导致整体系统崩溃的灾难性故障。因此，冗余设计应符合系统设计的整体安全原则，同时遵循结构与功能合理匹配，以及设计的"明确性"与"简单性"原则，以实现全面的安全保障。

3. 间接安全技术原理

间接安全技术作为安全防护体系的重要补充，主要通过保护系统和保护设施来增强安全性，尤其在直接安全技术不能提供必要保护的情况下。

保护系统是一种主动干预机制，当检测到危险情况时，能够启动保护措施以消除或缓解危险。这类系统通常包含感知危险的输入端、处理这些信号的控制单元，以及执行保护动作的输出端。例如，核反应堆中的多层温度监控系统可以在温度异常时立即触发紧急冷却程序，确保反应堆安全；又如，在机器人作业区设置的监控摄像头，一旦发现人员侵入，即刻停止机器人运动，防止伤害事件。保护系统的关键在于其检测、处理信息并迅速反应的能力。

保护机构则是基于物理构造实现安全防护的技术实体，无须复杂的信号转换过程，直接依靠自身结构在危险条件下发挥作用。例如，过载保护阀在压力超标时自动开启泄压，安全离合器利用剪切销在过载时断开传动以保护设备和操作者，汽车安全带在紧急制动或碰撞时限制乘员移动，减少伤害。它们通过限制或阻止有害事件的发生，直接提升安全性。

保护设施则属于被动安全措施，通过物质布局、结构设计等方式，无须主动感应或反应即可提供保护效果。这类设施不具备活动部件或信号处理能力，如使用防护罩隔绝危险区域、安装护栏防止跌落、采用防爆墙隔离爆炸风险等。它们通过物理隔离、吸收冲击或阻挡等方式，间接减少危害。相比之下，锁紧装置虽然是静态装置，但其通过锁定机制防止意外启动或移动，因此更倾向于被归类为保护系统。

（1）基本要求 保护技术的基本要求包括作用可靠、强制有效和不可回避，确保安全措施能在任何情况下稳定发挥保护作用，无法被轻易规避或绕过。

1）作用可靠原则要求保护系统的设计与实施基于确切的原理与结构，所有部件经过严格计算、加工、装配和测试，确保在任何关键状态下能够准确无误地执行保护功能。

2）强制有效原则要求保护系统必须能在危险出现的瞬间立即激活，并在未消除危险前阻止设备运行或起动。例如，通过传感器监控保护罩状态，确保未关闭时不起动机器。

3）不可回避原则要求设计需确保保护措施无法被意外或故意规避，确保安全功能始终有效。

（2）保护系统 保护系统的核心职责在于自动监测潜在危险，并在危险出现时迅速启动保护措施，以确保人员和设备的安全。当识别到危险时，保护系统将立即采取行动，如停止设备运行或禁止起动，以防止危险状态的进一步恶化。对于持续存在的危险，系统将激活特定保护措施，隔离或中和危险源，确保安全。保护系统设计的核心原则围绕"可靠作用""强制生效"和"不可回避"展开，确保系统能在各种条件下有效保护人员与设备安全。

1）信号反馈旨在保护系统激活时，必须伴有明确信号指示原因，如"润滑油压过低""温度过高""保护罩没有关上"等，且应利用声光信号增强警示效果。对于缓慢发展的危险，先发出警告，预留足够时间由操作员介入。例如，在压力监控系统中，在$1.05p_{正常}$时发出警告，在$1.1p_{正常}$时停车，确保安全阈值清晰可辨。面对快速危险，保护系统必须能瞬时响应，立即切断设备运行，确保安全。

2）自监控要求系统应能自我检测并响应自身潜在的保护功能缺陷，维持保护机制的完整有效性。

3）冗余设计旨在采用双重或多重冗余保护系统，提高系统的鲁棒性，这是因为所有冗余系统同时失效的概率非常低。具体实践中，可以采取"三中取二"原则，即通过部署三个独立的传感器来监测同一危险状态，只有当至少两个传感器发出危险信号时，系统才会启动保护措施，如关闭阀门。这种方法不仅减少了因单个传感器失效而造成的工作中断，同时也防止了在无真正危险情况下采取不必要的保护动作。多重冗余配置的方法适用于保护系统不会同时产生系统缺陷的情况。当冗余系统采用不同工作原理或技术，即实现原理性冗余时，即使面临如材料老化、腐蚀等系统性缺陷，也不会导致灾难性后果，从而显著提升整体系统的安全性。这种设计降低了因保护系统具有共同弱点而导致全面失效的风险，确保了即使在极端或罕见情况下，保护机制依然能够有效运作，为系统安全性提供强大的保障。

4）双稳态特性要求保护系统与机构常在预设的安全阈值下运行，在遭遇潜在危险时可立即且明确地做出保护反应，这一性能依托双稳态特性强制发生。当低于起动阈值时，系统处于稳定的运行状态；达到起动阈值则转换到稳定的安全保护状态，避免任何可能导致混淆或延误的中间状态出现。当达到起动阈值时，保护系统通过双稳态特性使机器断开，不允许自行恢复运行，即使危险状况解除也保持断开。必须通过严格检查和判断，按照一个新的、有序的重新启动流程来恢复运行。此设计原则在非接触式保护装置及生产的安全规程中是强制执行的，旨在从根本上杜绝未经检查的重新启动行为，防止潜在的二次伤害或事故。

5）可检验性要求即便系统未处于实际危险环境中，对其保护系统的定期检测与验证也是必不可少的。当进行此类检查时，必须严格避免引入任何新的或附加的安全风险。为了准确评估保护系统的效能，可以通过模拟潜在危险情景来进行测试，但需确保模拟过程贴近真实情况，同时全面考虑所有关键的安全影响因素。为确保保护系统的可靠性和功能完整性，可从主系统中临时分离冗余部件或回路进行专项检查，允许在不影响整体运行的前提下，对保护功能进行全面而深入的测试与监控。这一过程的关键在于维持保护功能的稳定不变，避免检查活动引入任何新增风险，并确保检查结束后系统能够无缝恢复到其规定工作模式。从设计上应构建能够支持局部检查并自动复原的机制，使每次检查过程既彻底又安全，不影响系统的正常保护效能。起动试验作为一种有效的验证手段，要求在设备接通后先不运转，即验证保护机制的正确起动顺序，这对于动力设备尤为重要，通过模拟断开保护系统来检验其应急响应能力，确保非接触保护装置按规范执行其保护任务。防护系统的定期检验计划应当包括：初次投入使用前的全面检查；规定周期内的例行检查；每次维护、改造或升级后的再次验证。所有检验活动需遵循操作手册的指导，并且检验结果要详细记录存档，以形成系统的安全维护历史档案，为后续的性能评估与故障排查提供依据。

6）降低要求旨在特定条件下，对于保护系统可检验性的严格要求可能显得过于苛刻，尤其是当系统具备高效自动监控功能时，如快速闭锁销的可行性、手动控制部件的操作性或电气开关的接触黏结等，这些情况下可能引发对常规检验要求的反思。然而，放宽检验标准仅在极少数情况下被视为合理，即当系统失效的可能性极小，并且即便失效，其导致的后果也相对轻微。此外，如果保护系统的日常检查简便易行且能定期强制执行，那么针对某些冗余设计的需求或许可以适当放宽。例如，某些系统通过正常运行即可验证其保护功能的完整性，此类情况常见于直接关乎作业安全的保护系统中。

值得注意的是，当潜在危险可能引发重大的物质损失或危及人员生命安全时，维持甚至加强冗余设计原则是必要且经济的。选择何种冗余策略（如"三中取二"原则、基于不同原理的冗余或等价联结等）应基于对特定风险的细致评估及当前环境下的实际危险特性。

（3）保护设施 保护设施的核心职责在于隔离人员与物品远离潜在危险区域，并预防各种形式危险造成的损害。实现策略可概括为以下三大类隔离手段。

1）全方位加罩是通过全面覆盖的方式，防止任何方向的直接接触。

2）定向防护针对特定方向设置防护，有效阻挡潜在的接触途径，减少特定方向上的风险暴露。

3）安全间距设置则依据人体活动范围及肢体伸展极限，确立适当的安全缓冲区，该距离需综合考虑垂直、穿越及周边活动可能带来的影响。

在设计这些保护设施时，必须充分考虑以下关键特性以确保其效能。

1）结构强度：足以承受预期的外力冲击，维持结构完整。

2）形态稳定性：在长期使用和不同环境条件下保持形态不变，确保持续的防护效果。

3）温度适应性：能够抵御极端温度变化，不影响防护性能。

4）防腐蚀性：有效防止锈蚀，延长使用寿命。

5）异物防护：防止外来物体穿透或损坏，维持防护的连续性。

6）密闭性：确保无穿透性，有效隔绝危险物质或能量的泄漏。

4. 安全技术的参数选择、计算与检查

（1）功能和作用原理　设计时应充分识别装置、机器或设备在不同运行状态和环境下的潜在干扰源，确保设计能有效预防并应对这些干扰，防止可能的事故。

（2）参数选择和计算　外载荷会在构件中引起应力，其大小和特性可通过分析确定。外载荷在结构内部引起多种应力形态。设计者借助计算方法和试验手段来量化这些应力，确保结构安全。材料学为设计师提供试件的各基本类型应力（拉伸、压缩、弯曲、剪切与扭转）的极限值，超过这个极限值就会导致结构破坏。因此，设计时必须考虑不均匀应力、尺寸、表面和形状等因素，确保构件的应力低于极限值。

额定安全系数（γ）是衡量结构安全裕度的重要指标，它定义为材料的极限强度（σ_c）与其许用应力（$\sigma_{许}$）之比，即 $\gamma = \sigma_c / \sigma_{许}$。此系数的设定需权衡多种不确定性因素，如材料性能的变异性、载荷预测的不准确性、计算模型的局限性、制造工艺的差异、结构尺寸与形状的影响，以及环境条件的多变性等。值得注意的是，额定安全系数的选取并无普适标准，其值可根据产品种类、制造行业规范或特定考虑因素（如材料韧性、构件尺寸和潜在失效概率）灵活调整。然而，基于过往案例、未经充分验证的规定或纯粹的经验法则来确定额定安全系数并不足以确保普遍适用性。对于文献引用的数据，应持批判态度审视，并在缺乏明确定义时，依靠深入的具体案例分析和专业实践知识来指导决策，以实现结构设计的科学性和可靠性。

韧性即塑性变形的能力，可以在应力分布不均匀时减少峰值应力的出现，在安全设计中扮演着至关重要的角色。单纯追求高强度而忽视韧性是不够的，因为通常材料的强度提高往往伴随着韧性的降低。由于这个原因，设计时不仅应设定最低屈服强度，还应考虑设置最低韧性要求，以防材料因脆化而突然断裂，尤其是塑料等由于其他原因（如辐射、腐蚀、温度或表面保护层）影响，脆化风险更为突出。

现有的安全系数评估方法，仅基于计算应力与最大容许应力的差值，忽略了材料随时间老化、环境变化（如温升、辐射、风化、工作介质）及工艺影响（焊接、热处理）对材料性能的影响，特别是内应力的累积效应，这些都可能促成无预警的脆性断裂。因此，设计中必须避免多轴同向应力状态、脆化材料及引起脆性断裂的加工方法，这些都是直接安全技术的核心内容。

塑性变形在某种程度上提供了失效前的预警信号，使监控系统可及时识别危险状态，预防功能受损，体现了"限制失效"原则的应用。同时，设计时还应确保由于消除间隙等引起的弹性变形不会干扰正常功能或导致过载或破裂，这对静止和运动部件均至关重要，以维护系统的稳定性和安全性。总之，综合考虑材料韧性、应力状态、材料性能随时间的变化，以及加工工艺对安全系数的影响，是实现高效安全设计的关键所在。

稳定性是确保机械或装置安全运行的基础，涵盖状态的持续稳定及防止倾覆风险，同时也关系到设备能否在面对干扰时自动恢复至初始或理想工作状态。设计时，应充分利用系统自稳能力，预防并减轻外部干扰的影响。

共振可能导致难以估计的应力增强，不仅威胁结构强度，还会伴随噪声、振动等不利因素，影响操作人员的工作效率与健康。因此，设计初期就需要预防共振，采取有效措施抑制振动，确保运行平稳。

热膨胀是影响设备稳定性的另一重要因素，尤其在动态或非稳定工况下，必须认真考虑并采取措施限制由此产生的应力，防止结构变形或功能障碍。

密封失效常引发安全隐患，合理选择密封装置，结合适时的卸压机制及对流体特性的准确把握，是解决密封难题的关键。

磨损与磨粒生成不仅损害设备的可靠性与经济性，还会对其他部件造成损害和干扰。从安全性考虑，应尽可能在磨粒产生处即实施有效隔离，将它们限制在许可的极限范围内。

腐蚀会显著降低零件厚度，增加应力集中，即使在无明显形变的情况下也可能引发突发断裂，严重影响结构的耐久性和承载能力。在腐蚀环境下，材料的使用寿命显著缩短，并且可能诱发如应力腐蚀裂缝、摩擦腐蚀及振动诱导的裂缝等问题，进而限制设备功能，如导致阀芯、控制零件的锁死等故障。因此，腐蚀防护是设计中不可或缺的一环，需要综合考虑材料选择、表面处理及环境因素，以确保设备长期安全运行。

（3）人机工程学和工作安全性　在人机工程学领域，确保工作安全性是核心目标之一，这涉及优化人与机器之间的交互，以减少伤害、提高工作效率和提升用户舒适度。为了实现这一目标，设计过程中必须深入分析和评估潜在的危险源和风险区域，同时考虑人为因素，如误操作的可能和因长时间工作引起的疲劳，这些都是影响安全性的关键要素。

在进行结构设计时，遵循人机工程学原则至关重要，这通常包括但不限于以下几个方面。

1）可达性与可操作性确保所有控制和操作界面都易于触及且直观，减少操作者身体的不必要伸展或扭曲，降低操作错误的风险。

2）信息显示中的信息应当清晰、易读，且重要的警告和指示要突出显示，以便操作者能快速准确地获取所需信息，及时响应。

3）工作空间布局应合理并保证足够的活动空间，减少碰撞风险，同时考虑人体尺寸和动作范围，确保作业姿势的自然与舒适。

4）载荷与操作疲劳管理，通过设计减少重复性动作、重体力劳动和静态姿势保持时间，使用辅助工具减轻操作者的物理负担，预防职业病。

5）紧急停止与安全装置旨在设置易于触及的紧急停机按钮及必要的防护装置，确保在紧急情况下能够迅速响应，保护操作者安全。

（4）加工与检验　设计应确保零件结构既满足质量要求，又能通过加工得以实现，通过强制检验程序保障规章的遵从。设计时需避免因加工工艺引入安全风险，如应力集中点。

（5）装配与运输　在详细设计阶段即需评估装配与运输中的强度与稳定性需求，确保焊接质量，并通过热处理增强材料性能。大型组件装配后应实施功能检查，同时明确标记重物、设置稳固支承，并为频繁拆装设计专用吊装工具及安全的运输固定措施。

（6）使用与操作安全　确保设备操作简便且安全可靠，具备自动装置失效时的报警与手动干预机制。

（7）维护保养　非标准设备仅能在停机时进行维修，使用专用工具时需警惕误操作风险，装有防止误起动的装置，并设计便于维护的集中式调节结构，提供安全通道与辅助设施以利检查与维修。

（8）成本与期限　成本与期限的约束不允许对安全性产生影响。遵守成本限制和期限规定应当是通过仔细的规划、正确的方案和方法学的进程，而非通过危及安全性的节约措施而达到。事故和损害所造成的后果总是远远高于合理加工所要求的消耗，并且关系更为重大。

3.2　基于有限元分析的安全设计

3.2.1　弹性力学及其有限元分析

针对非标准设备设计的复杂性和多样性，传统的试验分析与依赖经验的设计方法已难以满足高效、经济的需求。有限元分析（Finite Element Analysis,

FEA）通过数值模拟方法，为零件设计、评价、诊断和失效分析提供了有利的手段，并大大节省了成本和时间。

如何保证非标准设备结构的可靠性与寿命是一个重要的问题，非标准设备的复杂结构和多变载荷模式使得采用传统方法难以全面评估。有限元分析能处理各种复杂载荷（如非线性、热、流体压力等），通过模拟这些载荷对结构的影响，帮助工程师识别构件中的薄弱环节。通过有限元分析，可以在设计初期针对不同的尺寸、材料和结构方案，优化设计以达到最佳的性能与成本效益比，这包括但不限于减小质量、增强刚度或改善疲劳寿命。以曲轴这类复杂结构件为例，有限元法能够提供详细的应力分布图和位移分析，揭示潜在的应力集中区域，这对于预防材料疲劳、断裂具有重要意义。利用有限元分析得到的应力和应变结果，结合材料的疲劳性能数据，可以预测设备或部件在特定工况下的寿命，为可靠性评估提供科学依据。对于已有的非标准设备，有限元分析也可应用于故障诊断，通过模拟失效情况，反推故障原因，并提出改进措施，延长设备使用寿命。鉴于非标准设备的特殊性，有限元分析的灵活性使其能够针对每一种独特设计提供定制化的分析解决方案，确保设计的针对性和有效性。

线性有限元法以理想的弹性体作为研究对象，所考虑的变形建立在小变形的基础上。这类问题材料的应力和应变呈线性关系，满足广义胡克定律，应变与位移也是线性关系。线性有限元问题是求解线性方程组的问题，只需要较少的计算时间。

非线性有限元法所求解的非线性问题主要有以下几类。

1）材料非线性：即材料的应力与应变是非线性关系，在工程中普遍的材料非线性问题是非线弹性、弹塑性、黏塑性和蠕变等。

2）几何非线性：由于位移之间存在非线性关系引起的，这类问题包括大位移大应变问题和大位移小应变问题。

3）非线性边界（接触非线性）：由于接触和摩擦的作用，接触边界属于高度非线性边界。

1. 有限元法的一般方法

有限元法进行结构分析的基本思想：将一个连续的弹性体进行离散化，分割成彼此用节点相连接的有限个数的单元，然后对单元进行分析，用节点位移来表示结构的变形，再建立整个结构总位能关于结构位移的表达式；根据变分原理，可以得到以节点位移为未知数的大型线性方程组，用人们所熟知的消元法或迭代法，即可求出各节点处的位移近似值，进一步可求出各节点的应力值。这种先分后合、以有限的单元代替连续弹性体的方法就是有限元法的基本思想。

有限元分析的力学基础是弹性力学，通过数值离散技术将连续体转变为由多个互连子域（有限元）构成的模型，进而借助高性能计算机和专门的软件进行求解。尽管有限元分析软件提供了用户友好的界面和自动化流程，但仅掌握软件操作并不能确保分析结果的准确性和有效性。深入理解有限元方法的理论基础，包括位移函数、单元特性、边界条件、求解算法等，正确应用才能确保计算结果的可靠性和适用性。

弹性力学问题在一般情形下都是空间问题。但当某一方向变化规律为已知时，维数可相应减少。

2. 两种平面问题

平面问题作为有限元分析中的一个特殊类别，适用于那些可以合理近似为二维情况的研究对象。尽管现实世界中的问题通常是三维的，但在某些特定条件下，如薄板、薄壳结构的分析，或载荷主要沿两个方向作用时，可以将问题简化为平面应力或平面应变问题。这两种类型的划分，主要依据实际结构的约束条件和受力特点。

（1）平面应力问题　平面应力问题适用于薄板或类似薄膜结构，其特点是结构在某一方向（通常为厚度方向）的尺寸远小于其他两个方向，如图 3-2a 所示的薄板。在载荷方面，要求薄板两侧无表面载荷，边缘受力与板面平行且沿厚度不变或对称于板的中间平面变化，体积力也平行于板面且沿厚度不变。实际工程中可简化为平面应力问题的例子是很多的。例如，链条的平面链环（见图 3-2b）、被圆孔或圆槽削弱的薄板等等。实际应用中，对于微度的变厚度薄板，带有加强筋的薄板，平面刚架的节点区域等，只要符合前述荷载特征，也往往按平面问题做近似计算。

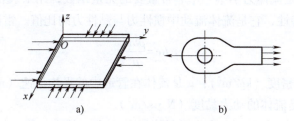

图 3-2　平面应力问题示例

a）薄板　b）链条的平面链环

（2）平面应变问题 平面应变问题的特征为沿某一个坐标轴（如 z 轴）方向的尺寸远大于其余两个方向，且所有垂直 z 轴的横截面形状都相同，即为一等直柱体；位移约束条件或支承条件沿 z 方向也是相同的。例如，水坝（见图 3-3a）、炮筒（见图 3-3b）、氧气瓶、桥梁滚轴支座的柱形部位（见图 3-3c）及隧道结构等，都是典型的平面应变问题应用场景。

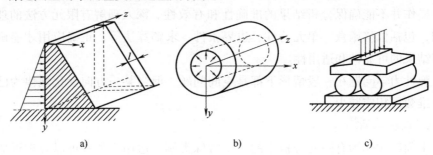

图 3-3 平面应力问题示例

a）水坝 b）炮筒 c）桥梁滚轴支座

在实际问题中，严格地满足平面问题的要求是困难的，但是许多问题由于物体的几何形状和载荷的特殊性，可以简化为近似的平面问题。这样处理，可以使分析和计算的工作量大大减少，其结果的精度却是足够的。

3.2.2 计算流体力学仿真分析

流体力学的研究对象是流体，包括气体和液体。计算流体力学（Computational Fluid Dynamics，CFD）是一种由计算机模拟流体流动、传热及相关传递现象的系统分析方法和工具。CFD 的优势在于其适应性强、应用面广，如电子设备换热分析，流体机械的仿真分析等。

雷诺数 Re 是流体力学中一个非常重要的无量纲数，用来表征流体流动状态的湍流或层流特性，它是流体流动中惯性力与黏性力的比值。雷诺数的定义为

$$Re = \frac{\rho u L}{\mu} \tag{3-1}$$

式中，ρ 是流体密度（kg/m^3）；u 是流体在管道中的平均流速（m/s）；L 是管道直径（m）；μ 是流体的动力黏度（$N \cdot s/m^2$）。

区分层流与湍流流动涉及临界雷诺数的概念。其中，层流转变为湍流时所对应的雷诺数称为上临界雷诺数，记为 Re_{cr}^+；湍流转变为层流时所对应的雷诺数称为下临界雷诺数，记为 Re_{cr}^-。通过比较实际流动的雷诺数与两个临界雷诺数，可确定黏性流体的流动状态，具体准则如下。

1）当 $Re<Re_{cr}^-$ 时，流动处于层流状态。

2）当 $Re>Re_{cr}^+$ 时，流动为湍流状态。

3）当 $Re_{cr}^-<Re<Re_{cr}^+$ 时，即 $Re\approx Re_{cr}$，流动状态可能不固定，表现出由层流向湍流过渡的中间特性，称为过渡态。

在工程应用中，一般统一取临界雷诺数 $Re_{cr}=2300$。当 $Re<2300$ 时，流动为层流，成层状和不相紊杂的流动是层流的基本特征；而当 $Re>2300$ 时，可认为流动为湍流，其特点为随机性、扩散性、有涡性和耗散性。层流和湍流是流体运动的两种基本形式。1883 年，雷诺揭示了黏性流动这两种不同本质的流动形态。尽管历经多年探索，但由于湍流运动极其复杂，其基本机理至今未能完全掌握，而且不能准确地定义并定量地给出湍流的运动特性。

随着计算机技术的飞速发展，CFD 软件提供的可视化技术和工具越来越多，如等值线图（云图，包括压力云图、温度云图、速度云图等）、矢量图（如速度矢量图）、视角变换（平移、缩放、旋转）、颗粒追踪和动画输出等。

CFD 是建立在纳维-斯托克斯（Navier-Strokes，N-S）方程近似解基础上的计算技术，根据近似解的精度等级，N-S 方程的解法分为以下四类。

1）线性非黏性流方法。

2）非线性非黏性流方法。

3）平均雷诺数基础上的 N-S 方程解法。

4）全 N-S 方程解法。

流场计算分析中求解 N-S 方程的应用情况，见表 3-2。

表 3-2　流场计算分析中求解 N-S 方程的应用情况

假设	导出方程	CFD 方法
无黏流	欧拉方程	欧拉法
无旋流	拉普拉斯方程	涡格法 边界层法 面元法
时均流	雷诺方程	k-Epsilon 模型 低雷诺数 k-Epsilon 模型 各向同性 k-Epsilon 模型 雷诺应力模型
空间平均	—	大涡模型
无处理	N-S 方程	直接模型

流体运动是最复杂的物理行为之一，与结构设计领域中应力分析等问题相比，其建模与数值模拟要困难得多。然而，对任何复杂的湍流流动，N-S 方程都是适用的。

对于所有的流动，都是求解质量和动量守恒方程。对于包括热传导或可压性的流动，需要解能量守恒的附加方程。对于包括组分混合和反应的流动，需要解组分守恒方程或者使用概率密度模型（Probability Density Function，PDF）来解混合分数的守恒方程及其方差。当流动是湍流时，还要解附加的输运方程。

3.2.3　非标准设备结构有限元分析建模流程

非标准设备结构有限元分析建模流程如图 3-4 所示。

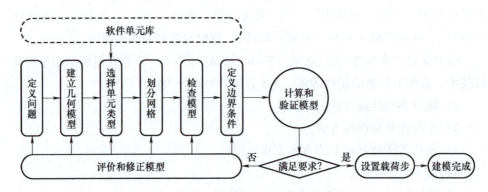

图 3-4　非标准设备结构有限元分析建模流程

1. 定义问题

定义问题是指在具体实施分析之前，首先弄清分析对象的几何形状、约束特点和载荷规律，明确结构型式、分析类型、计算结果的大致规律、精度要求、模型规模大小等情况，最终确定合理的建模策略。

2. 建立几何模型

几何模型反映分析对象几何特征的求解域。为提高分析计算效率，通常在几何建模时就要对原有结构进行适当处理，如对倒圆、倒角、退刀槽、加工凸台等做去除处理，同时利用对称性原则减少单元数量和缩小模型规模。

3. 选择单元类型

（1）单元形状及选择　二维单元的形状主要有三角形和四边形两种。三角形单元的边界适应能力比四边形强，常用于具有复杂边界的区域离散。四边形单元的精度要高于同阶次的三角形单元，但边界适应能力较弱，多用于规则区域的离散。划分单元时，要尽量使每个单元各边长不要相差太大，要使节点和分割线安置在几何形状和载荷发生突变处。在非标准设备中，大部分零件都有应力变化较大的部位，因此，在可能会出现应力集中或应力梯度比较大的区域，应将单元划分得小些，以便在这些地方能得到较精确的计算结果。

实体单元的网格形状主要有四面体、五面体和六面体三种。四面体网格的边界适应能力强，常用于具有复杂边界曲面的不规则结构的离散。五面体和六面体网格多用于形状较规则的结构，这两种单元一般需要采用映射划分网格方法。

（2）单元特性及选择　一个完整的单元还要反映材料特性、物理特性、截面特性及相关几何数据等。材料特性用于定义分析对象的性能，如弹性模量、泊松比、密度、导热系数和热膨胀系数等，其值与材料类型有关。分析软件通常内置丰富的材料库供用户选择，同时也支持自定义材料特性，以适应从简单的各向同性材料到复杂的各向异性材料、正交各向异性材料乃至叠层复合材料等多样化需求。

常见的物理特性有：板单元、壳单元、平面应力单元的厚度值，弹簧单元的刚度系数，刚度参考坐标系，间隙单元的间距、接触方向、切变方向和摩擦系数，集中质量单元的质量，转动惯量和惯量参考坐标系等。

杆件结构只承受拉压，其截面特性只有截面积。梁结构可以承受拉压、弯曲和扭转，其截面特性包括截面积、主惯性矩和极惯性矩等截面性质。在有限元分析中，截面特性的定义可通过参数定义和图形定义的方式完成。

4. 划分网格

网格划分是决定计算精度与模型规模的最为关键的环节之一。理论上，结构分割的单元越多，用有限元法所计算的结果就越精确，但节点和单元数越多，所占用的计算机存储量越大，计算时间越长，所以在进行结构的有限元法计算时，要根据计算机存储量的大小和工程上的计算精度要求，决定划分单元和节点的总数目。

网格划分后，必须进行网格质量检查，并对质量差的网格进行修正。网格划分方法主要分为自动与半自动两大类。自动划分网格因其高效和省力的特点而广受欢迎，用户只需选择单元类型、网格形状、单元阶次及网格尺寸，余下的网格生成过程由计算机软件自动完成。为了控制网格大小、形状和疏密，也采用半自动分网方法，即在自动划分网格的过程中人为地定义某些网格特性。

5. 检查模型

网格划分完成后，需全面检查单元网格质量。网格质量的关键指标涵盖偏斜度、长宽比、翘曲角、扭曲度雅可比、拉伸度及最小单元长度等，具体指标要求依据设计分析的需求，参照相关软件使用教程确定。

6. 定义边界条件

边界条件的定义是有限元建模的关键环节之一。它通过位移约束和施加载荷等形式呈现分析对象与其他结构或外界的关系。边界条件的确定与工况复杂程度、测试方法和手段、设计人员对结构的了解程度及工程经验有关，需要针对具体的问题定义相应的边界条件。

（1）位移约束条件　位移约束是对节点位移的大小和相互关系的限制。通过限制节点位移，排除模型中的刚体运动可能性。平面结构约束为消除平面结构的刚体位移（2平动加1转动），至少实施3个约束，且被约束的3个位移不能沿同一方向。如果节点只有2个移动自由度，则必须至少约束2个节点。如果节点还具有转动自由度，则可以只在1个节点上施加所有3个约束。

空间结构具有6个自由度（3平动加3转动），需在模型上施加至少6个位移约束。若节点只有3个移动自由度，则约束必须加在至少3个不共线的节点上，且约束的位移应具有沿3个坐标轴的位移。

约束实施的原则是优先利用结构接触边界上的自然约束。若这些自然约束不足以消除刚体运动，应补充额外约束，并避免对结构应力分布和变形造成不必要的影响。补充策略可利用结构对称性，在对称面上施加对称约束；或在变形微小的位置增加约束条件，或将载荷转换为约束。

（2）载荷条件　当进行应力分析时，边界条件主要通过施加不同类型的载荷来体现，这些载荷形式有集中载荷、分布载荷、体积力和温度载荷。在有限元计算过程中，所有形式的载荷都将移置为等效的节点力。

其中，温度载荷源自结构材料因温度变化而发生的热胀冷缩现象，当结构各部位变形相互制约或变形受到外界约束时，就会在结构内部产生应力，即"热应力"，而产生热应力的温度变化也可以视为一种载荷，称为温度载荷。温度载荷一般应首先对结构进行热分析，计算结构的温度场，然后通过热力耦合计算得到温度载荷，这种载荷会自动加载到结构上，通过静力分析便可计算出热应力和热变形。

7. 评价和修正模型

应用有限元法可方便地进行非标准设备结构静力分析、模态分析、稳定性分析和瞬态分析，而对有限元模型进行评价和修正是保证以上分析有效的必需环节。

建模与分析过程中，理想误差、离散误差与数值误差不可避免。理想误差源于模型简化与边界条件环节；离散误差与单元选择和网格划分相关；而数值误差与求解过程相关，通常因较小而忽略不计。模型的精度并非越高越好，过高的精度反而造成求解费时，并且有时会出现异常解的情况。因此，需要平衡建模精度与计算效率两方面，对有限元模型进行综合评价。

（1）模型精度控制　模型精度控制是建好有限元分析模型的关键技术，需要具备丰富的力学理论知识和工程实践经验，以及对有限元软件的熟练掌握。当进行非标准设备的静态分析建模时，应用材料线性假设、小变形假设及静态载荷假设，同时合理简化结构连接，在几何建模与边界条件加载等方面控制理想误差；选择合适的有限单元和网格尺寸来控制离散误差；数值误差不在模型误差的范畴内，通常因较小而忽略不计。

（2）模型质量检查和评价　开展非标准设备结构的有限元分析前，需对模型进行验证评价。这一过程的基本要求：首先是对有限单元质量进行检查，另外还要将分析模态频率与实际频率进行对比，满足相对误差要求或符合工程经验的模型才能应用于有限元分析计算。然后对处于概念设计阶段的非标准设备结构设计，验证过程可较多依赖工程经验判断。而进入工程设计验证阶段的非标准设备结构模型，则采用试验测试获取实际结构的固有频率，并与仿真结果对比，依据精度要求判断有限元模型是否满足分析要求。

（3）模型修正　当模型的检查与验证结果显示不满足要求时，就需要对模型进行修正。有限元单元质量可通过几何模型和单元网格的修正加以改善。若固有频率经对比后相差较大，就需要对结构简化和连接，对接触形式进行调整，调整时必须紧密结合具体结构和受力特点进行。

8. 设置载荷步

载荷步的设置是有限元分析前处理中的必需步骤，也是有限元分析建模的最后一个环节。载荷步可直接在建模交互界面进行加载配置。另外，载荷步的设置还包含对后处理所需的输出信息的选择和定义。

3.3　有利于标准化的合理设计

1. 标准化的根本目标与实施策略

设计流程中的一个重要环节是将复杂问题进行分解。在方案设计阶段，通过将总功能分解为简单的分功能，设计者能够更便捷地匹配分功能载体，或利用已有分功能方案目录中的现成方案。同样，在详细设计阶段中，将组件单独处理后再集成，有助于提升设计的可行性和实用性。从经济性角度看，利用已验证的元件和组件是设计可靠方案的关键，这要求在设计初期就明确功能载体的通用性程度，而标准化正是解决这一问题的有效途径。

标准化的核心在于提供"重复性任务的最佳实践方案"。它不仅不抑制设计的多样性，反而通过标准化基础组件（如元件、分解方法、材料、计算和试验规程等）为设计的创新组合与优化创造了平台。标准化本身具有时效性，是随技术进步不断优化的产物，正如金茨尔（Kienzle）所言，它是一种"时间受限的技术和经济的最优化"。标准数据需定期更新以反映技术发展，即使在非标准设备设计中，对于最简单的构件，也已应用了不同来源、不同内容和不同标准化程度的大量标准。对于每个设计工作，标准是不可缺少的基础和前提，对创新起到促进作用。

2. 促进标准化的结构设计原则

合理的结构设计应紧密遵循标准化原则，以确保设计的兼容性、效率与安全性。具体应用包括以下几方面。

（1）功能与标准化的匹配　检查总功能和分功能是否能通过现有标准实现，如有冲突需复核设计需求。

（2）作用原理与标准化促进　评估标准是否利于方案原理的实施，如果现有标准成为障碍，则需分析违背标准的后果。

（3）结构设计中的标准化要素　关注基础与专业标准，如草图、设计、尺寸、材料及安全标准，同时考虑试验与检查标准对设计的影响。

（4）安全性与标准化　严格遵守安全标准和法规，优先于成本和合理化考察。

（5）人机工程与标准化　虽然标准对此反映不足，但应参考劳动科学文献，并与相关专家协作。

（6）生产视角下的标准化　生产技术中的标准极为关键，工厂规范应严格遵守，并考虑操作、采购、市场因素。

（7）检查与标准化　试验与检查标准对于保证质量是很重要的。

（8）装配、运输与使用　通过遵守公差、配合标准及考虑运输标准简化装配，确保用户友好性。

（9）维护与回用　制订统一的技术说明、供货和维修标准，利用标准化促进产品生命周期管理。

综上，用于标准评判的评价准则见表3-3。

表 3-3　用于标准评判的评价准则

主要特征标志	举例
功能与标准化的匹配	1) 检验总功能与分功能是否符合现有行业或国家标准要求 2) 若存在功能与标准冲突，重新审视设计需求的合理性和必要性
作用原理与标准化促进	1) 分析现有标准是否支持项目核心原理的有效实施 2) 评估违背标准的潜在后果及替代方案的可行性
结构设计中的标准化要素	1) 遵循基础和专业设计标准，包括但不限于图样、尺寸标注、材料规格等 2) 考虑适用的安全与试验标准对设计的约束与指导
安全性与标准化	1) 严格执行所有相关的安全标准和法律法规，确保产品安全高于一切 2) 在设计阶段即融入安全标准，避免后期整改成本
人机工程与标准化	1) 尽管标准可能不全面，但仍需参考最新的人因工程研究成果和最佳实践 2) 与人机交互专家合作，优化产品设计以提升用户体验
生产视角下的标准化	1) 确保生产工艺、设备选择和流程设计遵循行业标准与规范 2) 考虑供应链协同，使采购、生产、销售各环节高效对接
检查与标准化	1) 建立严格的质量控制体系，依据国际认可的试验与检查标准进行产品验证 2) 实施定期的内部审核以维持标准的合规性
装配、运输与使用	1) 遵守装配公差与配合标准，简化装配过程，降低错误率 2) 考虑产品的包装与运输标准，保障物流过程中的安全与效率
维护与回用	1) 制订统一的维护手册和技术指南，便于用户和维修人员操作 2) 推广标准化的配件和服务，支持产品的可持续使用与回收

　　标准的应用，一方面取决于设计任务和被开发产品的类型和复杂程度，另一方面也取决于现有跨行业与企业内部标准的多样性。遵循上述评价准则框架，可以有效地衡量某一标准或标准体系如何在关键特性上带来进步，并使工作简便化。这一框架为判断是否修改现有标准或开发全新标准提供了依据。

　　值得注意的是，评价准则的应用并非一成不变，其适用性和有效性会根据所评估标准的具体内容和目的而异。例如，在判断制图标准时，首要关注点在于保证标准明确性、易于理解，简化设计工作和费用。因此，标准化专业人员或设计师在评价前，需细致地对各项准则进行重要性分级，去除那些不实用的准则。

3.4　视觉检测非标准设备设计

3.4.1　视觉检测概述

视觉检测技术是现代检测技术的主要分支之一，利用先进的光学装置与非接触式传感器，模拟并超越人类视觉功能，进行精确测量、深入分析及可靠判断。它在规避人工检测局限性、适应恶劣或精密作业环境、提高大规模生产率与质量稳定性方面展现出显著优势，在工业领域的应用日趋广泛。机器视觉的概念由美国制造工程师学会（SME）及美国机器人工业协会（RIA）共同确立。机器视觉检测系统集成图像获取、预处理、特征识别于一体，不仅能够高效检测产品尺寸、形状、表面缺陷，还能够指导物流、监控生产质量，实现全过程自动化反馈。

由于视觉检测技术广泛应用于非标准设备中，因此本节将其作为详细设计的一部分在此进行详细介绍。

视觉检测可根据不同的分类方法予以分类。例如，可按数据类型分类，包括二值图像、灰度图像、彩色图像和深度图像，还有 X 射线检测、超声波检测和红外线检测；按匹配方法分，视觉检测大致又可分为参考型、非参考型、混合型和 CAD 型四类，见表3-4。目前，最为常用的检测方法是混合型的二值图像检测。

表 3-4　匹配方法

匹配类型	描述	典型方法
参考型	需要预先设定模板或标准图像作为对比基准进行匹配	模板匹配 图像相关
非参考型	不依赖特定模板，直接从图像中寻找特征进行分析	尺度不变特征转换（SIFT） 加速鲁棒特征（SURF） 定向快速和轮换（ORB）
混合型	结合参考型和非参考型的特点，既有预设标准，又能在一定程度上自适应变化	自适应模板匹配 基于特征的模板匹配
CAD 型	使用 CAD 模型作为参考，进行三维物体的识别和位置姿态估计	迭代最近点（ICP） 三维姿态估计使用渲染与比较

边缘检测是机器视觉领域内经典的研究课题之一，也是该领域研究的重点和热点，边缘检测是机器视觉系统的初始阶段，能反映被测物体的基本特征，其结果的正确性和可靠性将直接影响到机器视觉系统对客观世界的理解。借鉴

国内外边缘检测的不同技术，可将边缘检测方法大致概括为四类，见表3-5。

表 3-5 边缘检测方法

方法类别	原理	典型算法	特点
滤波	利用滤波器增强图像梯度，计算像素强度的变化	Sobel 算法 Prewitt 算法 Laplacian 算法	简单快速，对噪声敏感，可能产生双边缘效应
数学形态学	通过形态学操作（膨胀、腐蚀）增强边界，去除杂乱细节，提取形状特征	开运算 闭运算 骨架提取	保持边缘完整性，擅长处理形状明确的图像，去噪能力强
边缘拟合	通过最小化误差准则函数拟合边缘点，优化边缘位置	Canny 算法	准确性与连续性并重，减少假边缘，但计算复杂度相对较高
机器学习	利用训练数据，让模型学习特征表示，自动识别边缘	DeepEdge 算法 HED 算法	鲁棒性好，适应性强，但依赖大量标注数据，训练成本高

边缘检测技术围绕 3 个关键问题，即检测明显的非连续性、适当地抑制细节和噪声、保存边缘定位精度。

摄像机标定是计算机视觉实现的前提和基础。根据标定方式的不同，可以将摄像机标定技术归纳以下两类。

1. 传统摄像机标定方法

该方法利用一个标准参照物（已知几何结构和高测量精度），通过分析参照物在图像中的投影，建立图像点与三维空间点之间的映射关系，进而解算出摄像机的内部参数（如焦距、畸变系数）和外部参数（旋转和平移），具体方法见表 3-6。

表 3-6 传统摄像机标定方法表

标定方法		原理	典型方法	特点
基于几何模型的方法		利用几何关系建立从三维空间点到二维图像点的映射模型	1）张正友标定法 2）Tsai 两步法 3）PnP 方法 4）光束平差法	精度高，适用范围广，计算复杂度不一，需根据实际需求选择合适的方法
线性方法与非线性方法	线性方法	利用已知的几何关系（通常是空间点到图像点的投影），建立一系列线性方程，求解这些方程得到摄像机参数	1）直接线性变换 2）单应性矩阵	计算速度快，但精度受限，通常作为预估或简化的第一步

（续）

标定方法		原理	典型方法	特点
线性方法与非线性方法	非线性方法	通过迭代优化技术最小化重投影误差，适用于更为精确的摄像机参数估计	1）梯度下降法 2）Levenberg-Marquardt算法 3）随机抽样一致性算法（RANSAC） 4）光束平差法	能实现更高精度，但计算成本较高，对初值敏感
基于特定标定物与无标定物方法	基于特定标定物	利用已知几何形状和尺寸的实体（标定物）来建立图像点与3D空间点之间的对应关系	1）张正友标定法 2）圆环标定法 3）主动标定法	标定精度高，操作相对标准化，但需要特定设备，灵活性较差
	无标定物	利用场景中自然特征，进行自标定	1）基础矩阵和本质矩阵估计 2）自标定的单目SLAM 3）基于结构纹理的标定	灵活性高，无须额外标定物，但标定精度和稳定性依赖于场景内容的丰富程度和算法的鲁棒性
模型简化与扩展方法	模型简化	采用较为简化的数学模型来描述摄像机的成像过程，降低计算复杂度、加快标定速度或减少所需数据量	1）针孔摄像机模型 2）简化畸变模型 3）固定焦距假设	计算简单，适用于对精度要求不高的应用
	模型扩展	使用更为复杂和全面的数学模型来准确描述摄像机的成像特性，特别是那些非理想条件下的畸变效果	1）多项式畸变模型 2）鱼眼镜头模型 3）薄棱镜畸变模型 4）色差校正模型	能处理复杂畸变，适用于广角镜头等高畸变情况，但算法复杂度和计算量增加
自动标定与手动标定	自动标定	通过计算机视觉算法自动识别和匹配图像中的特征点，无须人工干预来确定特征点位置或提供其他形式的手动辅助	1）PnP算法 2）ORB-SLAM 3）基于深度学习的自动标定	减少人力需求，提高效率，但对算法的鲁棒性和准确性要求高
	手动标定	需要人工标记图像中的特征点位置	1）圆环或点阵标定物的手动标定 2）直接测量法	标定精度受人为因素影响，对于复杂或特殊场景更为可靠

2. 摄像机自标定方法

通过摄像机的运动轨迹控制，得到序列图像，从图像的匹配信息中获得所需的约束关系，最终计算摄像机模型的参数。该方法可以不借助标准标定物或其他已知的控制点三维信息，通过同形矩阵确定唯一解的投影矩阵，并利用图像对应点的信息完成标定，该方法具有较大的灵活性。摄像机自标定方法的代表性实例包括：利用本质矩阵及基本矩阵的自标定方法、利用绝对二次曲线和外极线变换性质的自标定方法、利用主动系统控制摄像机做特定运动的自定标方法。但是这种方法的计算复杂，而且对噪声和初值敏感，目前该方法尚不能做到所得解唯一，且不稳定。

传统标定和自标定方法各有利弊，通常针对实际情况进行选择。在稳定性、精度及实时性方面的提高是摄像机标定长久的研究方向。

以焊接螺母（见图3-5）外观与尺寸的批量视觉检测为例，说明视觉检测非标准设备的设计。焊接螺母相比传统螺母，能获得更好的强度。但由于焊接螺母的焊接面特性直接影响焊接强度，因此对焊接螺母的检测要求也更高。焊接面的检测，可以借鉴已有的焊缝检测。焊缝检测大多以小波变换和数学形态学相结合的办法予以检测，在焊缝图像的边缘检测中有良好的性能。

3.4.2　螺母视觉检测的系统方案设计

1. 螺母质量检测要求

待测螺母有多种规格品类，但检测内容大致相同，检测算法也大体相近。因此针对其中一、两种典型螺母进行检测的实现与验证。

（1）外形检测要求　螺母的外形检测主要是对螺母顶面的几何尺寸检测。包括内孔直径、邻角、对边距以及是否存在较大毛刺等检测内容。几何尺寸检测示意如图3-6所示。

图3-5　焊接螺母　　　　　　图3-6　几何尺寸检测示意

具体检测内容包括：①当流水线运行时，可能在同一幅采集图像中存在多个螺母的情况进行标记；②根据不同类型的螺母，测得两组或三组对边距，获取每组对边的距离后，计算对边距是否相等；③测量邻边夹角是否符合要求。

（2）表面检测要求 由于凸焊螺母具有适用性广、生产率高、环境友好的特点，在工业中的应用越来越广泛，对于凸焊螺母的生产与检测也越来重视。在使用过程中，凸焊具有定位准确、尺寸一致、各点强度均匀和焊接可靠等优点。而这些优点都需要在螺母生产与检测的过程中给予质量保证。表面检测包括对焊接强度影响较大的焊点尺寸形态检测、表面划痕检测等，具体检测内容见表 3-7。图 3-7a 所示为焊点直径检测示意。

表 3-7   螺母表面检测内容

检测内容	定性检测	定量检测
焊点位置	×	√
焊点面积	×	√
有无划痕	√	×

注：焊点位置由焊点凸台所在的圆直径尺寸确定。

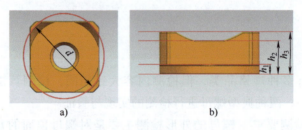

a)   b)

图 3-7   焊点直径检测示意

a）焊点直径检测示意   b）凸台高度检测示意

（3）高度检测要求 高度检测包括螺母的整体高度检测及各凸台高度的检测，同时还要检测焊接凸台的高度是否一致。如果焊接面高度不同，也会影响焊接强度，甚至影响安装。凸台高度检测示意如图 3-7b 所示。

（4）螺纹检测要求 本检测中需要检测是否平牙、牙距是否存在螺纹损坏等情况，但牙型和头数不需要检测。

2. 螺母视觉检测整体解决方案

螺母视觉检测系统需要完成零件传输、零件照明和图像采集处理 3 个主要功能。本方案采用 3 个有机关联的子系统完成，分别是照明系统、图像采集系统和执行系统。作为一项系统技术，视觉检测的每一个环节都会对系统整体产生影响。视觉检测系统硬件关系如图 3-8 所示。

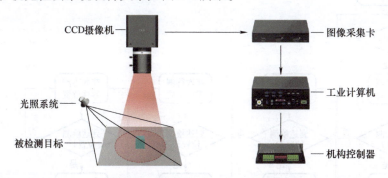

图 3-8　视觉检测系统硬件关系

（1）执行系统解决方案　系统的执行机构主要完成零件的传输工作。为节省螺母检测系统所占用的空间和提高检测效率，系统计划采用环状多工位式布置。通过外部振动盘将待检测零件传输至检测转盘上，步进电动机带动转盘匀速转动，依次经过外形检测、表面检测、高度检测和螺纹检测 4 个检测工位。若某工位检测不合格，则螺母受到对应工位旁喷出的气流作用，由该工位旁的落料口落下。如果各项检测均合格，则从合格品出料口送出。执行机构原理如图 3-9 所示，其中 1~4 为 4 个工位，A~D 为 4 个对应出料口，与之对应的是喷气管。

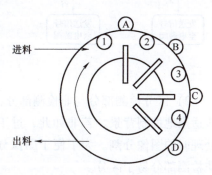

图 3-9　执行机构原理

执行系统的信号传递由 PLC 控制。检测信号来自 1 号工位前端的光纤传感器，而螺母的位置信号则通过与传送盘边缘紧密贴合的旋转光电编码器获取。

执行系统流程如图 3-10 所示。

（2）照明系统解决方案　照明系统是整个光学系统的基础，与成像质量有着密切的关系。即使是同一场景的视觉系统检测，照明光源的颜色、光线的入射方向、亮度情况及入射方式，都会对图像造成影响，并最终影响图像检测的结果。良好的照明系统还可以简化图像的预处理工作，为图像分析提供便利。

照明系统的评价标准如下。

1）突出物体的特征量：采集图像往往包含冗余信息，如果对冗余信息也进行处理分析，则会降低图像的处理效率。为了尽可能地过滤掉冗余信息，首先就是要使待测物体被测特征明显。

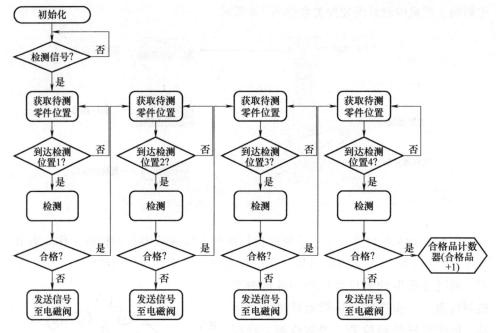

图 3-10　执行系统流程

2）区分检测部分与非检测部分：在满足了待测特征量突出的要求后，则应该适当地抑制背景。若非如此，过于凸显的背景会再次混淆检测特征，不利于处理时的图像分割。为了便于图像分割，照明系统应尽可能地保证检测部分与非检测部分易于区分。

3）增加对比度：对比度指的是亮度层级的测量，差异范围越大代表对比越大，差异范围越小代表对比越小。对比度是机器视觉的关键因素，如果对比度足够大，那么采集到的图像就越清晰，细节刻画越好，灰度层次也越丰富；而对比度小，则会让拍摄图像模糊。

4）保证适当的亮度：亮度是单位投影面积上的发光强度，亮度对于突出物体特征有关键性的影响，特别是当图像处理时采用的是灰度图时。如果光源亮度不足，可能会出现不良影响，例如，易产生噪声，尤其当相机信噪比不佳时；减小拍摄景深，由于光源不足，需扩大光圈满足亮度要求，从而造成相机景深减小；随机光源影响增大，降低系统的抗干扰性，影响检测系统的稳定性。

下面给出各检测项目照明方案。

1）外形检测的照明方案。形状尺寸检测的特征量为外部轮廓，可以通过投射到某一平面的形状尺寸进行检测，因此选择透射光系统为宜，即背光照明。由于背光照明所分析的是入射光而不是发射光，而没有折返过的光束具有最饱满的能量，所以该方法易产生强烈的对比度。背光能将透光与不透光的区域区分开，透光区域被采集后呈现白色，而不透光区域呈黑色。虽然背光照明会丢失被测物体的表面特征，但在形状尺寸检测时，被测物体的表面信息并不是被测特征量，故可以忽略。用于形状尺寸检测的光源选择方形红光光源，布置在传送盘下侧。方形符合计算机处理图像的形状，避免图像处理时，误检测到光源边缘。又因为黑白电荷耦合器件（Charge Coupled Device，CCD）芯片对波长为 660nm 左右的红色区域最敏感，所以选择红光光源。光源布置于传送盘下方，可以避免可能的自然光干扰。摄像机置于传送盘上侧相对位置。

可选择的常见可见光源有卤素灯、荧光灯、发光二极管（Light Emitting Diode，LED）、氙灯、电致发光管等，其相关特性见表 3-8。LED 光源具有较好的显色性、较宽的光谱范围，同时 LED 光源也能覆盖整个可见光的波长范围，而且亮度高、稳定照明的时间长，此外，还具有制造工艺和技术成熟、价格合理等特点，使 LED 光源成为视觉检测系统普遍选择的常用光源。因此，本方案光源也选择 LED 光源。

表 3-8 各种光源特性

光源	颜色	寿命/h	发光亮度	特点
卤素灯	白色，偏黄	5000~7000	很亮	发热多，较便宜
荧光灯	白色，偏绿	5000~7000	亮	较便宜
LED	红，黄，绿，白，蓝	60000~100000	较亮	发热少，固体，能做成很多形状
氙灯	白色，偏蓝	3000~7000	亮	发热多，持续光
电致发光管	由发光频率决定	5000~7000	较亮	发热少，较便宜

2）表面检测的照明方案。物体表面的变化会造成反射光的变化，因此表面质量检测通常采用反射光系统，通过采集反射光的变化情况分析被测物体的表面情况。相比于背光系统，反射光系统更为复杂，需要考虑光源与摄像机的对应位置，物体的材料和表面纹理，以及环境背景等要素。为保证被测物体图像亮度的充足和均匀，方案采用白色环形光源，与摄像机同侧同心布置。实际上，由于蓝光源具有更短的波长，更适合检测物体的表面质量，但有色光源亮度低于白光光源亮度。在反射光系统中，光能损失较大，为了保证足够的亮度，故选择白色光源。同时，对于同心布置的摄像机和光源，一方面，使入射角与反射角同为 0°，光线尽可能都被摄像机所采集，另一方面，使被测物体尽可能处于均匀光源之下，这样做可以补偿待测物体表面会出现的角度变化，从而保证反射光能均匀反射。

3）高度检测的照明方案。高度检测时考虑的因素与形状尺寸检测时相同，唯一不同的是，光源方向为平行于传送盘，以保证检测时被检测物不需要发生位置翻转。

4）内螺纹检测的照明方案。目前，对螺纹检测的算法研究大多集中在外螺纹的检测，涉及内螺纹的检测技术较少。但通过调整照明系统的布置，内螺纹的检测可以借鉴外螺纹的检测算法。本方案采用折射光照明，光源与摄像机同侧倾斜一定角度，使一侧的螺纹对比强烈，便于图像处理，但也存在漏检的风险。

（3）图像采集系统解决方案　在视觉检测系统中，光学镜头等同于人眼的作用，其主要目的是将目标物体的光学图像投影到摄像机的光敏面阵上，图像如果需要视觉处理就必须通过镜头得到，镜头的质量会直接影响视觉系统的整体性能。一旦图像采集信息与成像系统存在严重损失，则很难从后续的环节中恢复。因此，选择合适的镜头、同时设计适当的成像光路是视觉检测系统的关键技术之一。光学镜头的成像原理如图 3-11 所示。选用时应考虑中心点、焦距、物象尺寸、成像尺寸、放大倍数、物距、像距和畸变等因素。

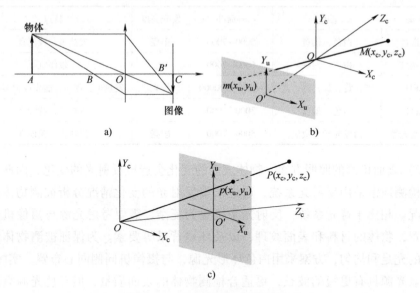

图 3-11　光学镜头的成像原理
a）透镜成像原理　b）小孔成像原理　c）中心透视投影模型

在实际的视觉检测系统中，常常选用畸变小的物方远心镜头，而按照照明方式的不同，视觉方法的图像获取方式可以分为两大类：主动式和被动式。

镜头产生的畸变是不可避免的。摄像机利用小孔成像原理对图像的拍摄，外景通过透镜在摄像机的感光部件中形成缩小的倒像。在这一过程中，光线是透过透镜的折射成像。由于透镜的折射跟透镜的晶体结构相关，其物理属性使得光线在光心位置直线传播，而随着光线越来越偏离光轴线，则透镜造成的折射效果越明显，因此造成畸变。剧烈的畸变对检测系统的干扰极大，在选择镜头和设计光路时应特别注意并仔细考虑。目前，改善镜头成像时的畸变通常有两种方法，一是选用畸变小的镜头，二是通过标定校正图像的畸变程度。

镜头还存在镀膜的影响因素，所镀膜存在干涉特性和材料的吸收等特性影响，镜头还具有光谱特性，基于镜头的光谱特性，在选择镜头时需考虑镜头最高分辨率的光线、照明波长与 CCD 器件接受波长相匹配，从而尽可能提高光学镜头对该波长的光线透过率，该效果也可通过在成像系统中添加合适的滤光片达到。另外，各种杂散光的影响也是在选择镜头时值得注意的问题。

图像的采集和数字化的工作都是由摄像机和图像采集卡协同完成的。视觉检测系统中一般使用的是工业摄像机，在选型时需选择与镜头及图像采集卡的接口。通常摄像机按不同参数进行分类，分类方式见表 3-9。

表 3-9　摄像机分类方式

分类	内容
色彩模式	彩色、黑白
信号传输方式	模拟、数字
传感器类型	CMOS、CCD
像素排列方式	线阵、面阵
数据输出接口	视频制式模拟信号、CameraLink、LVD、IEEE1394、USB 等

图像采集卡的主要作用是控制采集时序、完成量化转换及协调整个系统。图像采集卡一般功能为：接收图像信号、实现 A/D 转换和信号放大；控制 CCD 摄像机接口和时间协调，实现同步、异步或定时拍照；总线接口，实现高速数据传输；通信接口。图像采集卡选型时，主要考虑的性能指标包括图像格式、分辨率和采样频率等。

3.4.3　螺母视觉检测的图像处理方法

视觉检测系统的核心是图像处理，图像处理算法的良好性能关系到整个系统的运行效率、处理精度和稳定性等关键要素。同时，良好的软件应便于开发、操作、维护及二次开发。本小节主要介绍本项目中的图像处理方法。

1. 螺母检测图像处理流程

图像处理流程如图 3-12 所示。图中的流程已将实际的处理方法进行了归类，实施过程中，每一步都有许多复杂的处理步骤和处理方法。而且，实际处理时，偶尔还需反复操作来验证算法效率和结果精度。

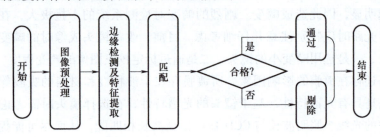

图 3-12　图像处理流程

2. 外形检测的图像处理方法

特征提取算法的内容如图 3-13 所示。

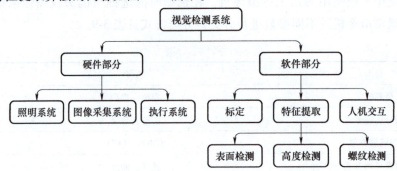

图 3-13　特征提取算法的内容

两个典型螺母零件的采集图像如图 3-14 所示。零件与背景的灰度差异大，宜采用二值化的方法来检测零件轮廓。但也可以看到背景中存在随机但较大面积的背景噪声，这对确定零件轮廓造成了一定的干扰。

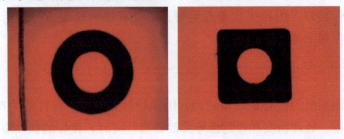

图 3-14　典型螺母零件的采集图像

　　进一步观察图像可以发现，螺母都通常有一个相似特征——中心螺纹孔。因此，利用该特点实现对背景噪声的过滤，其流程如图 3-15 所示。

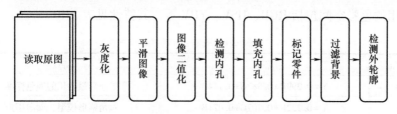

图 3-15　尺寸检测流程

　　（1）螺母外形检测的图像预处理　外形检测的图像预处理采用下列步骤和算法进行。

　　1）读取原图。相比于文字，图片的数据存储量较大。目前，比较通用的图片格式都是经过压缩的，以保证在较小的空间内存放足够的数据。在读取采集原图时，就需要对图片数据进行解压。对图像的解压是个异常复杂的过程，通用的 C++语言及其编译平台 VS 都只能对 bmp 格式文件进行解压，且为读入一张图片的代码也相当冗长。为了适应普遍采集图像 jpg 格式文件进行图像处理，引入一个开源的图像处理程序包——OpenCV。在完成环境配置等初始化步骤后，只需进行如下若干简单步骤就可以完成各种格式图片的加载与显示。

```
#include <opencv2 \ opencv.hpp>        //导入 OpenCV 程序包
IplImage * Img = NULL;                 //申明 OpenCV 特有的
                                         图片数据结构类型

void main ()
{ Img = cvLoadImage ("Picture.jpg", 0); //从指定路径加载图片
cvShowImage ("Show Picture", Img);      //显示图片
}
```

　　2）灰度化。通常的采集图像都是既含有亮度信息也含有色度信息的彩色图像。在机器视觉测量中，为了达到提高检测速度和减小算法难度的目的，会将彩色图像处理成灰度图像。灰度图像则是指只包含亮度信息不含色度信息的图像。图像灰度化的结果是图像后续处理的基础，图像的灰度化需要充分保留图像中边缘的信息以便后续的边缘检测和亚像素定位。因此，选择合理的灰度化算法是图像处理中的基础。灰度化即保留原有的部分亮度信息，并将另一部分色度信息转换成亮度信息，其数学表达见式（3-2）。

$$g(x,y) = T\big[f(x,y)\big] \tag{3-2}$$

式中，$f(x, y)$ 代表输入的彩色图像；$g(x, y)$ 是指通过灰度化算子处理后输出的图像；T 代表在输入图像上施加的操作算子。

常用的色彩空间包括 RGB、HSV、YUV 等，其特性见表 3-10。

表 3-10   色彩空间特性

色彩空间	算子	特点
RGB	$Y = 0.299R + 0.587G + 0.114B$	工业界最常用的颜色标准
HSV	$Y = 0.222R + 0.707G + 0.071B$	六角锥形模型，面向用户
YUV	$Y = 0.299R + 0.587G + 0.114B + 0.5$	适用于人脸检测
LUV	$Y = 0.333R + 0.333G + 0.333B$	通过波长描述亮度

LUV 是由国际照明委员会（CIE）在 1976 年提出的，所以也称为 CIE 1976，CIE 分别在 1931 年和 1948 年提出的 CIE XYZ 和 CIE Lab 也较为常用。观察色彩空间算子可以发现亮度算法基本类似，将颜色分解成三基色，针对每种基色对亮度的贡献不同，从三基色分量计算颜色亮度。因此，很容易就能提出一种新的通用方法，即根据项目的实际需要确定三基色的权重，得到最适用的亮度算子。本小节案例的背景光源为红色，故选择红色单通道（即 R 通道）作为新的亮度算法。

图 3-16 所示为原始图像和灰度化处理结果。

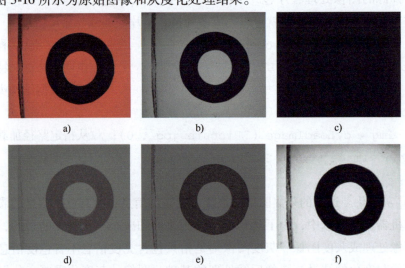

图 3-16   原始图像和灰度化处理结果

a）原图   b）RGB 色彩空间   c）HSV 色彩空间   d）YUV 色彩空间   e）LUV 色彩空间   f）R 通道

观察图 3-16c~e 可以明显发现，图像集中在一小段灰度范围内。为了增强图像的对比度，可对图像进行均衡化处理，处理结果如图 3-17 所示。

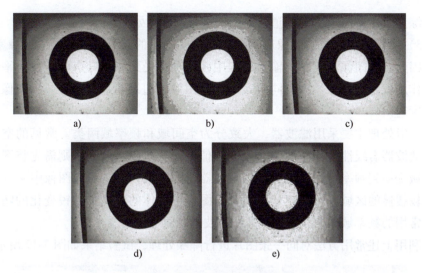

图 3-17 各方法均衡化处理结果

a）RGB 均衡化 b）HSV 均衡化 c）YUV 均衡化 d）LUV 均衡化 e）R 通道均衡化

　　观察经过灰度均衡化后的结果，如图 3-17 所示，可以发现灰度图的噪声大大加强了，为后续处理带来了更多的麻烦，所以应该采用灰度较好的灰度化方法，并且无须进行灰度均衡化。通过直观观察，图 3-17e 的灰度化较好，其对比度最大，有利于背景与待测物体的区分。借助直方图使灰度具体化（见图 3-18），可以得到同样的结果。如图 3-18e 所示，灰度分布最广且存在两个明显波峰。

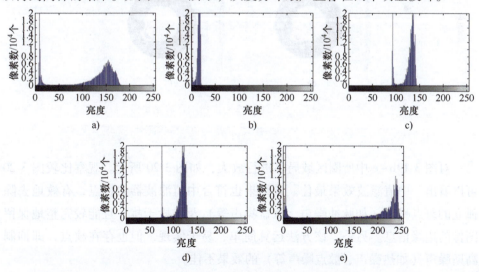

图 3-18 各方法灰度处理结果直方图

a）RGB 法直方图 b）HSV 法直方图 c）YUV 法直方图 d）LUV 法直方图 e）R 通道法直方图

综上所述，拟采用 R 通道法对图像进行灰度化处理。

3）平滑图像。原始图像通常会存在一些随机的、离散的和孤立的像素点，这是因为，在图像采集和传输等过程中，信号会受到各种噪声的干扰。平滑图像的作用就是在滤除噪声的同时又不模糊图像的边缘轮廓，即只减少图像的局部灰度起伏。

平滑处理主要采用滤波器，大致分为空间域和频率域两类。常见的空间域平滑滤波器有线性平均滤波和非线性中值滤波等。频率域平滑则需先将图像从空间域变换到频率域，再通过低频滤波器，因为低频分量对应图像中灰度值变化比较缓慢的区域，而高频分量则对应图像中物体的边缘和尖锐变化的随机噪声。常用的频率域低通滤波器有高斯滤波器、双边滤波器等。

利用上述常用方法对同一张图片进行降噪处理，试验结果如图 3-19 所示。

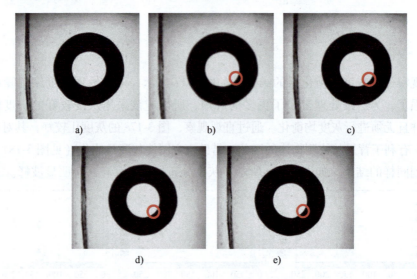

图 3-19   不同滤波方法去噪的试验结果

a）灰度图原图   b）平均滤波   c）中值滤波   d）高斯滤波   e）双边滤波

对图 3-19b~e 中所圈区域局部进行放大，如图 3-20 所示。观察比较图 3-20 可以看出，中值滤波效果最佳。该结果也符合中值滤波器的特点，有效地去除孤立的斑点噪声（如脉冲噪声、椒盐噪声等）及线段干扰，且能较完整地保留图像的边缘信息。另外，该方法运算简单、易于实现，但也存在缺点，即抑制高斯噪声（如热噪声、散点噪声等）的效果不佳。

若仅通过滤波对噪声进行过滤，有时对较大的环境噪声无法完全过滤。此时还可以结合数学形态学算法，最基本的数学形态学算法有两个：一个是腐蚀

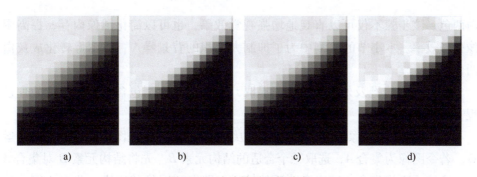

图 3-20　滤波效果局部放大

a）平均滤波　b）中值滤波　c）高斯滤波　d）双边滤波

运算，另一个是膨胀运算。两个算法分别对图像进行腐蚀和膨胀，如图 3-21 所示。但由于目标色的不同，有时会得到与名字相反的效果，如本项目研究的外观检测。因为运算本身的目标色皆为白色。而当腐蚀运算和膨胀运算以不同的顺序结合使用时，又形成了开运算和闭运算。开运算可以除去小的明亮区域，隔开剩余明亮区域；闭运算使明亮区域连通。但两种运算都不会改变明亮区域面积。

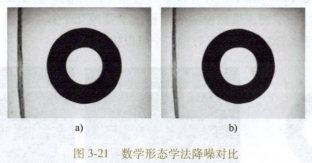

图 3-21　数学形态学法降噪对比

a）中值滤波图　b）闭运算结果图

　　观察图 3-21 可以看出，闭运算后在不模糊边缘的前提下，一些较大的斑点也得到了有效抑制。当然，无论是低通滤波器还是数学形态学运算，其效果都因原图像的情况、所用算子的大小等因素而产生差异，往往需要通过实际试验获得较理想的平滑图像步骤。针对螺母外观检测的预处理试验，笔者认为先进行 5×5 方形核的中值滤波器平滑，再进行 5×5 核的闭运算，抑噪效果较好。预处理结果如图 3-21b 所示。

　　4）图像二值化。在完成多个预处理步骤之后，通常希望对图像中的像素做出决策。二值化就是决策的过程，通过与某一灰度值的比较，将图像转化成黑白两色。该步骤不仅可以直观地增强视觉效果，也可以简化图像内存，提高图像处理效率。本小节的检测中为了抑制大面积的背景噪声，将图像转化成灰白两色。

（2）螺母内孔及外轮廓的特征提取　内孔尺寸检测包含了多个图像处理过程，如图 3-22 所示。

1）对二值化图像进行边缘检测。边缘检测的本质也是图像的数学形态学运算。若令图像为集合 A，选取一个合适的结构元素 B。先将结构元素 B 对集合 A 进行腐蚀，再将集合 A 减去腐蚀后的结果，即得到图像的边缘。此方法得到的边缘称为内边缘；若用结构元素 B 对集合 A 进行膨胀，再相减，则得到图像的外边缘；还有一种形态学梯度，是将膨胀结果减去腐蚀结果得到。结构元素 B 对边缘提取的效果影响很大，因此，研究者众多，而结构元素 B 也被冠以检测算子之名。常见的边缘检测算子有 Roberts 算子、Sobel 算子、Prewitt 算子、Laplacian 算子和 Canny 算子等，Roberts 算子对噪声敏感，Sobel 算子降低检测定位精度，Prewitt 算子定位精度比较低，容易损失如角点这样的边缘信息，Laplacian 算子对噪声敏感，检测精度一般较低，很少直接用于边缘检测。目前，相对最优算子是 Canny 算子，具有较好的边缘检测性能，能在噪声抑制和边缘检测间取得良好的平衡，虽然检测效率相比于其他几个算子较低，但应用于当今运算速度水平的计算机中，其效率完全可以接受。

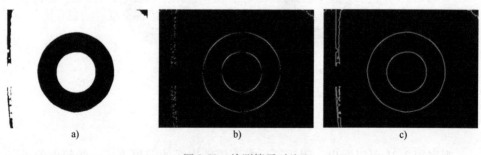

图 3-22　检测算子对比

a）二值化原图　b）Sobel 算子　c）Canny 算子

2）实现 Hough 变换。该变换是一种从图像空间到参数空间的映射，其基本思想是将原图像变换到参数空间，用大多数边界点满足的某种参数形式来描述图像中的特征，并累积到累加器中，累加器的峰值所对应的值就是所求的结果。该方法对图像中的噪声较不敏感，易于实现并行计算，常用于直线、圆和椭圆等特征的检测，具有良好的容错性和鲁棒性。

在孔检测中常用到的是 Hough 圆检测。该方法是假设有一组点 (x_i, y_i)，将其按照圆心坐标 (a_1, a_2) 及半径 r 可以拟合出一圆，其解析式为

$$(x_i-a_1)^2+(y_i-a_2)^2=r^2 \qquad (3\text{-}3)$$

因此，图像空间域中的任意一个圆都能用参数空间 (a_1, a_2, r) 中的一点表示。因此，圆边界上的一个点 (x_i, y_i) 都分别对应参数空间 (a_1, a_2, r) 中的唯一三维锥面，则圆边界上的任意点构成的点集合将对应着参数空间中的一个锥面族，如图 3-23 所示。

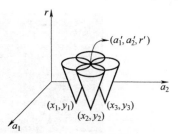

图 3-23   圆的参数空间表示

如果集合中的点是同一个圆上的点，那么集合中点所对应的圆锥族一定会交于一点，而该点就对应于图像空间的圆心和半径。对参数空间合理量化，则可以获得唯一的三维计数阵列，阵列中每一个方格即对应 (a_1, a_2, r) 的一个参数离散值。

当进行圆检测时，首先计算图像的边缘梯度信息，然后按阈值求边缘。因此，在程序编写中，为进行 Hough 变换通常会要求先进行边缘检测，再计算与边缘上的每一点像素距离为 r 的所有点 (a_1, a_2)，同时将对应 (a_1, a_2, r) 立方体小格的累加器加 1。改变 r 值，再重复上述过程，直到全部边缘点都变换完成，再对三维阵列累加器的所有值进行检验，其峰值所在立方体小格的坐标就对应着图像空间中圆形边界的圆心 (a_1, a_2, r)。

Hough 变换代码实现片段如下。

```
storage =cvCreateMemStorage (0);
circles = cvHoughCircle (Img, storage, CV_HOUGH_GRADIENT,
                    2, Img->height/10);
for (int i = 0; i<circles->total; i++)
{  float * p = (float *) cvGetSeqElem (circles, i);
pt = cvPoint (cvRound (p [0] ), cvRound (p [1] ) );
cvCircle (Show, pt, cvRound (p [2] ), CV_RGB (255, 0, 0),
        2, 8, 0);
std:: cout<< " The Center Point is: ("<<pt. x<< "," <<pt. y<<
                        " )" <<std:: endl;
std:: cout<< " The Inner Radius is:" <<p [2] <<std:: endl;
}
```

在算法实现过程中，Hough 算法检测圆时，具有同心圆只检测内圆的特点，

该特点恰好可以将零件内孔圆最先检出。再利用检测得到的圆心和半径等数据，在原图上绘制内孔检测圆，与实际内孔圆相比较，便于后续调整。试验结果如图 3-24 所示。

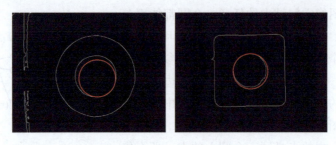

图 3-24 Hough 圆检测试验结果

经过 Hough 检测参数的多次调整，其检测效果并不理想。分析其原因，主要是内孔的圆度不足、孔径较小等，因此并不能满足精度要求，故要选择其他方法。OpenCV 中提供一种最佳拟合椭圆法，该方法可以检测图像轮廓并绘出最小拟合椭圆，但检测所有轮廓的效率较低，故不常使用。当 Hough 圆检测精度不够时，可尝试该方法，效果如图 3-25 所示。

图 3-25 最佳拟合椭圆法效果

a）图像结果 b）数据结果

观察图 3-25，最佳拟合椭圆法的拟合效果较好，且可以达到亚像素精度，故选用该方法检测。大量试验表明，内孔通常是首个被检测出的轮廓，故可仅检测第一个轮廓，若符合螺母先验经验的结果，则立即停止继续轮廓检测以提高检测效率。改进最佳拟合椭圆法流程如图 3-26 所示。

3）漫水填充内孔。漫水填充法也是一种数学形态学算法，是在区域边界已知的基础上，对图像的背景像素进行的操作。漫水填充是对图像或集合进行膨胀、求补和取交等运算，然后填充图像中的次要部分，保留感兴趣的边界区域等待进一步检测。本步骤通过内孔中心位置确定漫水填充的连通区域，可将内孔与零件连通为一体。

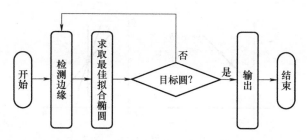

图 3-26　改进最佳拟合椭圆法流程

4）标记零件。内孔与零件即为同一连通区域后，对整个零件再次采用黑色进行漫水填充，其目的是将整个零件标记出来，异于背景噪声。

5）过滤背景。完成上述多个步骤后，图像中存在明显的两部分，一部分为零件标记出来的黑色，其余为或灰或白的部分。然后，再次通过二值化将灰色部分降为白色，则完成背景的过滤。

6）外轮廓检测。外轮廓尺寸是螺母零件变化最多的部分，也是检测得到结果的最后一步。但其检测算法却很相似。若是圆形外轮廓螺母，则可沿用最佳拟合椭圆法。若是多边形外轮廓螺母，则可使用 Hough 直线检测法，检测到直线。虽然 Hough 变换得到的直线也存在精度不高的问题，但多边形可根据几何关系的后续计算提高精度，因此，最终能够获取较高精度的零件关键尺寸。

直线检测基本 Hough 变换的原理可以用线-点变换（即点-线对偶性）来解释。具体来说，对于满足直线方程 $y=ax+b$ 的某个数据点 (x_0, y_0) 对应参数平面 (a, b) 上的直线 $b=y-ax_0$，而来自同一条直线 $y=ax+b_0$ 上的所有数据点对应的参数平面上的直线必然相交于真实的参数点 (a_0, b_0)。其基本原理如图 3-27所示。

其检测原理则与圆检测类似，具体步骤如下。

① Hough 变换，将图像所在的直角坐标变换成极坐标，在新的坐标系中，每个点都对应原坐标系中的一条直线。

② 检测新的极坐标系中的峰值点，峰值点即表示在原坐标系中对应的直线经过较多像素点。

③ 直线连接，通过参数设置，将一些中间有断开的直线片段连接成完整的长直线段。

多边形的求取较为复杂，以正方形为例，从若干边缘直线推得形状的流程如图 3-28 所示。通过 Hough 变换，首先可以得到若干条与正方形边界重合的线段 l_1、l_2、…、l_n，该线段采用两端点定义。但是线段的端点并不能直接反映线

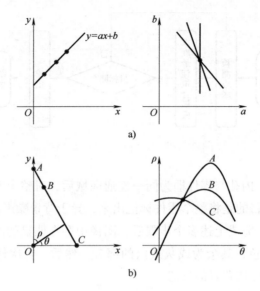

图 3-27　直线检测基本 Hough 变换

a）（x, y）空间到（a, b）空间的变换　b）（x, y）空间到（θ, ρ）空间的变换

段的特性，因此，假定一个平面直角坐标系，再将线段转换成一般形式，即 $y = kx+b$，k 为斜率，b 为截距。为了防止在转换中发生错误，在转换前先要检验两端点之间的横坐标是否相同。若相同，则表明该线段是竖直的无法用 $y = kx+b$ 表示，应单独表示为 $x = x_0$。斜率 k 虽然能唯一地反映线段的倾斜程度，但与角度并不呈线性关系。

当线段接近 90° 时，针对斜率 k 求平均值，会与角度求平均值产生较大偏差。因此，在完成线段一般化时，同时对每条线段逐一求取倾斜角度值。然后根据长方形由两组平行线构成且相互垂直这一几何特点，将线段角度分为两组 l_{11}、l_{12}、…、l_{1p} 和 l_{21}、l_{22}、…、l_{2s}，并求平均值 a_1、a_2。在螺母内孔及外轮廓的特征提取环节中，已得到了内孔圆心的位置（x_e, y_e）。设计时正方形的几何中心与内孔同心，并且对称轴垂直于同组平行的边界。所以，通过内孔圆心点和两组平行线的角度可以得到两条对称轴 $Lc1$、$Lc2$。对称轴 $Lc1$ 与 l_{11}、l_{12}、…、l_{1p} 存在 p 个交点，并根据两条边界分为两组，求得两个平均交点（x_{11}, y_{11}）和（x_{12}, y_{12}），这两个点同时也是理论上两条边界的中点。对于对称轴 $Lc2$ 与 l_{21}、l_{22}、…、l_{2s} 进行相同操作，得到另两个中点（x_{21}, y_{21}）和（x_{22}, y_{22}）。由中点（x_{11}, y_{11}）与边界倾角 a_1 可以得到边界所在直线 L_1，同理可以得到 $L_2 \sim L_4$。求相邻两直线的交点得到正方形角点（x_1, y_1）、（x_2, y_2）、（x_3, y_3）和（x_4, y_4），即可获得各边长、各顶角的值，并判断零件是否合格。

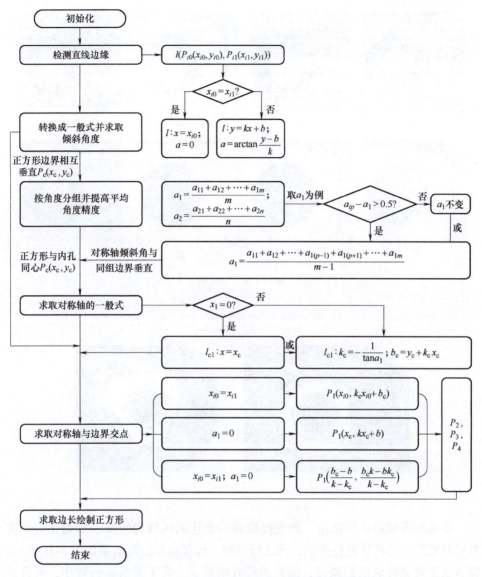

图 3-28　多边形求取流程

外形检测各步骤的结果如图 3-29 所示。

3. 螺母表面检测

（1）焊接面积检测　相比于尺寸检测的背光系统，表面检测时采用反射光检测可减小整体的亮度变化，所以需要提高二值化的灰度阈值使被检测特征与背景的区分更明显，同时预处理中的降噪颗粒选取也需细化，如图 3-30 所示。对大面积的背景噪声一般无法直接抑制。

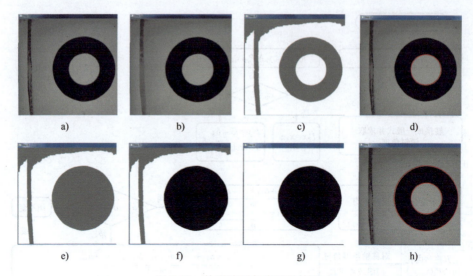

图 3-29　外形检测各步骤的结果

a）读取原图　b）平滑处理　c）二值图　d）检测内孔　e）第一次漫水填充

f）第二次漫水填充　g）滤除背景　h）外轮廓检测

图 3-30　典型螺母零件的焊接面积检测

　　拟采用提取边缘筛选法，即先提取每一个连通区域的特征，根据已有的先验经验对需要的特征进行提取，再进行判断，焊接面积检测结果如图 3-31 所示。该方法需要充分的前期调试，而且运行效率低下。为了提高运行效率，可合并多个以此为检测方法的检测项。

　　该零件焊接面积的提取方法：先提取每个边界后，再对边界进行椭圆拟合。由先验经验可知，当椭圆两轴的尺寸符合要求时进行标记，若标记边界的位置和个数符合要求，则零件合格。

　　为了提高该方法的效率，可同时检测螺纹的平牙与否，判断中心孔与理论螺纹亮圈的位置及理论螺纹亮圈的形状，检测结果如图 3-32 所示。

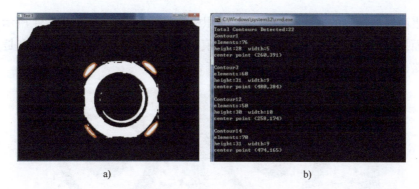

a)　　　　　　　　　　　　　b)

图 3-31　焊接面积检测结果
a）图像结果　b）数据结果

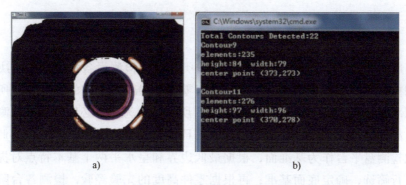

a)　　　　　　　　　　　　　b)

图 3-32　螺纹检测结果
a）多项检测结果　b）平牙检测数据

（2）表面质量检测　表面质量是指零件表面微观不平度，是决定产品的工作性能、可靠性、寿命的一项重要因素。表面质量检测可以说是既简单又困难的检测，简单在于其不需要对瑕疵进行具体的测量，但其困难在于瑕疵认定，另外图像背景一般都较复杂。图 3-33 所示为表面质量检测算法的检测思路，根据实际情况对采集图像进行适当的预处理，类似于外形检测项。对表面质量检测的预处理相当繁复，须特别谨慎，以降低后续检测难度。正式提取表面瑕疵点之前，仍应先确定瑕疵可能出现的范围，以提高检测效率，同时降低误检风险。

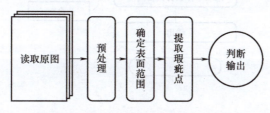

图 3-33　表面质量检测算法的检测思路

表面划痕检测的方法与表面焊接面积检测的方法类似，如图 3-34 所示。虽然表面划痕可以被检测出，但较大的划痕被分为了两个，而较小的划痕是否可以忽略也仍待商榷，但检测方法仍基本符合要求。

图 3-34　典型零件的表面划痕检测

4. 高度检测

高度检测与外观检测的实现算法比较类似，本检测设备的传送系统决定了零件到摄像机的位置相对固定，减少了因零件与摄像机之间的距离变化所引起的图像高度变化。高度检测流程如图 3-35 所示。因为零件必然放置于检测盘平台上，故检测盘面是零件的最低边界，而且检测盘平台基本呈水平。因此，首先提取检测盘平台作为基准面，根据最低边界和呈水平两个基本特点对提取的边缘进行筛选，确定底面基准；再根据零件高度的先验经验，检测各台阶面的边缘；计算台阶面边缘与底面的距离，判定零件合格与否，并输出动作信号。

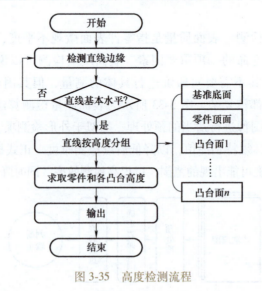

图 3-35　高度检测流程

底面基准检测结果如图 3-36 所示。

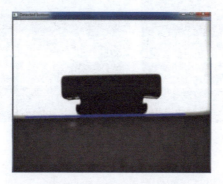

图 3-36　底面基准检测结果

高度检测结果如图 3-37 所示。

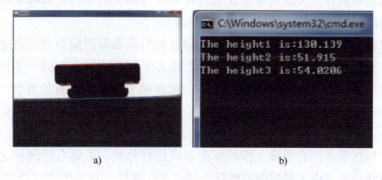

a)　　　　　　　　　　　　　　　　　b)

图 3-37　高度检测结果

a）图像结果　b）数据结果

5. 螺纹检测

螺纹是否平牙的检测在表面检测中已经完成。本项检测中，只需对螺纹是否存在缺陷和螺距参数进行检测。由于螺纹的照明系统复杂，使得每一段螺纹的图像都相似但不同。但是，通过观察可以发现，一段螺纹的最高点相对固定，而且每段螺纹最高点的差值也能合理地反映螺距。因此，螺距测量可通过测量每段螺纹的最高点获得，如图 3-38 所示。

3.4.4　螺母视觉检测系统标定

对于检测系统，图像检测得到的初步结果只是用像素表示的螺母几何特征的尺寸，想要得到实际螺母的检测尺寸，还有一个任务需要完成，那就是系统标定，其作用就是将用像素表示的尺寸大小换算成实际计量单位的尺寸大小。

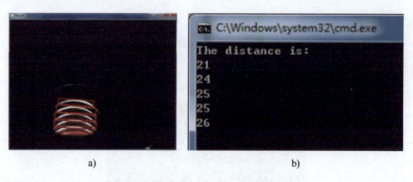

a)   b)

图 3-38　螺纹检测结果

a）图像结果　b）数据结果

换言之，进行系统标定的目的就是确定图像处理后的像素尺寸与相应的实际尺寸之间的比例系数，摄像机标定是实现实际尺寸测量的基础，其标定效果也将直接影响测量结果的精度，决定着检测的成效。

摄像机标定是确定空间物体三维几何位置与其采集图像中对应点之间变换的过程。若在视觉测量系统中，被测量的世界坐标系中的点在同一平面内，调整其位置关系，使得该平面垂直于光轴，则构成了二维视觉测量系统。本文所研究的测量系统属于二维视觉测量系统，本章就二维视觉测量系统标定技术进行研究。

摄像机标定方法有很多，按照标定方式进行分类，主要有传统标定方法和自标定方法两种。由于要检测的螺母全部都是标准件，有详细的行业生产规格，结合本设备的特点，采用基于对比法的传统标定方式，它具有节省系统开发时间、计算量小的优点。

1. 光学系统的数学模型

（1）理想变换模型　　二维视觉测量系统中摄像机的透视变换近似于理想小孔成像模型，如图 3-39 所示。图中 O 点为透视点，也是系统的光学中心，图中透视点到像平面的距离为 a，被称为像距点，过 O 点作垂直于像平面的垂线，为中轴 Oz，与像平面相交于 O_1 点，再建立以 O_1 点为坐标原点的图像直角平面坐标系 O_1xy，其中，O_1x 轴和 O_1y 轴分别平行于 CCD 的行与列，同时建立 O_1xyz 为物平面坐标系。如果物平面到透视中心的距离是固定的，可定义 z_0 为物距。根据几何光学原理，物平面上的任一点 $B(x, y, z_0+a)$ 的光线一定通过透视中心 O，而在像平面上形成像点 $B_1(x_u, y_u)$，故 O、B、B_1 在一条直线上。

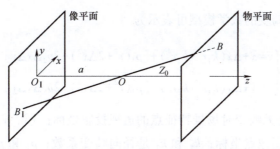

图 3-39　二维视觉测量系统透视模型

由成像模型可得，物平面点 B 到像平面点 B_1 的透视变换关系为

$$\begin{cases} x_u = \dfrac{a}{z_0} x \\[2mm] y_u = \dfrac{a}{z_0} y \end{cases} \tag{3-4}$$

把式（3-4）写成矩阵形式，即

$$\begin{pmatrix} x_u \\ y_u \end{pmatrix} = A \begin{pmatrix} x \\ y \end{pmatrix} \tag{3-5}$$

$$A = \begin{pmatrix} \dfrac{a}{z_0} & 0 \\[3mm] 0 & \dfrac{a}{z_0} \end{pmatrix} \tag{3-6}$$

二维视觉测量系统摄像机的理想透视模型见式（3-6），理想透视模型并不考虑镜头畸变。实际上 a/z_0 就是光学成像系统的放大倍数。

（2）摄像机镜头畸变模型　实际的摄像机镜头并非理想光学系统，其二维图像存在着某种程度的变形，这种变形通常被称为几何畸变。除了几何畸变，摄像机成像过程也并不稳定，并且由于图像分辨率可能会引起的量化误差及其他因素的影响，物体点的实际成像与空间点之间存在的对应关系往往是非线性的。

主要的畸变误差可分为三类：径向畸变、偏心畸变和薄棱镜畸变。第一类只产生径向位置的偏差，后两类则既产生径向偏差，又产生切向偏差，无畸变理想图像点位置与有畸变实际图像点位置之间的关系，如图 3-40 所示。

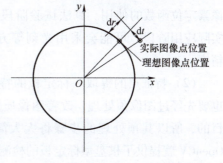

图 3-40　理想图像点与实际图像点

摄像机镜头畸变的数学模型可表示为

$$\begin{cases} \bar{x} = \tilde{x} + \Delta x (k_1 r^2 + k_2 r^4) + [p_1(r^2 + 2\Delta x^2) + 2p_2 \Delta x \Delta y] \\ \bar{y} = \tilde{y} + \Delta y (k_1 r^2 + k_2 r^4) + [p_1(r^2 + 2\Delta y^2) + 2p_2 \Delta x \Delta y] \end{cases} \quad (3-7)$$

式中，$(\bar{x}, \bar{y})$ 是无畸变时场景特征点的透视投影坐标；$(\tilde{x}, \tilde{y})$ 是存在镜头畸变时，特征点的图像点坐标；k_1 和 k_2 是径向畸变系数；p_1 和 p_2 是切向畸变系数；Δx、Δy 和 r 分别是图像点到畸变中心的水平距离、垂直距离和直线距离。

目前光学系统的制造技术已颇具水平，因此可达到较理想的精度，故薄棱镜所产生的畸变现象微小，可忽略不计。在非高精度的视觉测量中，偏心畸变引起的切向畸变一般也可以不予考虑，只考虑镜头的径向畸变。这样做，可以避免引入过多的非线性参数，从而得到趋近于唯一解的稳定解。

2. 标定板的选择与特征点的提取

（1）标定板的设计　从原理上讲，只要满足如下条件的物体就可以用作标定物体：①标定板上特征点的相对位置关系已知；②图像特征点的坐标容易求取。实际在对摄像机进行标定时，考虑以下几个因素的标定板更利于精确的标定。

1）标定板上特征点形状在原则上应选择为易于加工和识别的特征，常用的标定板的特征有圆孔中心、直线交点、方块顶点等。

2）标定板上特征点数量的选择主要受选用的标定算法的影响。

3）标定板上特征点尺寸的选择由测量系统视野范围、特征点数量等因素决定。

4）标定板尺寸可依据检测系统的视野范围确定。

为了适应螺母常规尺寸，并综合考虑视野范围、测量精度要求、标定算法等因素，本文采用 8mm×8mm 的 64 格棋盘标定板（见图 3-41），每格均为 1mm×1mm 的正方形小格。黑白相间可以保证测量上任何一边都没有偏移，也利于亚像素定位函数的使用。算法试验阶段仅采用黑白打印的方式制作临时标定板。实际应用阶段，可能会采用光刻等方式制作永久标定板，以进一步提高标定精度。

（2）特征点的提取　标定板的特征点处理方法与螺母特征提取方法类似，也要先经过图像预处理，改善图像质量。但由于标定板本身就是以易于检测为目的，所以其预处理的步骤将大大简化；同时，标定板的设计相对固定，如 OpenCV 就提供了棋盘型标定板的检测程序，输入所需参数，即可找到所需的角点，同时还提供了精确到亚像素级别的角点检测。标识结果如图 3-42 所示。

图 3-41　标定板的标准图

图 3-42　特征点提取标识结果

3. 摄像机标定

理论上，摄像机镜头的光轴与光源及被检测物体应处同一直线上，但在图像实际的采集过程中，各项硬件的布置均不可能达到精确定位，因此图像会产生变形，需要通过标定校正变形。摄像机的标定实则包括两个部分：一是镜头与被测物体的位置标定，二是镜头的畸变标定。

（1）图像位置标定　在平面检测中，检测物体的检测面和摄像机的成像面应该平行，以保证检测面内不产生透视效果，但实际操作过程中不可避免地存在着相应的误差，输入的原始图像或多或少会出现某种程度的透视，这将会对检测过程中的图像测量造成误差。因此，在对数字图像进行具体处理和测量之前，有必要对原始输入图像进行位置标定。

原始图像与预期图像位置可以通过基本的空间变换完成，且满足单应性。因此可以通过 3 个角度的旋转和 3 个偏移量的平移来描述变换。为了求解这些变换，共有 6 个独立的未知量，已知的标定板通过 4 个角点能够提供 8 个方程，足够求解图像。求解步骤如图 3-43 所示。

a)

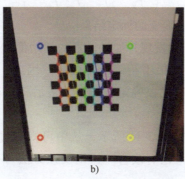
b)

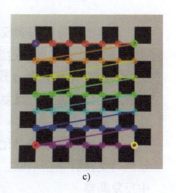
c)

图 3-43　位置标定求解步骤

a）标准图检测　b）实际图检测　c）实际图像重绘

(2) 镜头的畸变标定　由图 3-43 可以观察到，相比于标准图，重绘的实际图像的分割线出现了细微的弯曲，虽然现在的摄像机制造精度越来越高，但仍存在一定的镜头畸变。为了提高检测精度，也需要对镜头畸变进行校正。

针对所采用的 OpenCV 提供的畸变标定函数进行具体阐述。OpenCV 中的镜头标定共涉及 9 个基本参数，为 4 个内参数（f_x，f_y，c_x，c_y）和 5 个畸变参数，5 个畸变参数中包括 3 个径向（k_1，k_2，k_3）和 2 个切向（p_1，p_2）。每个视场可以得到一组内参数和外参数（即透视变换的 6 个参数），而 5 个畸变参数则至少需要 6 个视场决定。具体标定步骤如下。

1）如果在理想状态下求解标定参数，此时摄像机不存在畸变，每一个棋盘视场，将对应得到一个单应性矩阵，即

$$H = (h_1 \quad h_2 \quad h_3) = sM(r_1 \quad r_2 \quad t) \tag{3-8}$$

式中，h_1 和 h_2 分别对应单应性矩阵中前两列的元素，反映了相机视角的旋转和缩放；h_3 是单应性矩阵的第三列元素，表征世界坐标系到图像坐标系的平移；s 是缩放因子；M 是内参数矩阵；r_1 和 r_2 分别是两个旋转矩阵；t 是平移矩阵。当构造旋转向量时，两者须相互正交，由此性质进行推导，可以得到通用形式的封闭解，即

$$B = \begin{pmatrix} \dfrac{1}{f_x^2} & 0 & -\dfrac{c_x}{f_x^2} \\[3mm] 0 & \dfrac{1}{f_y^2} & -\dfrac{c_y}{f_y^2} \\[3mm] -\dfrac{c_x}{f_x^2} & -\dfrac{c_y}{f_y^2} & \dfrac{c_x}{f_x^2}+\dfrac{c_y}{f_y^2}+1 \end{pmatrix} \tag{3-9}$$

经过改写可以得到没有畸变的标定结果。

2）迭代标定。通过试验发现，如果设置的初始值远离实际解，有时试图一次性求解所有参数会导致结果不精确或不收敛。因此，常通过固定部分参数，求解另一部分参数，反复迭代以确定较佳值，最后将求得的较佳值代入，一次性求解最优值。

一组畸变标定的对比如图 3-44 所示，从中可知通过一次镜头的畸变标定，虽然畸变没有完全消除，但已有改善。这说明该方法可行，但仍需在实际应用中反复调整。

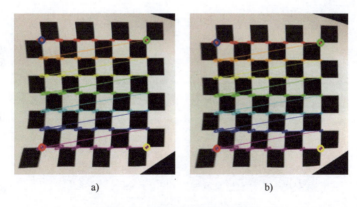

a)　　　　　　　　　　　　b)

图 3-44　一组畸变标定的对比

a）未畸变标定　b）已畸变标定

3.4.5　视觉检测系统开发及验证

为了对前面的研究和算法进行验证，也为了后续进一步开发和操作，开发系统的可视化界面。

1. 验证的硬件环境

根据相关硬件的选择准则，搭建了符合要求的硬件环境，如图 3-45 所示。

a)　　　　　　　　　　　　b)

图 3-45　硬件环境

a）设备实际硬件平台　b）视觉检测系统"入口界面"

2. 可视化界面

由于每个检测项的具体检测内容不同，若同时显示，界面过于烦冗，因此，设计在"入口界面"进行选择查看。然后，进入各检测项进行具体调试与检测。另外，将选择检测项集中于左侧一列，为后续检测同一批螺母的相同信息预留空间。具体单项检测页面如图 3-46 所示。

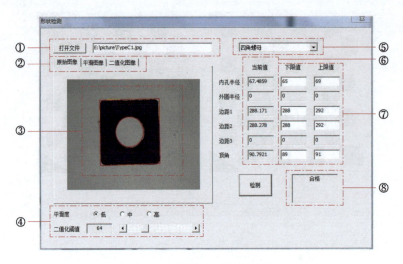

图 3-46　具体单项检测页面

1）在框①中单击"打开文件"按钮，可以从存储位置读入待检测图像。图像显示在框③中，图像存储路径显示在框①的右侧文本框中。

2）在框②中可以切换标签栏，图 3-46 中的框③可以显示原始图像、经过平滑处理的平滑图像和黑白两色的二值化图像。

3）图像显示框③可以根据不同的操作进程显示不同的图像，便于图像处理方法的微调，以提高检测精度。

4）在框④中的图像处理微调按钮可以调节图像的平滑度和二值化阈值。

5）在框⑤的下拉列表框中选择螺母类型，可以粗分类，只根据特性分类，具体尺寸不考虑，便于引入新规格螺母时的调试，也可以细分类，将每一种规格的螺母都区别开来，使框⑦中的范围默认值更具有针对性。

6）框⑥中的数值显示栏显示的内容皆不可通过外部编辑更改。根据检测内容及框⑦中的上下限值找到相应的尺寸，如果该尺寸不符合要求，也会显示最接近要求的尺寸。本版本中，尺寸的单位是像素。

7）框⑦中为上下限显示栏，根据螺母类型，部分检测项数值可能无法更改，另一些也会有不同的默认初始值。更改上下限值可以适应不同的精度需要。

8）框⑧中为检测结果显示栏，该栏不仅显示"合格"与"不合格"两种结果，当结果不合格时，还会将不合格的具体项一同显示。同时，会在框③的图像显示处，用红色绘制检测结果的理论图形。

通过已完成的界面检测已有的螺母图像。无论是圆螺母、四角螺母还是六角螺母，检测效果都符合要求。

3. 验证试验

为了测试图像处理的合理性，利用图 3-45 所示的硬件环境和图 3-46 所示的可视化界面进行验证试验。利用同一个螺母进行多次不同位置的外形图像采集，并进行检测。螺母类型如图 3-5 所示，数据结果见表 3-11。

表 3-11　验证试验数据结果

试验编号	内孔半径/像素	边距 1/像素	边距 2/像素	邻角/(°)
1	24.532	161.923	162.537	90.093
2	24.291	161.407	162.451	89.623
3	24.270	161.284	162.729	89.607
4	24.189	162.122	162.148	91.478
5	24.170	161.711	162.630	90.920
6	24.541	162.611	162.723	90.158
7	24.514	161.777	162.294	91.328
8	24.154	161.385	162.294	89.850
平均值	24.333	161.778	162.476	90.382

验证试验数据曲线如图 3-47 所示。由图 3-47 可以看出，视觉检测的稳定性和精度都较好。实际测得线性度为 0.85%、0.51%、0.16%、1.21%。

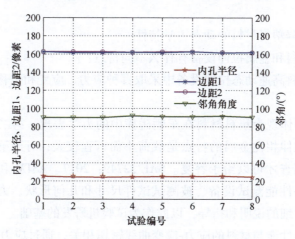

图 3-47　验证试验数据曲线

实际测量该零件得到内孔直径为 2.135mm，边距 1 为 13.81mm，边距 2 为 13.82mm。实际的测量误差分别在 0.02mm、0.07mm、0.02mm 之内，符合使用要求。因此，该系统可以采用。

3.5 方案设计及详细设计案例：电磁式塑料材料高速动态拉伸试验机

电磁式塑料材料高速动态拉伸试验机是测量塑料材料动态拉伸力学性能的重要测试测量设备。目前国际上在 $0.01s^{-1}$ 应变率以下和 $1000s^{-1}$ 应变率以上的材料试验技术相当成熟，但是对于 $0.1 \sim 1000s^{-1}$ 应变率范围的材料动态拉伸力学测量还很困难，一是因为超出了霍普金森杆适用的范围（$1000s^{-1}$ 以上）；二是因为静态拉伸试验机存在能量激发和横梁保持等一系列困难，无法满足此范围的测量要求。对于塑料材料而言，$0.1 \sim 100s^{-1}$ 应变率范围内的动态力学性能尤其受到工业应用领域的关注，常常作为塑料材料产品开发（如车辆内饰件、安全气囊等）的重要参考依据。相比传统的高速伺服液压试验机和落锤冲击机，电磁式塑料材料高速动态拉伸试验机具有操作方便、工作环境要求低、试验精度高及试验效率高等优点。本案例参考 SAE J2749：2017《聚合物高应变率拉伸测试》，说明电磁式塑料材料高速动态拉伸试验机的方案设计和技术设计，具体工作步骤如下。

1. 澄清任务及制订需求表

任务的内容是为某企业技术中心开发一种试验机。这种试验机应能以规定的速率拉伸塑料材料试件，满足 SAE J2749：2017。在制订需求表以前，必须澄清下述问题：

1）如何理解塑料材料的动态力学特性？

2）塑料材料和金属拉伸设备有什么不同特点？

3）塑料材料高速动态拉伸设备中采取哪种应力、应变和位移测量方法是可能的和合适的？

第一个问题体现为塑料材料在车辆碰撞中的力学表现；第二个问题的答案即塑料材料的拉伸相比金属的特点是载荷小而行程较大；对于第三个问题则必须进行大量的调查才可以给予答复。SAE J2749：2017、ASTM 和 ISO 标准对塑料材料高速动态性能测试设备、被测试试件尺寸和几何形状、力传感器、引伸计等都做了很详细的说明和指导，以此作为试验机研发的基础。

材料的力学性能与材料的应力-应变曲线密切相关，通过应力-应变曲线可以确定力学性能指标，包括屈服强度、抗拉强度、弹性模量等。应力-应变曲线如图 3-48 所示。

SAE J2749：2017 中对于系统振荡的要求如图 3-49 所示，试验测试中需要对系统振荡控制，减小对测试影响。

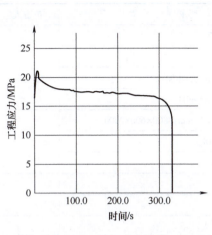

图 3-48　应力-应变曲线

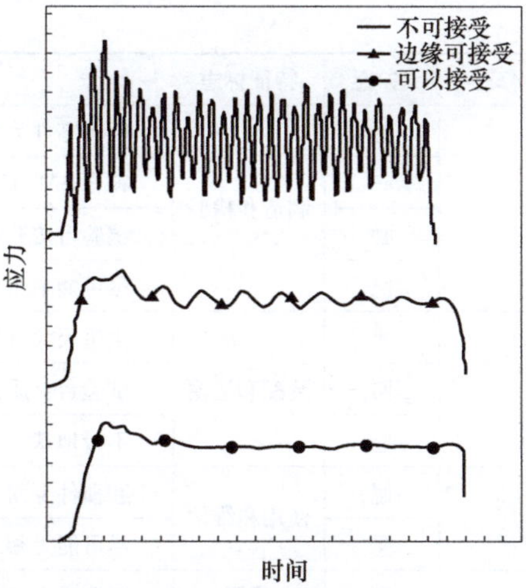

图 3-49　系统振荡

在预先澄清了上述问题之后，就有可能制订一个需求表（见表 3-12）。这些要求按照表 2-1 所建议的主特征标志进行了整理。

表 3-12　塑料材料高速动态拉伸试验机需求表

修改	必/愿	特征标志	要求	负责人
	必	几何	有效试验宽度：300mm（可配环境箱）	
	必		有效行程：150mm	
	必	运动	试验速率：0.1～4000mm/s	
	必		速率波动不得超过 15%	
	必		材料屈服 25% 之前达到设定的速率	
	必	力	最大载荷：3kN	
	必		试验力分辨率为 ±1‰	
	必	能量	功率：约 10kW	
	必	物料	外框架部件和动子框架部件：高硬铝	
	愿	信号	测量值：应力、应变和位移	
	必		测量值可记录	
	必		测量位置容易达到	
	愿	安全性和人机工程	试验台操作尽可能简单（即试验台换装迅速、简单）	
	愿		试验台工作原理对环境无害（低噪声、低污染、低振动等）	

（续）

修改	必/愿	特征标志	要求	负责人
	愿	制造和检验	所有零件为单件生产	
	必		符合 SAE J2749：2017	
	必		试验台按照企业车间的条件加工	
	愿		尽可能采用外购件和标准件	
	愿	装配和运输	主机尺寸（长×宽×高）/mm：800×600×2400	
	愿		试验台：质量约 1500kg	
	愿		不带地基	
	愿	使用和维护	磨损件少而且简单	
	愿		尽可能无须看管	
	愿	费用	制造成本≤100 万元人民币	
	必	期限	方案设计阶段结束时间 2010 年 6 月	

2. 建立功能结构

功能结构的建立从阐述总功能时即已开始，总功能则直接来自问题的说明（见图 3-50）。满足此复杂总功能的重要分功能首先与能量流有关，对于测量的问题，则与信号流有关。由于在设计任务中对测量方案没有限定，因而仅仅在能量流和物料流方面发展功能结构。

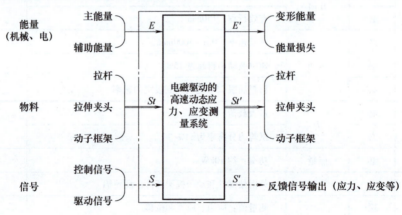

图 3-50 高速动态拉伸试验机的总功能

3. 功能结构分解

高速动态拉伸试验机的系统功能可分为机械本体、拉伸系统、动力系统、保护系统、控制系统及测量系统等。

1）机械本体主要为高速动态拉伸试验机提供支承作用。

2）拉伸系统主要包括拉杆和拉伸夹头等，使试件实现在一定速度下的拉伸运动。

3）动力系统主要提供整个拉伸试验机的动力来源。

4）保护系统包括机械保护系统和电气保护系统。机械保护系统包括停电保护机构和液压缓冲机构，停电保护机构主要保护直线电动机，避免在突然失电时动子掉落、动子做自由落体运动与下面机构发生碰撞而损坏动子；液压缓冲机构主要用来加快直线电动机减速过程和吸收动子动能。电气保护系统主要由断路器等电气元件组成，起到保护电器作用。

5）控制系统使直线电动机按预定的速度完成直线运动。

6）测量系统实现测量和反馈测试变量功能，如力变量参数、位移变量参数、应变变量参数和速度变量参数等。

4. 结构与功能匹配

为了得到材料的应力-应变曲线，需要采集试件在拉伸试验过程中实时变化的应力值和应变量。应力值可以通过高精度的力传感器测量，间接通过计算得到。而在载荷作用下所引起的应变值可以通过变形传感器测量获得，最后合成应力-应变曲线。

1）应力参数，作为塑料材料的动态力学性能重要参数之一，是材料在单位面积上所承受的附加内力，其大小直接反映试件在拉伸过程中产生形变所承受的拉力大小。根据材料力学中的相关定义，应力 σ 的计算见式（3-10）和式（3-11）。

$$\sigma = \frac{F}{A} \tag{3-10}$$

$$A = BH \tag{3-11}$$

式中，F 是加载在塑料试件上的载荷；A 是塑料试件的原始截面面积；B 是塑料试件原始横截面（矩形）长边；H 是塑料试件原始横截面（矩形）厚度。其中，A、B 和 H 为常量，当试件型号确定后，其尺寸参数可以从相关标准中获得，ASTM D638-2022、SAE J2749：2017 等相关标准都规定了试件型号和尺寸参数。

式（3-10）中的 F 值则需要动态测量。常用的载荷测量传感器有应变式载荷传感器、电荷输出型压电石英力传感器等。前者主要由电阻应变敏感元件、弹性元件和一些附件组合而成，它的工作原理是通过载荷量作用于弹性元件，引起弹性元件变形，从而导致电阻应变敏感元件阻值发生变化，通过转换电路将其转成电学量的变化，反映所受载荷量的变化。测量电路一般采用全桥/

半桥电路，将载荷量转化为电压量输出，根据电压和载荷量的关系得到载荷量的大小。后者主要原理是在载荷下，石英晶体产生与所受机械载荷成比例的电荷，载荷越高，电荷越多。通过电荷放大器，电荷信号被转换为电压信号输出，根据电压信号和载荷信号之间的数学关系，可以间接得到载荷量大小。

对于高速动态拉伸试验，需要高精度测量试件在试验过程中所受到的载荷量。由于整个试验过程很短暂，需要快速响应载荷量变化。在电荷式石英力传感器中，作为弹性元件和测量变送器的石英晶体具有很高刚度，能够测量几微米的变形，同时又具有快速响应性能。它可将每一个测量的物理量（力、压力或加速度）转换成线性、无迟滞的输出信号，能够满足高速动态拉伸试验的要求。

2）应变参数，作为塑料材料的动态力学性能的另一个重要参数，是材料在外力作用下几何形状和尺寸所产生的变化，其大小直接反映试件在拉伸过程中承受载荷时所产生的变形程度。在应力-应变试验中，应变主要是指试件的轴向变形。根据材料力学中的相关定义，应变 ε 的计算见式（3-12）。

$$\varepsilon = \frac{\Delta l}{L} = \frac{L - L_0}{L} \tag{3-12}$$

式中，L_0 是塑料试件的变形前的长度；L 是塑料试件变形后的长度。

一般材料试验机应变测量采用接触式引伸计或非接触式引伸计。接触式引伸计由于其易造成材料提前失效、试件在未测试前发生微小扭曲、增加试件表面刚度、视野范围较小等缺点，多用于精度要求不高、视野范围小的场合。非接触式引伸计完全避免了接触式引伸计的缺点，其精度由高速摄像机硬件和内嵌式图像处理软件共同决定。通过在试件打印标记点，高速摄像机记录标记点之间的位移变化，图像实时处理软件（图像预处理、边缘检测、系统标定等）处理得到试件轴向应变数据。它操作简单，但开发难度远高于接触式引伸计，一般用于精度要求高、视野范围大的高速动态试验中。

3）速度测量功能，由于本高速动态拉伸试验机用直线电动机为激发源，需要对其进行闭环控制，因此必须对直线电动机的速度进行测量和监控。直线电动机常见的速度测量方式有绝对式光栅尺位移传感器和增量式光栅尺位移传感器。绝对式光栅尺位移传感器由光栅尺的机械位置决定，无须找参考点，抗干扰性强，采集数据可靠，返回的是直线电动机的绝对位置。增量式光栅尺位移传感器需要直线电动机的起始点位置作为参考，返回的是距离参考点的相对位置信息，与测量起始和终止位置有关，而与中间过程无关。光栅尺的精度取决于光栅尺内部的分频倍数。

5. 分功能结构组合成总功能结构

现在对利用前述步骤找到的分方案组合成总方案。在本案例中，以电磁式直线电动机作为能量激发，采用电荷式高精度力传感器和电荷放大器完成力值采集，采用非接触式高速摄像机完成试件应变采集。利用空行程原理能够瞬时夹紧的低应力波反射结构完成塑料试件动态试验，以获得塑料材料动态力学性能数据。

（1）动态夹紧机构　利用空行程原理来实现试件在一定载荷下被拉伸的动态夹持结构，并对动态夹紧机构质量、碰撞接触面及缓冲材料、碰撞杆和碰撞块材料、碰撞杆角度四方面进行优化。优化后进行力学仿真，其指标为 SAE J2749：2017 规定：①速率波动不超过 15%；②在达到屈服极限的 25% 范围内达到设定的速率。

（2）控制系统　采用基于嵌入式平台控制方案。由于试验过程中存在电磁损耗和碰撞问题，增加了试验机的控制难度。采用能量补偿算法弥补电磁式直线电动机运动过程中的电磁能量消耗，减少电磁损耗对速度影响；位置补偿算法平衡因引入能量补偿而使直线电动机速度发生波动的影响。

（3）测试系统的研究　主要有 6 个参数需要测量显示，分别为夹头位移、力值、试件应变直线电动机电流、直线电动机运动位置和直线电动机速度。其中，夹头位移、直线电动机电流（由于直线电动机是垂直放置）、直线电动机运动位置和直线电动机速度这 4 个变量参数用于直线电动机的实时控制。力值参数反映塑料试件在拉伸过程中受到的拉力变化。试件应变参数反映塑料试件在拉伸过程中受到的纵向位移变化。由于塑料试件拉伸过程中应变位移小、时间短，需要高精度测量仪器及处理方法，采用电荷式石英传感器和补偿算法得到相关参数。

（4）结果验证与分析　采用 SAE J2749：2017 对试验机拉伸结果进行验证与分析。主要包括以下几个方面：负载与空载下拉伸试验的对比分析、不同应变率下拉伸试验的对比分析、试验机拉伸试验结果与现有试验结果的对比分析。

针对功能要求，确定如图 3-51 所示的系统方案。该方案包括控制系统、测量系统、界面设计及高速动态拉伸试验机机械本体设计。通过 NI 图像化软件 LabView 来实现上层界面与底层的通信交互，完成对底层控制。建立以 NI Compact RIO 9037 机箱和伺服驱动器为嵌入式控制平台，利用直线光栅尺和霍尔传感器反馈信号实现对直线电动机的实时控制和监控。采用电荷式石英传感器采集试件在拉伸试验中的实时受力值，采用非接触式高速摄像机采集试件在拉伸试验中标记点之间的实时位移信息。

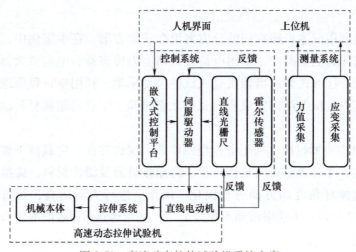

图 3-51　高速动态拉伸试验机系统方案

6. 方案的具体化

为了能做出最有利方案的可靠决策，必须设计出具体的结构作为判断的依据。高速动态拉伸试验机主要包括机械本体、拉伸系统、动力系统、保护系统、控制系统及测量系统等。高速动态拉伸试验机示意如图 3-52 所示。

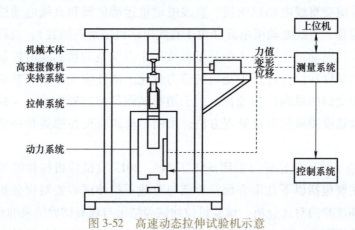

图 3-52　高速动态拉伸试验机示意

7. 方案的评价

在完成方案具体化的基础上，可以对方案的重要特性进行估计。从需求表中的重要需求出发，建立一系列评价准则（目标系统），从而能够较好地认识方案的特性（见图 3-53）。为了了解方案的薄弱部位，以主要评价特性值为基础，做出价值轮廓图，由此了解方案在主要评价准则方面的平衡状态。最终确定进行技术设计的原理方案。

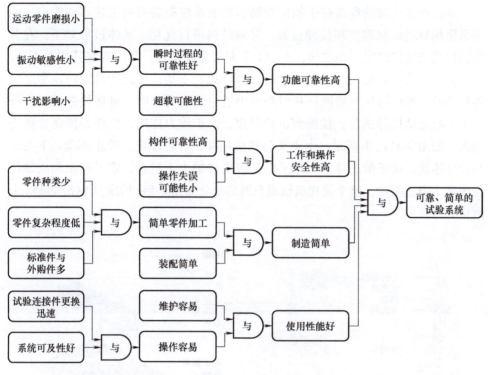

图 3-53   高速动态拉伸试验机的目标系统

上述工作步骤 1~7 描述了方案设计阶段。

8. 确定空间结构要求

由需求表（见表 3-12）可以得知（选出）下述结构方面的要求。

1）布置确定方面：①试验部件连接应空间固定；②只能在横梁静止时朝着一个方向加载；③载荷输入可变化；④本身没有地基。

2）尺寸确定方面：有效试验宽度为 300mm，有效行程为 150mm，可调整载荷 $F<3kN$；功率消耗 $\leqslant 10kW$。

3）材料确定方面：外框架部件和动子框架部件采用高硬铝，动态夹头部件中的碰撞杆需要对铝合金、尼龙和碳纤维分析比较后确定。

4）其他要求：在自己的车间内单件生产；应用外购件和标准件；拆卸方便；对于空间条件没有给出特殊要求。

9. 对确定结构性能的关键零部件进行结构设计

以动态夹头部件为例，动态夹头部件的参数计算和结构设计需要根据提出的要求对其运动关系和动力特性进行深入的分析。

　　动态夹持实现的难点在于如何控制引起的系统振荡对夹头速率的影响。确定采用相对运动原理实现拉伸过程，并对结构进行优化。具体过程如下：在开始拉伸到未达到设定速率之前，由于上下夹头夹持试件，其位置保持相对不动。拉杆向下运动，碰撞块向下运动，而碰撞杆相对不动；在到达设定的速率至试件拉断时，即碰撞块与碰撞杆相对距离由设定值变为 0 时，碰撞块带动碰撞杆向下一起运动拉伸试件；拉断到试验结束，由于重力作用，撞杆停留在碰撞腔底部。如图 3-54a、b 所示，上夹头与横梁连接，位置固定，静止不动。下夹头与拉杆连接，动子带动拉杆在定子框架内沿磁轴上下运动，定子框架和磁轴位置固定，静止不动。整个简化机械模型网格划分如图 3-54c 所示（包括 14652 个网格）。

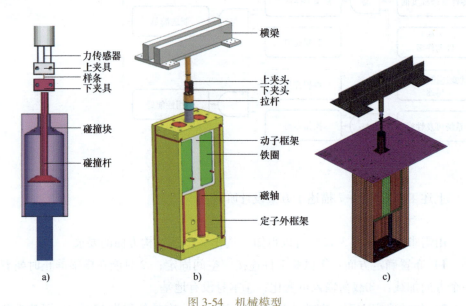

图 3-54　机械模型

a）夹头结构示意　b）简化机械模型　c）机械模型网格划分

　　（1）碰撞面优化分析　由于试件在一定速率下开始加载拉伸，当到达设定速率时，下夹头与碰撞杆发生碰撞。如果碰撞面选取不当且无缓冲，将会引起系统振荡、改变材料试件内部应力分布，影响试件拉伸过程中应力参数的获取。因此，需要选取适合的碰撞面并增加缓冲材料垫，以降低碰撞带来的系统振荡，减小夹具速率波动。

　　本案例分别对锥形碰撞面与平面碰撞面两种缓冲面对比分析，速率-时间曲线如图 3-55 所示，从图中可以看出两种缓冲面都不能对速率波动进行有效控制。

不过锥形碰撞面引起的速率波动幅度明显小于平面碰撞面，但是对于增加缓冲材料来说，锥形面难度高于平面。

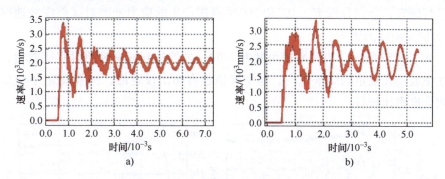

图 3-55 不同类型碰撞面的速率-时间曲线
a）锥形碰撞面 b）平面碰撞面

（2）拉杆质量优化设计 拉杆与下夹头相连，质量不同，其惯性速度也不一样，质量大的惯性速度也大，引起的速度反射波也很剧烈。本案例比较的分别为 45g 和 11g 两种不同质量的拉杆，两种拉杆的材料相同，只是结构不同，质量为 45g 的是实心拉杆，质量为 11g 的是空心拉杆，图 3-56 所示为速率-时间曲线。

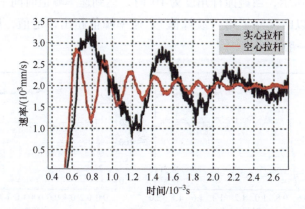

图 3-56 速率-时间曲线（拉杆分别为 45g 和 11g）

从图 3-56 中可以看出质量为 11g 的拉杆速率波动较小，且引起的速率波动趋向稳定，波动范围也在 SAE J2749：2017 规定的 15% 以内。由此可见拉杆质量越小，夹具速率峰值越低，波动也相对较小。另外，考虑试验次数和成本，本案例的拉杆将设计成分离式结构。

（3）碰撞杆的碰撞夹角优化设计 由于碰撞系统在试件达到设定速率

时，下拉杆与碰撞块发生碰撞，将引起系统振荡，产生应力波反射并对试件内部应力和应变均匀性产生影响。本案例从碰撞杆的角度、碰撞拉伸和碰撞块材料进行研究，分别分析7°、10°和20°时碰撞产生的应力冲突对试件应变速率及应力-应变曲线的影响。

如图 3-57 所示，当碰撞杆角度为7°时，虽然达到速率峰值时间比较差，但是速率波动在规定的 25% 以内，速率峰值没有超出设定值，屈服段应力-应变曲线吻合度也比较好。

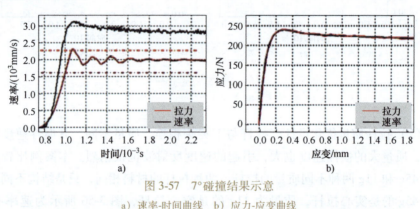

图 3-57　7°碰撞结果示意
a）速率-时间曲线　b）应力-应变曲线

如图 3-58 所示，当碰撞杆角度为10°时，达到速率峰值时间一般，速率波动在规定的 25% 以内（除了第一波峰值），速率峰值超出设定值，屈服段应力-应变曲线吻合度一般。

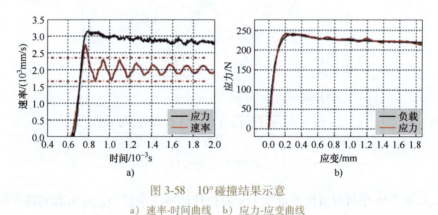

图 3-58　10°碰撞结果示意
a）速率-时间曲线　b）应力-应变曲线

如图 3-59 所示，当碰撞杆角度为20°时，虽然达到速率峰值时间符合设定值，但是速率波动没有在规定的 25% 以内，速率峰值也超出设定值，屈服段应力-应变曲线吻合度也比较差。

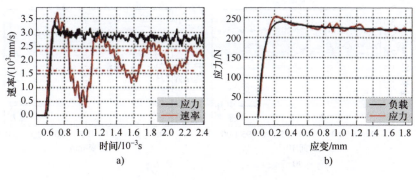

图 3-59　20°碰撞结果示意

a）速率-时间曲线　b）应力-应变曲线

（4）不同材料的碰撞杆优化设计　本案例将从碰撞杆和碰撞块的不同材质角度分析碰撞产生的振荡对试件速率、应力-应变曲线的影响，设计三种材质方案进行模拟仿真。

第一种方案：碰撞杆和碰撞块均为铝合金材质，试件速率与时间、应力与应变关系如图 3-60 所示。该方案的优点是，当试件达到 1/3 屈服应力时，速率已经达到设定的速率值，即试件速率上升很快。但缺点是试件速率波动比较大，超出规定的 25% 范围，发生碰撞时的刚度比较大，应力-应变曲线与标准吻合度比较差。

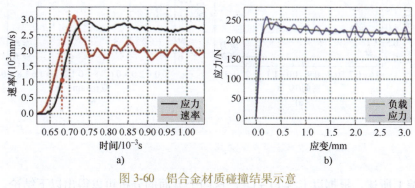

图 3-60　铝合金材质碰撞结果示意

a）速率-时间曲线　b）应力-应变曲线

第二种方案：碰撞杆和碰撞块均为尼龙材质，试件速率与时间、应力与应变关系如图 3-61 所示。该方案的优点是试件速率波动比较小，微超出规定的 25% 范围，发生碰撞时刚度比较小，应力-应变曲线与标准吻合度比较高。但缺点是，当试件达到 2/3 屈服应力时，速率才达到设定的速率值，即试件速率上升比较慢。

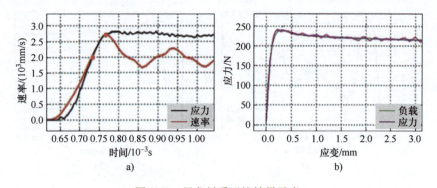

图 3-61　尼龙材质碰撞结果示意
a）速率-时间曲线　b）应力-应变曲线

第三种方案：碰撞杆为碳纤维，碰撞块为尼龙材质，试件速率与时间、应力与应变关系如图 3-62 所示。该方案的优点是试件速率波动比较小，未超出规定的 25% 范围，试件达到 2/3 屈服应力时，速率已经达到设定的速率值，即试件速率上升很快。但缺点是发生碰撞时的刚度比较大，应力-应变曲线与标准吻合度比较差。

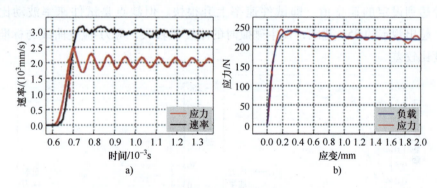

图 3-62　碳纤维与尼龙材质碰撞结果示意
a）速率-时间曲线　b）应力-应变曲线

综上所述，根据以上（1）~（4）这四个方面的分析可以得出以下结论。

1）锥形与平面碰撞缓冲面都不能有效控制速率波动，但锥形碰撞缓冲面可以有效降低速率波动振幅，取锥形碰撞缓冲面较好。

2）碰撞杆的质量越小，夹具的速率峰值越小，速率波动也越小，取 11g 以下较好。

3）碰撞杆的角度对夹具的速率稳定性有较大的影响。夹角越小，稳定性越好，吻合度越高，峰值也越小。但是随着角度变小，夹具达到目标速率的时间变长，取 10°以下较好。

4）从材料来看，材质的刚性越大，夹头达到设定速率的时间越短，峰值越高，碰撞时的波动较大，应力和应变吻合度较差。如果材质的刚度较小，夹头达到设定速率的时间较长，峰值较低，碰撞时的波动较小，应力和应变吻合度较高。取碰撞杆为碳纤维，碰撞块为尼龙材质较好。

10. 对其他关键零部件进行结构设计与选型

（1）直线电动机选型分析　与金属材料不同，塑料材料的高速失效应力小，失效变形大。本高速动态拉伸试验机采用 NPM 公司的线性磁轴直线电动机作为激发能量，一方面避免液压伺服系统的庞大与复杂，极大降低建造费用，精确控制横梁速率，并且对试验机的基础几乎没有要求；另一方面，相对传统的直线电动机，线性磁轴直线电动机没有齿槽效应，完全利用磁通量，无须冷却，可提供稳定可靠的测试速率。

在动力传输链上，液压伺服系统或滚珠式直线电动机系统都需要经过中间动力传输机构将动力传输到横梁、作用在夹头上，从而实现试件加载拉伸，所以会在中间动力传输机构消耗部分动力，造成能量浪费。而线性磁轴直线电动机则无须经过中间动力传输链，直接作用在拉杆上，通过拉杆加载到夹具，实现试件拉伸。最为重要的是，线性磁轴直线电动机在运动过程采用气动滑块实现非接触运行，所以在运动过程无摩擦和振动产生，可降低整个拉伸试验机系统的固有频率，避免引起系统振荡因素，更好地控制试件拉伸过程，使测试数据可靠可信。

根据高速动态拉伸试验机功能需求分析，本案例设计的试验机最大载荷要求达到 $F_{max} = 3kN$，有效行程 $S = 150mm$，安全系数 $k = 1.5$，则加速推力 $F = kF_{max} = 45kN$。

高速动态拉伸试验机拉伸速率将由加速段、匀速段和减速段组成，其中，$v_{max} \leq 1600mm/s$，加速段行程 $S'_{max} \leq 50mm$，则加速度 a_{max} 为

$$a_{max} \leq \frac{v_{max}^2}{2S'_{max}} = 25.6 \text{m/s}^2 \tag{3-13}$$

a 值包含重力加速度 g。单轴线性磁轴直线电动机 S500Q（NPM 公司）目前最大加速推力为 2.34kN，持续时间 $T_{max} = 40s$，采用双轴线性磁轴直线电动机，其最大加速推力 $F = 4.68kN > 4.5kN$。满足拉伸试验机最大载荷需求。

综合以上分析计算，本案例的高速动态拉伸试验机采用 NPM 公司 S500Q 型号的双轴线性磁轴直线电动机作为拉伸试验机的激发能量，同时采用光栅尺传感器对直线电动机位置信息反馈进行控制，以达到同步作用。

（2）定子外框架设计及分析　由于采用双轴线性磁轴直线电动机，并且在

垂直方向实现直线机电加载拉伸，根据经验及线性磁轴直线电动机的特性，拉伸试验机采用动子和定子相对运动方式实试件加载拉伸功能。设计难点在于：一方面，由于动子在定子内部沿磁轴直线运动，故定子需要设计成中空结构，整个行程较长（400mm 左右），通过铣削加工实现定子零件比较难，只能通过焊接并接的方式得到定子零件，因此如何保证焊接精度，以及上下磁轴孔网度是个关键问题；另一方面，整个定子部件与拉伸试验机连接，须确保定子与动子的相对运动，同时要考虑直线电动机突然失电时的安全防护问题。

为解决上述问题，将定子部件的每个拼接件上设计沟槽结构，安装过程中只需将对应的拼接件沟槽组合，沿槽缝焊接，以确保定子安装精度。根据直线电动机特性——磁轴与动子存在磁环形间隙，不是完全接触，其环形间带为 0.50~1.75mm，所以上下两孔的同轴度要求精度并不影响直线电动机的动子运行。左右两块拼接侧板各被两块衔铁螺栓相连，而衔铁安装在底座和中间横梁插上。定子外框架底座拼接板通过 12 颗 ϕ16mm 螺栓与整个仪器底座连接，已达到定子外框架固定安装的目的。在定子外框架内部，通过滑块和轨道方式与动子发生相对运动，其中轨道安装在外框架内部中心道上，而上下滑块安装在动子框架背部中心道上，当直线电动机动子上电时将沿轨道上下移动。另外，在定子外框架背部安装两块止动气阀，其作用是防止动子突然失电时发生自由落体运动而与底座发生碰撞，起安全保护作用。拉杆系统通过外框架中间孔径（50mm）与动子相连，传递拉力。整个定子外框架部件结构示意如图 3-63 所示。

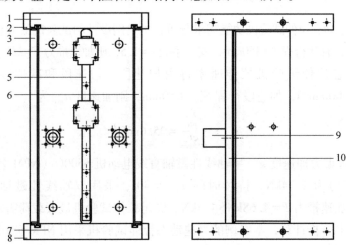

图 3-63　定子外框架部件结构示意

1—上拼接板　2—上衔铁　3—左拼接板　4—滑块　5—滑轨　6—右拼接板
7—下拼接板　8—下衔铁　9—止动气阀　10—后拼接板

（3）动子内框架设计及分析　整台试验机的动力来源于直线电动机动子部件，当动子得电后，在伺服驱动器的控制下完成规定的动作曲线。一方面，由于直线电动机动子是由绕组线圈组成，绕组线圈材料脆弱，拉杆不可能直接与之相连进行能量传递，绕组线圈宽度也很窄，不能提供足够的空间；并且在定子框架中存在两根绕组线圈，所以必须采用适当的夹具固定两根绕组线圈，将能量传递给拉杆系统。另一方面，由于存在两根绕组线圈，提供的拉力必须叠加使用，满足拉伸试验机最大载荷要求。叠加使用必须保持两根绕组线圈必须同步运作，所以也要求必须采用合适的夹具固定绕组线圈，其设计难点在于以下两点。

1）由于直线电动机动子为绕组线圈，沿磁轴上下运动，所以夹具必须轻质、高强度、抗磁性，符合此特性的材料很少。

2）由于直线电动机动子在定子外框架内部运动，所设计的动子夹具不能超出定子外框架的空间范围；如何保证动子夹具固定两根绕组线圈，并且安装方便；如何保证动子夹具在定子外框架内部实现相对运动。

动子内框架部件结构示意如图 3-64 所示。动子内框架与定子外框架原理一样，采用半封闭的结构，通过焊接方式拼接而成，分为上下拼接板、左右拼接板和背板。其中，每块拼接板带有沟槽，方便焊接定位。上下两块拼接板分别各有 3 个孔，左右两边的通孔用于磁轴贯穿，中间阶梯孔用于连接拉杆和缓冲

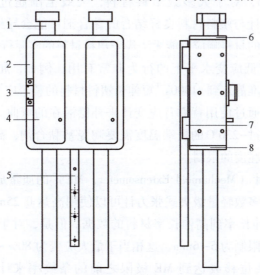

图 3-64　动子内框架部件结构示意图

1—线性磁轴　2—左拼接板　3—光栅读头　4—直线电动机动子
5—滑轨　6—上拼接板　7—滑块　8—下拼接板

液压顶柱,并且中间阶梯孔内有螺纹与拉杆螺纹相连。背板内凹结构用于安装滑块,与定子外框架行程相对运动。整个动子内框架使用高强度的铝合金材料,避免吸磁而造成磁泄漏,降低能量下降。

(4) 高速视频引伸计　引伸计是用于测量试件标距间轴向及径向变形的基本装置。传统的测量拉伸变形的方法是在被测材料上贴应变片或夹持引伸计,用以测量试件在载荷作用下的应变量。这是一种接触式测量方法,当测量精度要求不高、用于变形速率较慢的材料的小变形时,能达到较好的效果。但对于拉伸变形大的塑料材料,这种测量方法并不可取,因为接触式引伸计的质量和夹持方法会影响试验结果和断裂点,另外,在拉伸变形过程中,接触式引伸计与塑料试件之间的摩擦会产生相对运动,从而导致较大的测量误差。

现有的几种应变测量方法用于准静态测试,这些方法包括应变计、机械引伸计和基于光学的系统,如激光引伸计、视频和散斑干涉仪。高速测试需要具有快速频率响应（>250kHz）的测量技术才能正确捕获应变,满足更快速率（即超过25mm/s 或 $1s^{-1}$）的是非接触式方法。下面将讨论不同技术的优点和缺点。

1）应变计可用于各种网格形状和尺寸。大多数高速拉伸试样的测量截面较小（3~9mm 宽）,限制了其使用。大多数适用的应变计的最大额定应变限值为0.02~0.15mm/mm,对于大多数塑料材料,失效范围超过这个限制值。此外,用于确保应变计与塑料材料良好结合的黏合剂可能会导致过早脱落、增强或脆化,由此产生的材料响应可能无法代表塑料材料的实际行为。

应变计对于较低应变水平下的行为非常有用,例如,屈服应变和弹性模量,它可以提供从准静态到+1000s^{-1}短伸长塑料材料的整个应变率范围内的测量应变数据,还可以通过使用背靠背应变计来补偿潜在的弯曲。应变计可用于各种环境和温度。超过-230℃的极端温度需要陶瓷基黏合剂,高温下可测量的应变通常受到黏合剂脆度的限制。

2）机械引伸计（Mechanical Extensometer, ME）的质量成为有效使用该方法的限制因素,大多数轻量级夹式张力计可以使用高达 0.25mm/s 的测试速率。ME 可以提供从低伸长率到高伸长率材料的数据。但是,对于 6mm 的引伸计长度,大多数的最大限制为 5~6mm。这相当于最大应变为80%~100%。超过极限应变时使用十字头位移或达到 ME 极限之前的条纹率来计算。与应变计一样,ME 可以在各种环境和温度下使用。ME 在环境箱外的温度使用限制了它的最大测试速率,也增加了质量和惯性效应的可能性。

3）激光多普勒测振仪（Laser Doppler Vibrometer, LDV）跟踪多普勒频

移，低于参考光束的标度激光和测量光束。它通常用于测量小的振动位移，但特定的型号也可以测量速率。LDV 需要多个探头进行伸长率测量，并提供运动表面的 3D 图像。被测表面必须有足够的粗糙度，以便 LDV 正常运行。只要光路畅通，它就可以在各种环境中使用。

4）光电引伸计（Electro-optical extensometer，EO）跟踪具有高对比度区域的两个标记的运动。不同的镜头组件用于捕获不同量的标记运动。超过 EO 极限的伸长率需要计算。EO 对照明很敏感，必须注意在预期的运动范围内保持统一照明。在环境中进行测试取决于通往目标的清晰光学路径，并保持光强度和均匀性。

5）激光多普勒引伸计（Laser Doppler Extensometer，LDE）利用散射激光的多普勒频移来测量一定体积的材料的速率。跟踪两个固定结构，并通过两者之间的相对运动确定伸长率，表面准备对于最佳操作很重要，因为该装置依赖于测量散射光的相对量。只要光路不被阻挡，LDE 就可以在各种环境中使用，数据分析中需要仔细识别有效的信号。

6）高速数字视频（High Speed Digital Video，HSDV），随着商用摄像机最大取景率的提高，HSDV 正变得越来越流行。HSDV 摄像机的取景率可以从 $250 \sim 10^6$ 帧/s（fps）。帧数范围从仅 4 帧到超过 2000 帧不等，具体取决于塑料材料分辨率的类型、测试速率和摄像机类型。开发的应用程序将确定图像数量是否足够，可用多个摄像头生成 3D 图像。高强度照明要求可能需要使用冷光源。

大多数软件会跟踪试样表面的离散点、元素或形状。在整个测试过程中保持跟踪图像的最大性和完整性至关重要。有几种方法用于标记图像，如喷涂斑点图案或黏附标记。软件输出可以提供全局或局部变形的 2D 或 3D 分析。

综合以上分析对比，本案例采用较少受环境影响的非接触式的高速数字视频引伸计来测量塑料材料的应变，具体开发内容说明见本书第 8 章。

11. 辅助功能结构设计

辅助功能结构可以分为下列三类。

1）将主功能结构相互连接在一起的辅助功能结构。

2）将运动的主功能结构支撑在机架上的辅助功能结构。

3）将主功能结构固定在机架上的辅助功能结构。

根据拉伸试验机功能需求分析，考虑成本以及安装操作方便性，采用铝型材搭建整个高速动态拉伸试验机的机械平台，模型如图 3-65 所示。按照装配次序，高速动态拉伸试验机由底座、缓冲部件、直线电动机定子外框架、直线电动机动子框架、拉杆、直线电动机磁轴、试验机型材支架、锥形部件、夹头部件及横梁组成。

12. 试验验证及分析

由于篇幅的原因，确定总体技术设计的其他工作步在这里不再讨论。施工设计在这里同样没有讨论，因为在本质上它所要求的是传统的制图和细节设计步骤。

针对已设计出的试验机（见图 3-66）进行试验验证及分析。试件采用聚丙烯（PP）类塑料材料，其型号为 DIN 53504 S3A，试件尺寸（厚度×宽度）为 2.98mm×4.02mm，轴向标距为 10mm 进行试验。

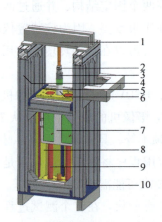

图 3-65　高速动态拉伸试验机模型

1—横梁　2—夹头部件　3—锥形部件
4—试验机型材支架　5—直线电动机磁轴
6—拉杆　7—直线电动机动子框架　8—直线
电动机定子外框架　9—缓冲部件　10—底座

图 3-66　高速动态拉伸试验机

（1）试验一　设定应变率为 $1s^{-1}$（16mm/s），应力采集系统频率为 4000Hz，应变采集系统频率为 1000Hz。图 3-67 所示分别为 4 组试件的速度波动，电动机速度波动在设定速度的±15%范围之内（即整个拉伸速率处于 13.6～18.4mm/s），证明高速动态拉伸试验机运行稳定、控制良好。

图 3-68 所示为 4 组试件的应力-应变曲线，可以看出，达到 2%～3%应变时，应力达到最大值，只是最大屈服应力值及断裂点位置不同。

图 3-69 所示为 4 组试件的拉伸速率与应变曲线放大图，可以看出试件在达到材料屈服的 25%之前［即 2.54%×25% = 0.635%（试件的屈服延伸率为 2.54%）］已经达到设定的速度，满足 SAE J2749：2017 的要求。

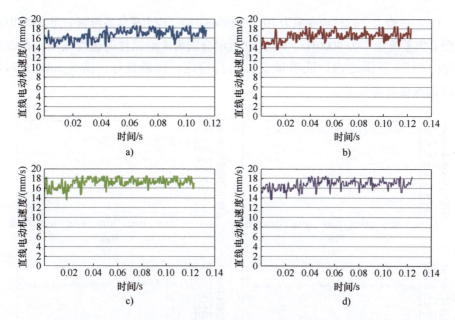

图 3-67　直线电动机速度波动（$1s^{-1}$）

a）试件 1 速度波动　b）试件 2 速度波动　c）试件 3 速度波动　d）试件 4 速度波动

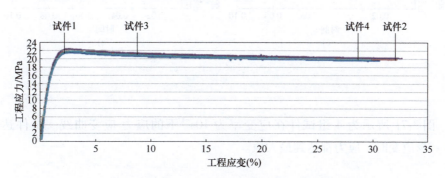

图 3-68　4 组试件的应力-应变曲线（$1s^{-1}$）

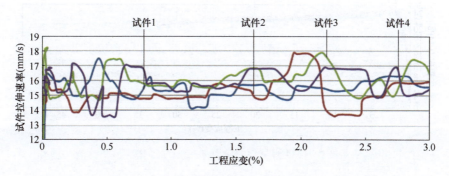

图 3-69　4 组试件的拉伸速率与应变曲线放大图（$1s^{-1}$）

111

（2）试验二　试件应变率为 $10s^{-1}$（160mm/s），应力采集系统频率为 20000Hz，应变采集系统频率为 4000Hz。图 3-70 所示分别为 4 组试件的速度波动，在设定速度的 ±15% 范围之内，证明试验机运行稳定、控制良好，满足 SAE J2749：2017 的速度波动要求。

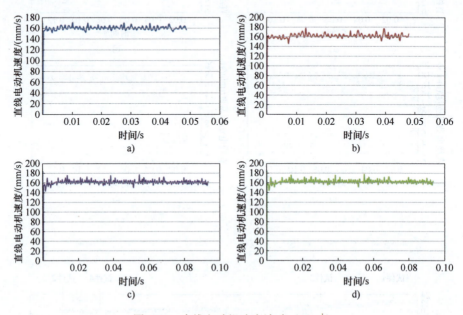

图 3-70　直线电动机速度波动（$10s^{-1}$）

a）试件 1 速度波动　b）试件 2 速度波动　c）试件 3 速度波动　d）试件 4 速度波动

图 3-71 所示为 4 组试件在应变率为 $10s^{-1}$ 下的应力-应变曲线。试件达到 2%~3% 应变时，应力都达到最大值。

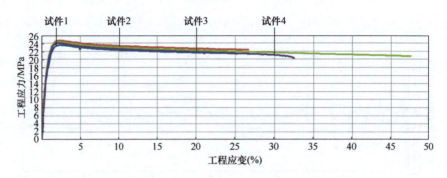

图 3-71　4 组试件的应力-应变曲线（$10s^{-1}$）

　　图 3-72 所示为 4 组试件在应变率为 $10s^{-1}$ 下的拉伸速率与应变曲线放大图，可以看出在达到材料屈服的 25% 之前，已经达到设定的速度，满足 SAE J2749：2017 中的要求。

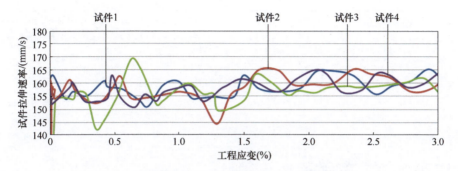

图 3-72　4 组试件的拉伸速度与应变曲线放大图（$10s^{-1}$）

　　综上所述，图 3-66 所示的高速动态拉伸试验机满足了设计的主要期望，并且证明了方法学设计的适用性。

4.1 影响成本的因素

设计流程的全周期内，及时准确地了解成本有很重要的作用。成本构成的主要部分，实质上在选定设计方案及结构形式阶段即已确定。相比之下，后期的加工制造及装配环节，虽然也能影响成本，但其优化空间相对有限。因此，将成本效益分析前置，纳入早期设计阶段，是控制和降低总体成本的明智策略。

产品制造的总成本根据结算方式分为单件成本和公共成本。例如，对于一个零件，可以列出材料费用和制造工艺费用，这些成本被称为单件成本。而另一方面，材料库管理员的工资费用和车间照明费用等则被称为公共成本。成本的确定还和订单数量、工作强度及批量大小有关。

材料费、制造工艺费、辅助材料费和消耗材料费都将随销售量的增长而有所提高，这些成本将作为可变成本引入成本估算中。而不变成本则是指那些在一定时期内不变的费用。一般来说，不变成本由企业的状况，如工厂的工资、厂房的租金、资本的利息等所决定。

制造成本（见图4-1）是与产品制造有关的、用于材料、制造并包括其附属特殊费用的总成本；所谓特殊费用，是指如设备费和开发费用等，这些都被摊入各个产品中。因此，制造成本在这里既包含可变成本，也包含不变成本。对于设计部门的决策来说，只有可变成本是有意义的，因为它直接受到设计部门决策的影响，如材料和加工工时的消耗及生产批量、加工和装配方式等。因此，总的来说，由单件成本和可变的公共成本组成的制造成本的可变部分，应受到重视。

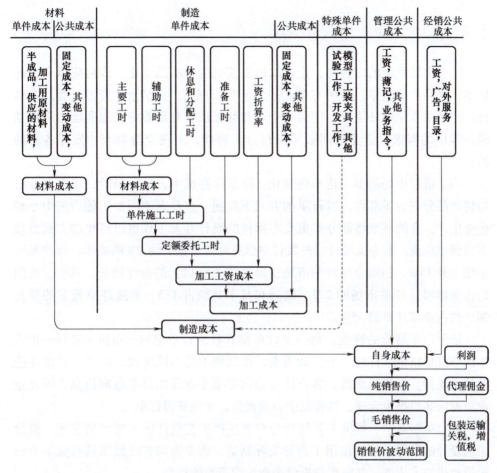

图 4-1 成本的形成和归纳

在企业中，对待可变的公共成本是不同于固定的公共成本的，前者大都作为单件成本的附加值用乘法因子来处理。例如，材料成本的附加因子为 1.05~1.30；制造工资费用的附加因子为 1.5~10，甚至更高，或者也可以用因工艺和机组而异的机器工时费用来考虑。在一般情况下，设计师在做产品方案的成本对比时，只需要弄清可变的单件成本即可。

一个基础技术设计方案也可以用"工艺元素"来代替，它表示一种确定的制造工艺，包含了制造实际部件过程中的所有分工序（如车削、磨削、焊接），利用该元素可以对实际部件进行成本估算。由此就产生了专项加工工时，那些必要的加工工时取决于各自的工艺方法。

115

4.2 订单制造中的报价工艺

随着市场竞争的白热化，企业如何快速响应市场的变化，如何降低自身的成本，提高产品质量，是所有企业必须面对的现实。在信息、资源、商品全球化，产品个性化的环境下，任何一个企业都无法拥有足够的资源和能力来单独满足客户的需求。企业之间必须进行分工协作，实现资源共享，发挥各自的特长。

为了适应市场的多元化和快速化，降低库存成本，分散风险，很多企业纷纷将产品分割为零部件，以订单的方式下发到一些具有不同加工能力的中小型企业生产，有的甚至将部分非重要零部件的设计开发工作也以订单的方式直接下发到供应商。有专家统计，外发订单生产可使企业节约9%的成本，而产品质量则上升15%。目前全球订单市场正以每年30%以上的速度增长。其中，美国约占全球项目订单市场的2/3，欧洲和日本共约占1/3。承接订单最多的是亚洲，约占全球订单的45%。

依照订单制造的特点，每一个订单都具有从订单意向—报价—送样—正式生产—订单结束这样的一个生命周期，在周期中的不同阶段，需要不同的理论和技术支持。在报价阶段，客户往往会向多家企业发出订单意向信息，因此企业只有向客户报出合理、具有竞争力的报价，才能获得订单。

在订单制造中，报价工艺设计与常规生产工艺设计的主要区别在于，报价工艺设计的结果不是直接用于指导实际制造，而是为向客户提供具有竞争力的报价提供技术依据，并向客户提供企业生产资源的信息。

4.2.1 报价工艺的特点与分析

工艺设计是生产制造企业技术设计中必不可少的一项工作，是制造企业生产组织活动的重要环节。工艺设计的优劣直接影响到产品的成本、质量及生产率；另外，工艺设计的结果确定了对生产资源的要求，是成本核算和报价的重要依据之一。由于报价在整个订单生命周期中不是为常规的生产做准备，而是对制造资源的评估。因此，报价工艺设计与生产工艺设计的主要差别在于工艺设计的结果不是直接用于指导生产，而是用于参与客户供应商群体中的竞争，因此在工艺设计的方法和内容上都有所不同。

概括起来，报价工艺设计具有如下特点。

（1）临时性与针对性　这是一种短期行为，专为订单初期的报价需求而定制，一旦报价流程结束，其设计任务随即终止，不涉及后续生产指导的具体实施。

（2）高效敏捷性　面对紧迫的报价截止期限（通常在 72h 以内），报价工艺设计需要快速响应，依托高效的团队协作和简化的工作流程，确保在短时间内完成工艺规划。

（3）概略性概览　与精细的生产指导工艺不同，报价工艺设计提供的是一个概要框架，着重于加工流程概述、所需资源列表、工时和成本的初步估算，而不是深入详细的工艺参数层面。

（4）决策辅助功能　报价工艺设计对订单的决策起到三方面的支持作用：①技术可行性评估（帮助判断企业是否有能力承接订单，基于现有技术条件进行初步筛选）；②成本预算基础（作为成本估算的基础，为合理定价提供数据依据，确保报价的竞争力和利润空间）；③展示制造实力（通过工艺流程展示，潜在客户可间接评估供应商的生产设备、技术力量和生产潜能）。

（5）多方案比选　为了满足不同客户需求，提升报价的灵活性和竞争力，报价工艺设计往往提出多种制造工艺方案，通过综合考虑成本、效率、技术可行性等因素，优选出最佳方案，以最合适的成本效益比参与市场竞争。

4.2.2　报价工艺设计

依照上述报价工艺设计的特点，提出如图 4-2 所示的订单工艺设计流程。

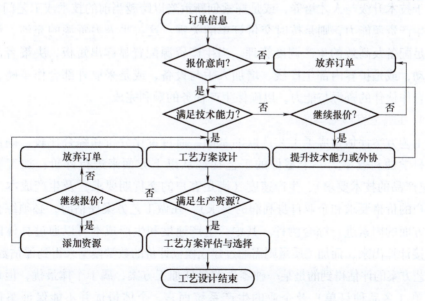

图 4-2　订单工艺设计流程

1. 工艺方案设计

工艺方案设计需紧密围绕企业现有资源与订单需求展开，以确保工艺的可行性与成本估算的准确性。对于常规零件，单一工艺方案足矣，因其制造流程已为常规操作。而对于非常规零件，则需设计至少两套工艺方案：一是基于内部资源优化的方案，二是考虑外部合作资源的方案。多方案策略提供给评估系统进行可行性、成本、效率等综合评估。

2. 提高工艺设计速度的方法

加速工艺设计流程，关键在于敏捷的组织形式与技术工具的运用。经验丰富的工艺设计人员能够快速生成高质量方案，减少迭代次数；同时，尽量采用计算机辅助工具，提高设计速度与效率。优化组织结构，实施模块化设计分工，结合计算机网络的高效整合能力，是实现快速响应的必要手段。

3. 报价工艺的决策支持性

企业决策者在评估订单时，高度倚重于对订单产品的工艺描述，因为一套工艺方案不仅仅反映了成本数据，更为重要的是它展示了企业的技术水平和生产能力，两者共同构成了接受或拒绝订单决策的基础。

技术资源能力，作为质量的有力保证，衡量了企业满足设计要求的科技水平，它主要体现在员工的专业技能与熟练程度、设备的先进性、量具的精确性等方面。面对技术资源的局限，决策者需果决做出是否放弃订单的决定，转而聚焦于技术升级与人才培养，或是探索创新策略以跨越当前的技术或工艺门槛。

生产资源能力，则是按时交付订单的关键。这关乎人力资源的充沛、设备的充足配备及高效的生产调度管理。当生产资源配置显露出短板，决策者需迅速行动，或是扩容内部生产线、增加人手与设备，或是采取外部合作策略，借力于合作伙伴的资源与能力，以确保生产任务的顺利完成。

4. 工艺方案评估与选择

工艺方案评估构成了工艺选取的基础，通过量化分析和综合比较，确保决策的科学性和效率。一个零件的工艺往往从以下方面来进行评价：加工质量（满足产品的技术要求）、生产速度（满足客户的交货期要求）及生产成本（满足客户的价格要求和企业自身利润的要求）。在做工艺方案评估时，必须综合以上各方面的因素进行综合测评。其中，生产速度和生产成本可以通过具体的数据直接计算出来，而加工质量则需通过建立模糊评价的数学模型来得到评估数据。对工艺方案的评估得到的是某一种零件的最佳加工方案，属于个体最优，但对整个订单（多品种订单）及企业的生产系统而言，个体最优并不能保证整体最优，因此，在做工艺方案的选择时，所选定的方案应该是整体最优，个体较优。

4.3　降低成本的设计方法

4.3.1　考虑工艺的合理设计

工艺设计优化的核心目标在于通过精心设计减少生产成本与周期，同时确保产品质量满足既定标准。考虑工艺合理化方面的问题包括如下几个方面。

（1）工艺组合结构的优化　依据产品结构，将产品细分为部件与单个零件，分别考虑其自制或采购策略（新零件、重复件、标准件）。

（2）工件结构设计的合理性　基于零件特性，选择最适宜的加工工艺和工具，以提高加工效率和质量。

（3）材料的经济型选择　综合考虑材料成本、加工难易度，确保材料选择便于进行质量控制与检验。

（4）标准件与外协策略的应用　最大限度利用标准件，减少定制成本；合理外协，减轻内部生产线压力，优化库存管理。通过选择标准件和外协件，优化供应链管理，提高响应速度，降低库存成本。

（5）强化生产文件的完整性　编制详尽的生产文件，包括图样、工艺规程、检验标准等，确保生产过程的标准化与高效执行。在生产文件中明确质量检验节点与标准，确保产品质量从设计到生产的全程可控。

1. 工艺组合结构的优化

在产品设计中，优化工艺组合结构是一个关键步骤，它与产品的功能结构不同，着重于如何有效地将产品拆分为可加工的组件与工件。基于既定的总体技术方案，设计者需执行以下关键任务以提升生产率与成本效益。

1）加工与获取途径决策：明确各构件的加工来源，选择内部自制、外购标准件、重复使用件或市场通用件，依据成本效益分析及生产灵活性做出最佳选择。

2）并行加工策略制定：通过组件分类，识别可同步进行加工的工件或组件，以缩短生产周期，提升效率。

3）尺寸与批量界定：基于市场需求和生产经济性，确定零件尺寸等级与生产批量，优化物料管理和生产计划。

4）装配和接合部位确定：合理规划接合与装配部位，确保零件间配合精准，简化装配流程，减少组装成本。

5）质量控制介入：在设计阶段即考虑质量检验标准与方法，确保后续生产中质量控制的有效实施。

设计决策需紧密结合现有生产资源，如机床配置、装配能力及物流条件，这些因素直接制约并指导着组合结构的设计选择。基于工艺需求，产品组合结构可被灵活划分为分解式、集成式、连接式或复合式，每种结构方式各有侧重，旨在实现生产流程的最优化，提高整体制造效率。

2. 工件结构设计的合理性

工件结构设计是控制生产经济性、效率与质量的关键环节。设计者通过精细调整工件的几何特性（如形状、尺寸、表面质量和公差配合），直接影响和决定了制造方法及生产资源的配置与利用。

1）工艺方法的优选：工件设计需匹配适宜的制造技术，如铸造、锻造、机械加工或增材制造等，影响生产率和成本。

2）设备与工具的适用性：工件设计需考虑现有机床和测量设备的能力，确保加工可行性，避免因设备限制增加额外工序或外协成本。

3）自制与外购策略：在设计阶段纳入标准化、通用件和企业内部重复件的使用策略，平衡自制与外购成本，优化供应链管理。

4）材料与半成品优化：根据工件特性选择最适合的材料和半成品，考虑材料利用率、加工难易度和成本效益。

5）质量控制的便捷性：设计时预留便于检测的特征，确保质量控制的有效实施，减少检验成本和不良率。

生产现场的实际条件，如设备规格限制，需被纳入设计考量中，可能促使设计者调整工件尺寸以适应现有设备，或将复杂工件拆分为可管理的组件，以利于加工和组装，甚至考虑外部专业加工服务。因此，工件结构设计需在满足产品功能和性能要求的同时，紧密对接生产实际，促进生产流程的顺畅与成本效益的最大化。

3. 材料的经济型选择

对材料成本昂贵的方案来说，材料的正确选择对产品的制造成本具有重大意义。

1）制造工艺适应性：材料特性直接影响所采用的制造方法，如材料的可加工性、强度和热处理要求，决定了是否能采用低成本、高效的加工技术。

2）生产设备与工具匹配：材料硬度、韧性等要求特定的机床、刀具和量具配置，适宜的材料选择有利于减少设备损耗和工具更换频率。

3）供应链与库存管理：材料的供货稳定性、存储条件及半成品的可用性影响库存成本与生产灵活性，合理选择有助于优化仓储与物流。

4）质量控制标准：选择易于检测和控制质量的材料，可减少不合格品率和质量控制成本。

5）自制与外包决策：材料的加工难度与成本效益分析，指导自制或外协决策，平衡生产载荷与成本效益。

鉴于设计、工艺与材料选择之间的密切关联，跨部门协作显得尤为重要。设计师、工艺工程师、材料专家与采购人员应紧密合作，综合考虑技术、经济与市场因素，确保材料选择既满足产品性能要求，又符合生产实际与经济效益最大化的需要。

4. 标准件与外协策略的应用

设计师应优先考虑使用市场上可直接获取的重复件、标准件或外购件，以替代定制加工，因为这通常更为经济，且标准件的普遍应用已证实其价值。采用自制件或外协件的决策取决于以下几个方面。

1）生产规模：生产数量（单件、成批或大量生产）直接影响成本效益分析。

2）产品特性与市场定位：单件定制产品或特定产品系列可能要求特定的定制件，而面向大众市场的标准化产品更宜采用标准件。

3）供应链条件：材料与外购件的可获取性、成本及交货周期，是决定自制与外购的关键。

4）内部资源评估：现有加工设备的利用率、加工能力及设备配置状态，决定了企业内部自制的可行性。

5）动态适应性：市场、技术与供应链条件的变化要求持续评估，以确保决策适时调整，特别是在单件或小批量生产大型设备时，需密切关注生产现状和采购动态。

因此，设计决策应灵活应对外部条件变化，确保结构设计与工艺选择的长期经济性和适应性。通过跨部门沟通与市场监测，及时调整自制与外购策略，是达成设计与生产高效协同的关键。

5. 强化生产文件的完整性

现代化生产流程中，翔实且结构化的工艺技术文件扮演着不可或缺的角色，其重要性常常被低估。工艺技术文件包括但不限于精确的工程图样、详尽的零件清单、存于 CAD 系统中的几何与工艺数据，以及清晰的装配指南等。尤其在高度机械化与自动化的生产环境下，建立这些明确而详尽的文件，对确保成本控制、生产计划制订、生产与质量控制同时起着决定性作用。

通过提供无歧义的技术文件，能够显著减少工作中的错误与失误，提升生产率，缩短产品上市时间，同时保障产品符合设计规格和客户期望。

4.3.2 便于装配的合理设计

1. 装配操作优化

设计者在控制零件加工成本与质量的同时，也深刻影响装配的成本与质量。装配活动，包括零件加工期间及之后的组装作业，以及伴随的所有辅助工作，其成本和质量受制于装配操作的类型、频率及其执行效率。这些因素与产品结构设计（组合结构与工件结构）、生产类型（单件或批量生产）紧密相关。设计时兼顾自动化与手工装配的便利性，能显著提升装配效率与灵活性。

2. 便于装配的组合结构设计

合理设计组合结构，应始于原理方案阶段，通过分解、缩减、统一和简化装配过程，不仅降低了装配成本，还通过清晰化和可检验性设计确保产品质量。这样的设计策略有助于减少零件数目，推动零件标准化。便于装配的构件合理结构设计准则见表4-1，为不同装配情景提供指导框架，便于设计决策。

表 4-1   便于装配的构件合理结构设计准则

操作	结构设计准则
分解装配操作	组件化设计，便于预装配与最终装配的分阶段实施
	分组装配，实现装配任务的并行处理
	避免装配过程中的现场加工，提前完成所有加工步骤
	变型产品的装配差异尽量延后并集中于同一装配点
	支持组件预测试，尤其是针对可变设计部分
	优先进行组件或成品的功能测试，减少单一零件测试
减少装配操作	通过集成设计减少零件数量，简化结构
	功能集成，合并零件功能以降低零件总数
	同时执行多道装配工序，提高效率
	最小化连接点与连接表面，简化连接过程
	组件或成品功能测试无须拆解，减少重复工作
统一装配操作	每个装配组件基于一个基准件设计
	统一各组件的连接方向和连接方法，简化装配流程
简化装配操作	设计明确的装配顺序，确保装配操作唯一性
	结合加工与装配操作，减少操作转换
	良好的可检验性，进行目检的可能性

3. 结合部位的结构设计

提高装配性能的另一关键在于优化结合部位的设计，通过减少接合种类、统一接合方式和简化接合过程，降低连接成本，简化装配操作。基于装配需求的目标导向设计准则见表4-2，为设计者提供了具体指导。

表 4-2　基于装配需求的目标导向设计准则

操作	结构设计准则
减少接合部位	利用粘接或卡接以减少连接元件数目
	采用特殊连接元件以减少连接元件数目
	优先直接连接，避免使用额外连接元件
	实现自对准定位机制
	采用自防松连接元件，如弹性或塑性变形设计
统一接合部位	即使功能不同，也尽可能使用相同的连接元件
简化接合部位	选择便于连续装配的连接元件
	支承点设计通过质心，便于手工操作与移动
	分解尺寸链，避免使用公差很小的尺寸链
	避免双重配合，确保定位明确，减少公差要求
	采用简单调节机构，提供定位挡块
	实施连续调节机制，便于调整
	允许在不拆卸其他部件的情况下进行调节
	应用补偿元件应对制造偏差
	明确基准面、边或点，确保装配准确
	确保调节动作明确，避免相互干扰
	优先直线平移接合动作，简化运动轨迹
	避免多轴尤其是转向接合，简化装配
	控制接合运动长度，提高操作便捷性
	解决气垫效应，确保接合顺畅
	采用导向斜面或锥面便于装配
	将大的接合表面分成多个小的面，降低装配难度
	避免相互影响的接合动作同时进行
	留足装配工具操作空间
	优先采用带有张性、弹塑性或填料误差补偿的连接元件
	通过弹性设计降低装配公差要求
	采用标准配合件，实现无须拆卸的装配
	选用易于简单装配的保护元件

4. 接合零件的结构设计

接合零件设计需与接合部位设计紧密协同，旨在促进零件的自动化处理，包括贮存、识别、整理、夹取和移动，这对于自动化机械应用尤为重要。便于装配的接合零件合理结构设计准则见表4-3，强调了"简单"与"明确"两大原则：简化设计以减少复杂性、统一规格和减少零件数量；明确设计避免过度设计与设计不足，确保装配操作的直接性和确定性。综上，遵循这些基本原则，可以系统性地提升装配效率与产品质量。

表 4-3　便于装配的接合零件合理结构设计准则

操作	结构设计准则
自动贮存和操作的 实现与简化	优先采用位置稳定的接合零件
	避免相同接合零件卡住
	尽量采用能够滚动的接合零件
	如果没有特殊要求，轮廓尽量对称
	尽量采用几何识别标记
	优先采用外形轮廓识别标记
	当有特定位置要求时，避免形状近似对称
	采用可悬挂的接合零件及与质心相应的优先位置而使操作简化
	在功能表面以外设置夹持辅助面
	在质心位置设置夹持面
	尽量采用形状稳定的接合零件

5. 应用和选择导则

当考虑装配的合理结构设计时，应整理归纳设计需求表中影响装配的要求，包括变型件数、安全技术和法规限制、加工装配条件、试验与质量标准、运输包装需求、维护回用性、装配和拆卸便利性等。

在产品设计阶段，深入研究产品原理（作用结构），特别是设计方案（组合结构），探索简化装配的可能性，如利用系列化、模块化设计减少变型，遵循结构设计准则优化设计（见表4-1）。

在组件、接合部位和零件的结构设计中注重可装配性、统一性和简化性，以适应不同的加工与装配条件（如批量生产、自动化装配线等）。选择连接元件和方法时，除满足基本的功能要求，如承载、密封和耐蚀性，还需考虑装配与拆卸的便利性，确保可拆卸性、重复使用性和自动化装配的兼容性。成本控制贯穿始终，需要在技术经济评估框架下，综合评判各种技术方案及其接合方式的经济性。

　　装配计划的制订需要跨部门协作，设计与预备工作部门应紧密合作，利用逆向思维从总装图导出拆卸方案，作为装配流程设计的基础。计算机辅助工艺规划（CAP）和装配仿真技术的应用，以及样品试制，能显著提升装配方案的可行性和效率。同时，需要全面了解供应链信息，包括外协件、外购件和标准件的可用性，以确保供应链的顺畅。

　　评价与优化阶段，根据目标与设计准则导出评价准则，结合项目特殊性进行调整，利用工艺文件拟定明确的装配文件，涵盖预装配和最终装配的总图、装配零件明细表及装配操作规程，确保生产过程的标准化和高效执行。这一系列措施共同促进设计与生产的无缝对接，提升产品从设计到制造的整体效能。

4.3.3　降低成本的通用原则

　　在追求成本效益的制造策略中，除了特定领域的优化措施，还有一系列广泛适用的原则，用以指导设计与生产过程中的成本控制，这些原则概括如下。

　　1）简化设计与制造流程的核心在于减少产品的零件数和制造工序。通过设计简化，不仅能降低直接材料成本，还能减少装配时间和相关成本，提高生产率。

　　2）优化结构尺寸与材料使用，倾向选择较小的结构尺寸，因为材料成本往往会随着尺寸的增加而呈非线性增长，特别是对于基于体积或面积计算成本的材料而言。这意味着可以有效控制原材料消耗，从而降低成本。

　　3）利用规模经济效应，即通过增加零件数（批量）分摊固定成本，如模具准备、设备调整费用。大规模生产还促进了生产率的提升，因为可以采用更加高效且成本效益更高的制造工艺，以及重复利用前期的投资和经验。

　　4）适度放宽精度标准，即在确保产品性能和质量的前提下，适当放宽零件的精度要求和表面粗糙度标准。更高的精度往往意味着更高的加工成本，因此，通过合理设定公差，可以在不影响产品功能和客户满意度的情况下，减少不必要的加工成本。

第 5 章
计算机辅助设计的应用

5.1 基于产品三维建模的干涉检查

现代产品设计流程中，三维建模干涉检查是确保设计精确度与可制造性的关键步骤。该过程涉及评估零部件装配中的潜在冲突，确保无干涉，识别干涉零部件及干涉量大小，以便及时修正设计。

5.1.1 几种常用 3D 模型文件格式

为促进不同设计软件之间的兼容与数据交换，多种 3D 模型文件格式被广泛采用，每种格式各有特点，适应不同的应用场景。

（1）PRT 这是一种强大的参数化文档，用于产品建模和运动仿真等，NX、Pro/ENGINEER 等软件默认保存格式为 ".prt"。

（2）IGES 基本图形交换规范（The Initial Graphics Exchange Specification，IGES）格式是一种 ASCII 编码，适用于所有 CAD 系统间的数据共享，支持线框图、自由曲面或构造实体几何（Constructive Solid Geometry，CSG）存储几何信息，可存储颜色，但不支持纹理、材质类型等材质属性。IGES 格式对应的文件扩展名是 ".igs" 或 ".iges"。

（3）STEP 产品数据交换标准（Standard for the Exchange of Product Model Data，STEP）是 IGES 的升级版，STEP 格式支持 IGES 格式支持的所有功能，可以对拓扑、几何公差、纹理等材料属性、材料类型和其他复杂的产品数据进行编码，广泛应用于工程领域，如汽车、航空工程和建筑。相应的文件格式为 ".stp" 或 ".step"。STEP 与 IGES 一样，是 CAD、CAM 和 CAE 程序之间交换数据的流行格式。对于需要传输与模型外观、零件公差等相关信息的用例，STEP

是正确的格式。

（4）x_t　x_t 格式通常被称为 Parasolid 文件格式，Parasolid 本身是一个几何建模内核，广泛应用于许多主流 CAD、CAM 和 CAE 系统中，在工业设计、机械工程等领域得到了广泛的应用和支持。x_t 格式能够存储复杂的几何结构，包括曲面、实体、装配信息等，非常适合复杂产品的设计和制造。相比于 STEP 或 IGES 这类更为通用的 CAD 数据交换格式，x_t 格式通常能提供更高的数据准确性和更低的文件大小。

（5）JT　JT 文件格式是西门子 PLM Software 开发的轻型 3D 模型文件格式，适用于可视化、协作与 CAD 数据共享，具有高效的文件压缩率，可以压缩到普通 CAD 文件大小的 10%~25%。

（6）STL　立体光刻（Stereo Lithography，STL）是 3D 打印标准格式，使用三角网格近似表面，专注于几何信息，适合快速原型与制造。3D 打印标准格式的扩展名为 ".stl"。

（7）OBJ　这是一种具备高度灵活性的 3D 图形交换格式，支持多种多边形与精确编码，以及颜色与纹理信息。3D 文件格式的扩展名为 ".obj"。

（8）DWG　这是专为 AutoCAD 设计的格式，优化设计过程但受限于软件专有性，不便于跨平台使用。

5.1.2　碰撞检查

三维建模软件（如 NX、Pro/ENGINEER、CATIA、SolidWorks 等）的运动仿真功能可以对运动机构进行大量的装配分析工作、运动合理性分析工作，诸如干涉检查、轨迹包络等，获取大量运动机构的运动参数。通过对运动仿真模型进行运动学或动力学运动分析，可以验证该运动机构设计的合理性，并且可以利用图形输出各个部件的位移、坐标、加速度、速度和力的变化情况，对运动机构进行优化。

面对日益复杂的装配模型和庞大的数据量，传统的浏览和处理方式面临严峻挑战。尤其是当模型数据超过 1GB 时，对计算资源的需求急剧增加，影响设计效率。为应对这一难题，轻量化技术应运而生。这项技术通过提取模型的核心几何与结构信息，同时舍弃非必要的建模历史、特征参数等数据，极大地减少了文件大小，提升了大模型的显示速度和交互效率。主流 CAD 厂商推出的轻量化格式，如 PTC 的 PVZ、Dassault 的 3DXML 和西门子的 JT，不仅保留了模型的视觉真实性和装配逻辑，还优化了数据的传输与分享，使得远程协作和多平台兼容成为可能。

轻量化技术的应用，为三维数字化装配仿真和异构模型干涉检查开辟了新的途径。设计师和工程师即使在资源有限的环境下也能高效地审查和验证设计方案，加速产品开发周期，同时保证设计质量。此外，这些轻量化格式通常配备有专门的浏览器或查看器，使得非设计人员也能轻松查看和理解三维模型，促进了跨部门沟通与合作。总而言之，轻量化技术是现代产品开发流程中不可或缺的一部分，它有效支撑了复杂产品设计的高效迭代与优化。

5.2 计算机辅助优化

5.2.1 非标准设备结构最优化设计

优化设计的传统方法是先根据同类型结构设计一个初始方案，然后进行结构分析，根据计算结果凭借经验提出修改设计方案，最后又重复进行结构分析。如此反复地进行这样的过程，直至得到满意的设计方案。在这里，结构分析只起到安全校核的作用。这种方法的缺点是设计过程的难度大、周期长、费用高，而且最终得到的设计方案往往并非是"最优"方案。

结构优化设计是指，在给定约束条件下，以某种目标（如质量最小、成本最低、刚度最大等）获得最好的设计方案为导向，通常可以描述为：对于已知的给定参数，求出满足全部约束条件并使目标函数取最小值的设计变量。结构优化设计是力学问题与数学规划的高度融合，涉及结构力学与数学规划等知识，为此，本章着重介绍相关的结构优化主要基础知识，即有限元法基本原理、灵敏度分析和数值优化方法等。

有限元法是一种求解偏微分方程边值问题近似解的数值技术。在结构优化中，可用其求解结构在一定受力和边界条件下的结构响应，如位移、应力、应变、模态及加速度等。特别地，对于复杂结构，求解其结构响应的解析解往往会十分困难，通常借助有限元方法获取其数值解。

数值优化方法是在满足约束条件的情况下达到最优设计目标的求解算法。目前常用的优化方法包括梯度优化方法和智能优化方法。梯度优化方法主要包括最速下降法、牛顿法、共轭梯度法、信赖域算法和序列二次规划（Sequential Quadratic Programming，SQP）方法等。智能优化方法主要包括遗传算法、粒子群算法、模拟退火方法。通常而言，结构优化问题倾向于基于梯度法进行求解，从而保证效率；而对于一些梯度获取困难、单次仿真十分耗时或者多目标优化问题，可结合代理模型技术和智能优化方法进行优化问题的求解。

　　应用有限元法进行非标准设备的结构分析，包括从结构的物理力学模型抽象为有限元法计算的数学模型、在计算机上的实施以及计算前后大量信息数据的处理等这样一个复杂的过程。有限元法应用于非标准设备的目的可以分为以下两类。

　　（1）进行结构分析　面对非标准设备中经常遇到的零部件损坏问题，如断裂、磨损或高温破坏等，可以用有限元法来分析和研究结构损坏的原因，找出危险区域和部位，提出相应的改进设计方案。

　　（2）进行结构设计　在非标准设备设计初期，通过有限元法对多种概念设计方案进行有限元法计算和分析比较，选取强度、刚度较好或温度分布较合理的最佳设计方案。计算机辅助设计（CAD）与有限元分析（FEA）的紧密集成，使得网格自动划分、节点坐标生成、后期的图形绘制（如应力图、变形图、等温线）等步骤得以自动化处理，极大地提升了设计效率和准确性。

　　结构最优化设计方法可以在结构有限元法分析的基础上，引入最优化的数学方法来解决复杂零件的结构最优化设计问题。结构最优化设计的数学方法有很多，这里介绍其中最主要的方法之一，即采用数学规划的方法来求解结构的最优化设计问题。

　　结构的最优化设计，可以描述为求解向量 $\boldsymbol{x} = (x_1, x_2, \cdots, x_n)$，使目标函数 $f(\boldsymbol{x})$ 最小化值（或最大化），满足以下约束条件：

$$\begin{cases} g_i(x) \leqslant 0, i=1,2,\cdots,m \\ h_j(x) = 0, j=1,2,\cdots,p \\ x^{\mathrm{L}} \leqslant x \leqslant x^{\mathrm{U}} \end{cases} \tag{5-1}$$

式中，$g_i(x)$ 是不等式约束，用来确保设计满足特定的性能和安全要求；$h_j(x)$ 是等式约束，共有 p 个，用于保持某些设计的恒定量或关系；x^{L} 和 x^{U} 分别是设计变量的下限和上限，定义了设计变量的可行域。

　　（1）目标函数　目标函数是衡量结构设计方案优劣的核心指标，也称为评价函数。它是设计变量的函数，在结构最优化设计中，常以结构件的造价、质量或寿命等作为目标函数。这时，相应地表示为要设计一个造价最低、质量最小或寿命最长的结构方案。最优设计方案是在使目标函数取极小值（或极大值）时得到的。

　　（2）设计变量　设计变量是指在设计过程中，用来描述结构特性的、数值可以变化的参数，在结构最优化设计中，最终要确定设计变量的最优值。通常，以设计变量为坐标轴构成的空间称为设计空间，选择设计变量时，应在能较准确地描述结构特性的前提下，选取适量的设计变量数目。选用数目过多的设计变量，会导致整个最优化设计过程的计算时间迅速增加。

（3）约束条件　为了使结构设计的最优方案能满足各种设计要求，并且能使最优化设计计算过程顺利地进行，在最优化设计过程中，必须给出种种限制，这些限制称为约束条件。常用的约束条件有应力约束、变形约束、安全系数约束、质量约束、温度约束和设计变量约束。

约束条件构建了设计探索的多维边界，形成一个称为容许域或可行域的解决方案空间。这一空间内的每个点均代表了一个可行的设计方案。显然，最优化设计就是要在容许域中求出一个最优点，即最优设计方案。

约束条件可以是等式或不等式约束，也可以是显式或隐式约束，在用有限元法求解结构的应力与变形时，约束条件绝大部分是隐式的。

数学规划中，当目标函数或约束条件呈现非线性特征时，称为非线性规划，这正是大多数结构优化问题的本质所在。绝大多数的结构最优化设计问题都可归结为求解一个非线性规划问题。

灵敏度分析是研究与分析一个系统（或模型）的状态或输出变化对系统参数或周围条件变化的敏感程度的方法。结构优化中的灵敏度分析指目标函数对设计变量的灵敏度，即设计变量的变化对目标函数变化的影响。灵敏度分析对于结构优化有着重要意义，通过灵敏度分析，可以确定目标函数对于设计变量的敏感性，找到目标函数变化对设计变量变化最敏感的方向，从而加速最优解的寻找，得到结构优化的最优解。

非标准设备轻量化是节能减排的重要且有效途径之一，能够满足安全性、经济性和智能化水平不断提升的要求，是集材料、结构、工艺、性能与成本等综合考虑的关键集成技术。在非标准设备结构优化中，可以考虑零部件结构刚度、强度、模态和疲劳耐久等性能，同时也可以考虑质量、体积或者成本等，通过建立相应的结构优化设计模型，进而联合数值仿真和数值最优化方法进行求解，从而达到质量尽可能小、材料充分高效利用、结构尺寸和形状最优等目标。结构最优化设计是非标准设备轻量化的基础，是轻量化技术中最为直接且成本最低的手段之一。

5.2.2　应用过程实施

1. 有限元计算模型的建立

建立准确而可靠的计算模型，是应用有限元法进行结构分析与设计的最重要的步骤之一。面对工程问题的高度复杂性，合理简化计算模型成为必要之举，旨在使分析成为可能并提高计算效率。计算模型只能近似地反映工程实际问题。相较于有限元方法本身的计算误差，模型简化带来的偏差通常更为显著。因此，有限元分析的准确度在很大程度上依赖于计算模型的准确性。

建立结构有限元法计算模型时，应追求模型的准确性与经济性的平衡：

1）确保模型具有一定的准确性，简化计算模型要能够基本上准确地反映实际状况。结构计算模型的准确性和可靠性，由试验测量结果来判别；也可用理论方法判别，如用三维模型计算结果来判别二维简化模型的准确性。

2）注重良好的经济性，复杂模型虽能提供较高的准确性，但伴随而来的是计算资源的大量消耗和工作量的增加，尤其是在多方案评估情境下，模型构建需权衡准确性和经济性。

2. 计算结构的选择

进行有限元分析时，首先要确定计算对象是零件还是部件，这是根据问题要求及计算资源而定的。具体策略如下：

1）整体零件作为计算对象，结构设计中需全面了解零件的应力、变形和温度分布等的全貌，必须将整个零件作为计算对象。尽管零件与其他关联零件相互作用，这种相互作用在计算中用边界上已知的力或位移来代替。

对于具备对称性的非标准设备零件，利用其对称特性，仅需分析对称面一侧即可，如图 5-1 所示的横隔板结构是对称的，并且作用在横隔板上的载荷也是对称（或反对称）的，计算时可取结构的一半作为计算对象，通过对称轴上约束 x 向位移和底部 y 向位移模拟支承条件，有效缩减计算规模而不失准确性。

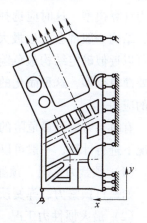

2）组合结构的分析，单独分析零件时，准确确定边界条件可能极具挑战，特别是当边界条件比较复杂时，简单的假设可能导致较大的计算误差。此时，直接分析整个组合结构成为优选方案。计算

图 5-1　机体的横隔板

组合结构常采用弹性接触问题有限元法，这种组合结构计算伴随着更大量的前期准备、更长的计算时间和更大的存储量。

3. 结构模型的简化

非标准设备的许多重要零件（如机体等）往往有着复杂的结构形状，用有限元法来计算完全真实的结构是困难的，简化策略是提升分析效率的重要手段。鉴于非标准设备大多为三维结构，直接采用三维有限元分析虽能获得较好的结

果，但伴随着长计算时间、高费用及大量人工处理工作，因此，在可能的情况下，要对计算模型做必要的简化，可将三维问题简化为二维问题，即平面问题或轴对称问题来计算。对于具有轴对称几何形状及近轴对称载荷分布的零件，如缸套、气阀及压气机叶轮等，进行简化处理后，可以直接应用轴对称有限元法计算。

4. 边界支承与约束条件的处理

如前所述，无论计算一个零件还是计算一个组合结构，都要考虑其他结构对计算结构的作用，即计算结构的边界条件。边界上的位移（或力）一般都是未知的。为了简化计算，常常对这些支承条件做一些假设。边界上支承条件简化是否恰当，对计算结果影响很大，在实际计算中，通常将其与边界上的已知位移约束条件一并考虑。

5.2.3 计算工况的选择与载荷的处理

1. 计算工况的选择

非标准机械设备在实际操作中面临多样化的运行条件，涉及不同的转速、载荷等变量。为了准确评估其结构性能，采用有限元分析时，往往将其简化为静力计算模型。这时应选择最危险的一个或几个工况来计算。在这些危险工况下，结构一般都会产生最大的应力与变形。因此，用结构的这种静力分析模型就可以近似确定结构最危险的应力与变形分布。由于结构的静力分析比动力分析要简单得多，这种简化的结构静力有限元分析方法在非标准设备中得到了广泛的应用。

有时，考虑到最危险的情况，选择非标准设备在短时间内的超速和超载荷工况下进行计算，一般可以选择如下工况。

（1）预紧力工况　预紧力工况专注于设备结构件只承受各种预紧力的作用，如螺钉预紧力、弹簧预紧力、衬套的过盈作用力等。

（2）最大惯性力工况　最大惯性力工况特别关注高速运动部件在起动、制动或变速过程中的最大惯性力作用。

（3）最大压力工况　非标准设备的一些零部件除了承受上述各种载荷外，还承受最大压力的作用。

2. 载荷的处理

作用于非标准设备结构上的载荷一般都比较复杂，特别是这些载荷的分布规律往往也非常复杂，一般难用理论或测量的方法确定，这时往往采用一些假定的分布规律来模拟边界力的分布。正确地模拟这些载荷的分布规律，对计算有较大的影响，这是结构有限元法计算中的一个重要环节。

（1）集中载荷　在工程实际中很难找到完全受集中载荷作用的结构例子，只是有时为了方便，将一些接近集中载荷的分布力简化为集中载荷。一般最常用的是将螺钉或螺帽的预紧力做集中载荷处理。

（2）表面力　在非标准设备中，大量作用于结构的载荷是以表面力形式出现的。这些表面力的分布规律虽然各不相同，但总的来说可以分为两类：均匀分布和非均匀分布。

1）均布载荷处理。作用在压力容器内壁上气体的压力和预紧力等都可认为是一种均布的载荷，这种均布载荷的处理是比较简单的，只要把作用在边界单元上的均布载荷的合力平分到边界各相应的节点上，然后对分到每一节点的力进行叠加就可以求出节点载荷。

2）非均布载荷处理。非均布载荷的处理较为复杂，如采用接触问题的有限元法求解。为简化计算，实际应用中常采用近似方法，如一般假设作用在轴承（或轴）上的载荷沿圆周按余弦规律分布。

（3）体积力的处理　在非标准设备中，有一部分零件常处在高速的运动之中，如曲轴、飞轮等。计算时，必须处理自身的惯性力，或者称体积力。对于大多数做旋转运动的零件，其体积力计算为

$$F_e = m_e R \omega^2 \tag{5-2}$$

式中，F_e 是单元 e 的体积力（N）；m_e 是单元 e 的质量（kg）；R 是半径（m）；ω 是角速度（rad/s）。

将单元 e 的体积力平均分配到各个节点上，再对分配到每个节点上的单元体积力的分力求和，即得到每个节点处的体积力。

5.2.4　基于 Optistruct 的重型梁结构优化设计案例

现有的结构优化软件，如 Altair Optistruct、Dassault Tosca、Vrand Genesis、Altair HyperStudy、Dassault Isight 等，覆盖金属和复合材料、静态和动态、线性和非线性优化应用领域，包括拓扑优化、形貌优化和尺寸优化等功能。

拓扑优化旨在探索设计空间内的材料布局最优化。拓扑优化的最大特点就是，在不确定应该怎样布置设计结构时，根据该结构需要具备的基本性能和承受的边界条件，就可以得到该结构最优的材料分布。由于拓扑优化具有较大的设计自由度，往往能提供创新设计构型，因此常应用于概念设计阶段。OptiStruct 在执行拓扑优化时，充分考虑了零件的可加工性，尤其针对铸造件与机械加工件的设计，在拔模方向或刀具进出的方向上，不能有材料的阻挡。拔模约束分为单模

和双模两种，通过指定拔模方向即可施加拔模约束。拔模约束效果如图 5-2 所示。

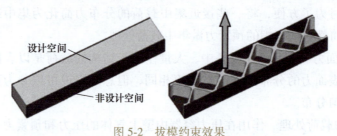

图 5-2　拔模约束效果

注：拔模约束可以去除拔模方向上的材料。

形貌优化专注于细节层面的改进，旨在优化结构内部加强筋的布局与形状，或调整设计域的局部几何形态，而保持整体拓扑结构不变。此方法增强特定区域的强度或刚度，直至获得性能最优的理想结构几何形状。

尺寸优化在保持结构拓扑和基本形状固定的情况下，通过调整截面尺寸、材料厚度等设计变量，达到性能最优。由于该类型设计变量易于表达，基本不需要重新划分网格，借助灵敏度分析和数值优化方法即可完成。在尺寸优化建模中，质量和体积是最常见的目标函数，即实现结构的轻量化目标，其约束条件可以是单元应力约束、整体应变能约束、节点位移约束、整体加速度约束及模态约束等。

梁结构是一种重要的承重构件，在航空、重工、汽车等领域经常要用到，通常这类梁采用长方形、工字型等传统截面，梁的整体质量很大，既浪费材料又不便移动。从企业降低生产成本和提高自主研发能力的角度出发，需要对这类梁结构进行优化设计，使其在满足指定的刚度、强度要求外，梁的质量越小越好。

传统的结构优化设计凭借设计者的经验或采用类比的方法制定出产品的初始方案，然后进行相应的静态、动态分析，如果不满足设计参数，则重新修改设计方案。这种方法的最终结果可能导致整体强度分布不均，材料强度不能达到充分利用，效率低，工作量大。

下面利用 Optistruct 中的拓扑优化工具，对重型梁进行拓扑优化，得到刚度、强度、质量三者协调的最优效果。

1. 模型建立与优化策略选择

（1）工况分析　根据某研究所的应用要求，梁的长度为 6000mm，中间支承面长度在 1200mm 以内，梁的截面形状不确定（可以是变截面），上表面需平整

（用于安放鞍形托架）。梁的功能是两端可以安放鞍形托架，用于托住水平卧放
的圆柱体（圆柱体直径约 4200mm）。中间支承面安放在平台上，梁的受力工况
是两端受到的总载荷为 147kN，单边受 73.5kN。设计要求是梁自重越小越好
（1.5t 以内），悬臂段变形越小越好（3mm 以内）。材料尚不确定，可以用铸铝
或型材焊接。

（2）建立模型及优化策略　拓扑优化是以给定截面作为优化空间，所以尽
量选择设计空间比较大的长方形截面。根据设计要求列出了几种可能截面的相
关参数（见表 5-1），其中理论的最大变形量估计见式（5-1）和式（5-2），但因
为忽略中间凸台而以理想截面计算，所以结果比实际值偏大一些，仅用于选择
方案时参考。

表 5-1　各种不同截面的相关参数

方案序号	截面尺寸 （$b \times h$）/mm	总质量/kg	去除材料百分比 （%）	理论估计最大 变形量/mm
1	300×300	1713.6	12.46	10.250
2	400×400	2956.8	49.30	3.243
3	300×400	2217.6	32.36	4.320
4	300×500	2721.6	44.88	2.214

为了达到最佳优化效果，应选择优化空间最大的方案，即初始模型的变
形越小越好，去除材料百分比越大越好，所以根据方案 4 建立初始模型（见
图 5-3）。

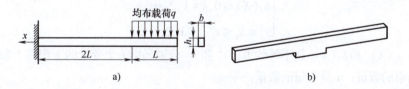

图 5-3　梁初始模型

a）梁的受力图　b）初始模型

最大挠度的计算为

$$w = \frac{27qL^4}{4EI} \tag{5-3}$$

式中，w 是挠度（m）；q 是均布载荷（N/m）；L 是均布载荷对应梁的长度（m）；
E 是弹性模量（Pa）；I 是截面惯性矩（m⁴）。

截面惯性矩的计算为

$$I = \frac{bh^3}{12} \tag{5-4}$$

式中，b 为截面宽度；h 为截面高度。

在拓扑优化时，某些重要的部位需要保持不变，以满足加载、安装需要，不参与优化设计。因此，需要给模型添加设计区域和非设计区域，并赋予相应的材料属性。根据工况要求，按图 5-4 所示划分出梁的设计区域和非设计区域，材料选择密度相对较小、强度较大的铸造铝合金，弹性模量 $E = 71.7\text{GPa}$，泊松比 $\nu = 0.33$，密度 $\rho = 2.81 \times 10^3 \text{kg/m}^3$。

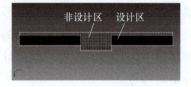

图 5-4　网格效果图

拓扑优化的三要素为设计变量、约束条件、目标函数，优化问题的数学模型的表述如下。

设 $X = (x_1, x_2, \cdots, x_n)$ 为设计变量向量，其中 x_i 表示一个设计参数，$i = 1, 2, \cdots, n$。设计变量的取值范围受到限制，需满足 $x_i^\text{L} \leqslant x_i \leqslant x_i^\text{U}$，$i = 1, 2, \cdots, n$。

存在 n 个不等式约束 $g_j(X) \leqslant 0$，$j = 1, 2, \cdots, n$，以及 n 个额外的不等式约束 $h_k(X) \leqslant 0$，$k = 1, 2, \cdots, n$。这些约束条件限定了设计变量的可行域。

目标是通过最小化（或最大化）目标函数 $f(X)$ 来优化设计。

综上所述，优化问题可被表述为，求解向量 $X = (x_1, x_2, \cdots, x_n)$，使目标函数 $f(X)$ 最小化（或最大化），满足的约束条件为

$$\begin{cases} g_j(X) \leqslant 0, j = 1, 2, \cdots, n \\ h_k(X) \leqslant 0, k = 1, 2, \cdots, n \\ x_i^\text{L} \leqslant x_i \leqslant x_i^\text{U}, i = 1, 2, \cdots, n \end{cases} \tag{5-5}$$

式中，$g_j(X)$ 和 $h_k(X)$ 是不等约束；x_i^L 和 x_i^U 分别是第 i 个变量的下限和上限；j 和 k 是约束的数量；n 是变量的数量。

2. 优化算法与结果分析

（1）变密度插值法　目前拓扑优化方法主要有均匀化法、变厚度法和变密度法，前两者分别以引入的微结构（单胞）和单元厚度作为设计变量，都存在优化对象的局限性。变密度法以材料物理特性为依据，人为假定一种密度可变的材料，相对密度（伪密度）与物理参数（弹性模量等）之间的关系也是人为设定的，将每个单元的伪密度作为设计变量，是最常用的一种拓扑优化方法。

变密度插值法（Solid Isotropic Material with Penalization，SIMP）是在变密度法基础上进一步优化的一种新方法，它引入一种相对密度在 0～1 之间的材

料,"1"和"0"分别表示"有"和"无",从 0 到 1 的单元对结构性能的重要性逐渐递增。通过引入惩罚因子对中间密度进行约束,由惩罚函数 E_i 对中间密度进行惩罚,使其对结构性能的影响可以忽略不计或很小,只留下相对密度接近 0 和 1 的单元,同时可以有效地避免棋盘格现象。

惩罚函数的计算为

$$E_i = \frac{1+\sin\left(\pi x_i - \frac{\pi}{2}\right)}{2} E_0 \tag{5-6}$$

式中, E_i 是第 i 个单元的弹性模量; E_0 是相对密度为 1 时的弹性模量; x_i 是物理量或参数。

Optistruct 软件运用变密度插值法对梁模型进行优化,同时加入下限约束方法和最小尺寸约束方法来控制截面形状。

(2)优化结果分析　为了直观地比较梁在优化前后的各项性能差别,分别列出优化前后的各项云图以作比较。选择鞍形托架与上表面的接触长度为 1000mm,在其上施加均布载荷,固定底部凸台。

整个过程经历 31 个迭代步,位移云图如图 5-5 所示,最大变形发生在梁的两端,优化前的最大变形量为 3.034mm,而优化后的原始模型最大变形量为 1.626mm。

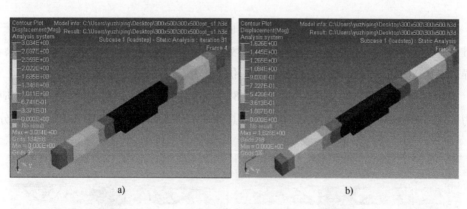

图 5-5　位移云图
a)优化后　b)优化前

优化后的网格分布云图的基本形状如图 5-6 所示,它是在材料去除 45.2%后得到的,优化后的实际质量为 1491.4kg,相应的迭代过程如图 5-7 所示,从中看出,优化后的体积和位移基本满足预期要求。

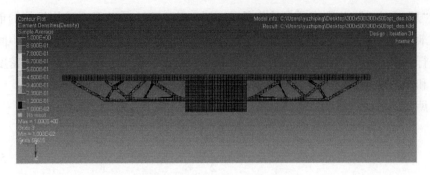

图 5-6　优化后的网格分布图

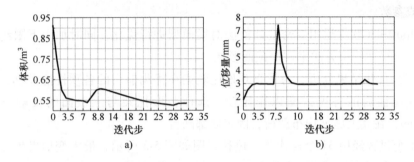

a)　　　　　　　　　　　　　b)

图 5-7　迭代历程曲线

a）体积迭代曲线　b）位移迭代曲线

（3）重建模及验证　以优化后的截面形状为依据，根据尺寸比例，利用三维软件重新建模，在尖角、沟槽等局部区域添加圆角以避免局部应力集中现象。导入 ANSYS Workbench 中进行数值模拟仿真，验证优化的可行性。

对优化模型进行改进之后（见图 5-8），最大变形为 2.2561mm，最大等效应力为 37.986MPa，属于局部应力集中，其余部位基本无应力集中现象，应力分

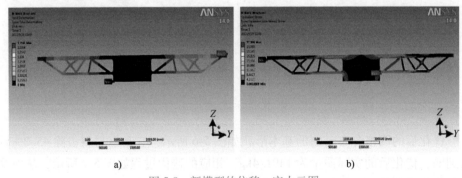

a)　　　　　　　　　　　　　　　b)

图 5-8　新模型的位移、应力云图

a）位移云图　b）应力云图

布基本均匀。去除重建模过程中出现局部尺寸偏差造成的影响后，基本满足预定的工况要求。

对该重型梁结构的拓扑优化及有限元分析验证，说明了该拓扑优化方法的可行性，为其他梁拓扑优化设计提供了依据，只需改变相应的优化工况，便可广泛应用于其他梁的结构优化。

5.3　绘制符合标准的二维工程图

工程图作为指导生产和设计交流的重要技术文件，必须有统一的规范。GB/T 14665—2012《机械工程 CAD 制图规则》是专业制图标准，是绘制与使用工程图的准绳。零件图上的尺寸是加工、检验零件的重要依据，因此，零件图上的尺寸标注除了要正确、完整（包括定性尺寸和定位尺寸），还应考虑合理性，即所标尺寸既要符合设计要求，还要符合加工、测量和装配的要求。合理标注零件图尺寸，需要生产实践经验和有关机械设计、加工等方面的知识。

定形尺寸是确定形体大小的尺寸，如长方形的长和宽。定位尺寸是确定形体各个方向的位置的尺寸，如长方体上挖一个圆柱孔时，该孔中心轴与长方体边界的距离就是定位尺寸。

1）主视图是零件图中最重要的、必不可少的一个视图。三视图之间的相对位置是固定的，即主视图定位后，俯视图在主视图的下方，左视图在主视图的右方，各视图的名称不需标注。

2）在确定零件的放置位置时，应根据零件的工作位置和加工位置综合考虑，对于某些工作位置不固定而加工位置又多变的零件，应按习惯将其自然放正。

3）任何图纸上用于制造零件或判别产品大小所必需的尺寸数字必须按照国家标准所规定的方法标注，与图样的比例尺无关。

4）标注圆周尺寸时，必须用直径而不是半径。

5）制造零件的外部轮廓时，根据加工规范所规定的基准标注尺寸；制造零件的其他部分时，主要是根据中心线或轴线标注尺寸（见图 5-9）。

6）尺寸数字不允许被任何图线所通过，当不可避免时，必须把图线断开。

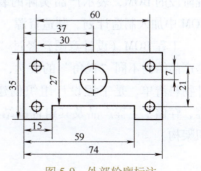

图 5-9　外部轮廓标注

7）装配图上的序号按顺时针或逆时针方向顺次排列，如图 5-10 所示。

8）装配图上除了要画出标题栏，还要画出明细栏。明细栏绘制在标题栏上方，按零件序号由下向上填写。当位置不够时，可在标题栏左边继续编写。

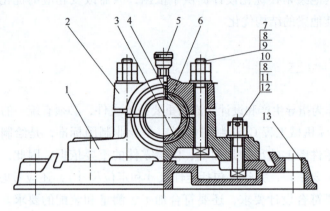

图 5-10　装配图中序号的排列

5.4　建立物料清单（BOM）

物料指用于加工生成产品的项目，如零件、装配件、设备、软件、原材料等。物料清单（Bill of Material，BOM）是一种用表格和数据格式来描述产品结构的文件。它不仅给出组成该产品的零部件明细表，而且还给出它们之间的结构关系。它是编制物料需求计划的主要依据，是企业内部协调物料需求、设计、工艺及生产活动的信息纽带。将产品结构图转换成表，就构成了产品的物料清单。

设计 BOM 是工程设计阶段的 BOM（产品的工程定义）。工艺 BOM 是制造工程阶段的 BOM，表示产品实际的装配路线及工艺方案。而制造 BOM 是在工艺BOM 中加入制造计划、制造资源、物料供应及工时要求等。

工程 BOM（设计意图）经过"重构"成为制造 BOM（工艺结构），它们只是产品结构不同"视角"的表达，两者是完全等价的。工程物料清单又称为设计物料清单，是工程设计组织创建的产品结构树，反映产品设计的意图和内容，存储了工程产品及其组件的结构关系及其属性信息，是产品工程数据的组织架构。

5.4.1　BOM 的格式及构建

BOM 的展现形式多样，依据层次与用途可划分为以下几种格式。

1. 单层 BOM

单层 BOM 是一种最基本的形式，它由父件（组装件）和子件（组成父件的若干子零件）组成，仅反映一个组装件与下层的制造或装配关系，因此称为单层 BOM。在单层 BOM 中，要给出组成父件的子件的编码、描述、计量单位及用量等相关数据。

以电子挂钟为例，其产品单层 BOM 见表 5-2，其产品结构图如图 5-11 所示。其中，电池为可选件，而盘面还可继续向下分解。

表 5-2　电子挂钟产品单层 BOM

物料编号	名称	单位	数量
M575461	机芯	件	1
M156725	盘面	件	1
M354263	钟框	件	1
B178243	电池	件	1

2. 多层 BOM

多层 BOM 是通过将多个单层 BOM 按照装配关系相互连接而成。多层 BOM 不一定是指产品，也可以是指某部件，即反映组装这个部件的所有零、部件的制造与装配过程。因此，它包含单层 BOM 所反映的全部信息，并反映多个层次之间的 BOM 关系。

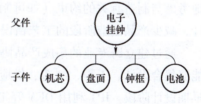

图 5-11　电子挂钟产品结构图

对于复杂产品的管理，建议将产品零件清单与电气元件清单分为两个表，并提供装配模型和爆炸图。产品零件清单样例见表 5-3。

表 5-3　产品零件清单样例

序号	零件号	零件名称	供应商	零件描述（型号等）	图纸版本/日期	零件个数	标准/定制	备注（简单描述）

3. BOM 的构建

构建 BOM 时，每一个零部件必须有唯一的编码。不论它出现在哪个产品或哪个部件中，都必须使用该编码。对于相似的零部件，不论它们的差别多么微小，都必须使用不同的编码。

按产品的制造或装配过程分成不同层次，编制出产品结构图。同时，根据不同部门对零部件所需的附加信息，可为每个零部件增加一些属性，即可将产品结构图转换成 BOM 表。

5.4.2 工艺规划的并行开发

制造过程规划一般包括自制/外购决策、制造工程、装配工艺、工装设计、生产线设计及规划、制造计划、数控编程、制造资源管理以及采购计划等。

现代制造过程设计打破了传统的流程，不再通过 EBOM（Engineering BOM）"重构"方法产生 MBOM（Manufacturing BOM），而是采用一些全新的并行设计方法，如面向制造的设计（Design for Manufacturing，DFM）、面向装配的设计（Design for Assembly，DFA）、数字预装配、虚拟模拟技术、数字化工装设计等，在产品设计阶段同时进行工艺设计和生产线设计，达到设计/制造的综合考虑。

DFM 和 DFA 是并行工程中最重要的技术之一，它是指在产品设计阶段尽早地考虑与制造有关的约束（如可制造性和装配性），全面评价产品设计和工艺设计，减少产品制造阶段的工艺错误和返工，降低成本，提高产品研制的质量。

通过建立跨专业的集成产品协同团队（Integrated Product Team，IPT），企业能够集合设计、工程、制造、供应链等多个领域的专家智慧，共同参与产品的早期设计阶段。IPT 利用 DFA 等工具，系统分析并优化产品的可装配性，实现装配流程的精简与成本控制，同时增强团队间的沟通与协作，促进知识共享。装配工艺设计的核心内容被精心规划，以确保高效、高质量的生产准备：

1）装配单元划分。基于产品结构和生产率，合理划分装配模块，便于管理和优化。

2）确定装配基准和装配定位方法。确立科学的装配参照点和精确定位方法，保障装配精度。

3）工艺方法选择。综合考虑生产条件，选用最适合的装配技术，确保准确度、互换性和装配协调。

4）装配流程规划。设计流畅的装配路径和顺序，减少无效搬运，提升作业连续性。

5）资源与技术状态管理。确定各装配元素的供应技术状态，平衡生产节拍，确保各装配环节的无缝对接。

IPT 团队采用面向制造和装配的设计方法，规划产品的装配流程、制造工艺、工厂的组织和资源，设计出具有良好可制造性和可装配性的产品。

第**6**章
微小颗粒粉料送料机的设计

太阳能以其清洁、可再生的特性，被视为未来能源发展的关键方向。在推动太阳能技术进步的过程中，提高晶体硅太阳能电池效率与降低成本是核心目标之一，而银电极材料的国产化及性能优化是实现这一目标的关键环节。目前，依赖进口的太阳能电池银浆不仅成本高昂，还限制了产业自主性。因此，研发能够获得微米乃至亚微米级别、高分散球形银粉的制备技术，对于提升电池效率、降低成本具有重大意义。

银粉是制作晶体硅太阳能电池正银电极的关键材料，一套自动化、高精度的银粉称量送料装置是高效利用此类高性能银粉的关键装置。该装置旨在确保银粉的精确计量与均匀输送，为后续的机械压制正极片工艺奠定基础。设计中需克服的挑战包括但不限于银粉粒径的一致性控制、精确计量每次送料量、选择适合的送料机构材质以确保刚性与耐磨性，以及调控适宜的送料速率，以维护整个过程的精确性和稳定性。

本章介绍一种银粉自动化精确称量送料系统设计，该设计通过分析与计算，优化称量与送料机构的关键组件，实现对正极银粉添加量的精准控制。系统设计综合考虑了粉体特性的要求，采用先进的计量技术和材料，旨在为提高银粉处理的精度与效率、降低制造成本提供技术支持。

太阳能电池板银质正极片的结构如图6-1所示。

银制正极片产品的工作原理如下。

（1）功能　银质正极片的使命在于高效捕获并传导光伏电池在光照作

图6-1　太阳能电池板银质正极片的结构

用下激发的电子流动，即光电转换过程中产生的电流和电压，将这些清洁能源转化为可供外部设备使用的电力资源。这一过程实现了光能向电能的直接转换，是光伏发电系统实现能量输出的基础。

（2）产品特性　银质正极片是构筑高性能太阳能电池的优选组件。银的高导电性和反射率不仅促进了电子的有效传输，减少了能量损失，还优化了电池对光的吸收效率。因此，银质正极片太阳能电池以其紧凑的体积、轻盈的重量及卓越的能量密度，位列当今电化学储能系统中最高效、便携的选项之一，展现出在便携式电源、移动通信乃至航天科技领域的广阔应用前景。

6.1　微小颗粒粉料送料机结构设计

6.1.1　银质微粉颗粒特性

银为白色金属，具有面心立方晶格，在常温下不会氧化。银的特点是有极高的可锻性和延展性，导热、导电性能好，反射能力强，目前是工业领域无法替代的感光材料。银的有关特性见表 6-1。

表 6-1　银的有关特性

项目	莫氏硬度	密度	反射率	电阻率
数值	2.5	10.53g/cm^3	91%	$1.586 \times 10^{-8} \Omega \cdot \text{m}$

常用商用银粉的性能指标见表 6-2。

表 6-2　常用商用银粉的性能指标

分类	型号	比表面积/ (m^2/g)	平均粒径/ μm	松装密度/ (g/cm^3)	振实密度/ (g/cm^3)
纳米银粉	YRYF-01	5.00~8.00	0.05~0.20	0.12~0.16	0.70~1.10
超细银粉	YRYF-02	2.50~3.00	<0.25	0.80~1.20	1.50~2.00
	YRYF-03	1.50~2.50	0.25~0.35	1.80~2.00	2.20~2.50
	YRYF-04	1.20~1.50	0.40~0.60	2.20~2.60	2.80~3.20
	YRYF-05	1.00~1.20	0.80~1.20	2.50~2.80	3.10~3.50
高振实密度银粉	YRYF-06	0.20~0.40	1.00~1.25	3.00~3.60	4.50~5.50
光亮银粉	YRYF-07	2.00~2.60	0.25~0.40	1.00~1.50	1.60~2.00
	YRYF-08	2.50~3.00	0.80~1.20	1.30~1.80	2.00~2.30
片状银粉	YRYF-09	1.80~2.50	1.20~1.70	0.80~1.20	1.50~2.00

根据银质微粉颗粒的各项参数，总结归纳得到已知参数列表（见表6-3）。

表 6-3　已知参数列表

项目	粉末密度	粒径	极片厚度	送料速度	称量精度	称量进料驱动电动机	驱动器
数值	4g/cm^3	1~2μm	0.4mm	2~3g/s	±100mg	103H7124-0740	YKA2404MD

6.1.2　微小颗粒粉料送料机构

螺旋送料机适用于需要密闭运输的物料，它是一种不带挠性牵引构件的连续输送机械，利用旋转的螺旋送料杆将被输送的物料在固定的机壳内推移而进行输送。物料由于重力和对于槽的摩擦力作用，在运动中不随螺旋送料杆一起旋转，而是以滑动形式沿着物料槽移动，其情况如同不能旋转的螺母沿着旋转的螺杆做平移运动一样。

整体产品的技术要求如下。

（1）螺旋送料部分

1）最高送料速度：3g/s。

2）与正极粉料接触的料盒、通道、机构采用耐磨损非金属材料。

3）螺旋送料杆应采用非金属、刚性强的材料，建议使用聚甲醛。

4）螺旋送料杆应该与轴、套筒配作精密加工。

（2）料筒部分

1）每次供料总量不大于3kg，料盒应方便清理和上下料。

2）下料部件应平稳连续下料。

（3）称量部分

1）称量范围：0~100g。

2）精度误差：±0.1g。

3）称量速度：当称量范围在0~20g时，称量速度不小于5次/min；当称量范围在20~50g时，称量速度不小于4次/min。

（4）机构整体

1）传动平稳，即电动机不产生剧烈振动或噪声。

2）设备支撑、承重框架尽量采用标准铝合金型材搭设。

3）具有报警功能，即控制系统应有急停按钮和报警功能，对称量超差进行报警。

4）现场配置满足使用要求为220(1±10%)V的动力电源。

1. 机械结构分析

在整个产品的机械结构方面，微粉送料称量机构可以分为以下几个模块。

（1）送料机构 螺旋送料机构作为容积式供料装置的典范，其利用螺杆与套筒之间的精确间隙，确保粉末物料的均匀填充。在这一机制中，每当螺杆旋转完成一个螺距的行程，理论上即可精确计算出被向前推送的粉末量，从而建立起螺杆转数与单位时间内给料量（即生产能力）之间的直接关联。这一特性要求送粉料螺杆必须拥有高精度的尺寸公差和低表面粗糙度，以确保物料传输的精准性和一致性，因此，螺杆的加工工艺必须达到非常高的标准。

螺旋送料机构的另一大优势在于其连续、平稳的供料特性，避免了物料供给过程中的间歇性或波动现象，这对于确保计量系统的准确性和可靠性至关重要。稳定的物料流不仅能简化下游处理过程，还能大幅提升整个生产流程的效率和可控性。图 6-2 所示为送料机构三维模型，直观呈现了这一机构的结构设计，是实现粉末物料精准、高效输送的较理想解决方案。

（2）料筒组件 料筒组件设计中，为了解决正极粉料在料粉盒内壁黏附的问题，企业技术团队引入了一项创新措施——在料粉盒外壳装备振动电磁铁。这一装置能够按照预先设定的频率产生细微振动，有效打破了粉料与盒壁之间的黏附力，促使正极粉料顺畅流动，避免了堵塞或堆积现象的发生。图 6-3 所示为料筒组件三维模型，其中振动电磁铁的集成设计清晰可见，突显了其在确保物料流动性和提升生产率方面的重要作用。通过这种方式，不仅提高了粉料下落的连续性和均匀性，还减少了因物料黏连而导致的计量不准确问题，进而提升了整个送料系统的稳定性和可靠性，为正极粉料的高效、精确输送提供了保障。

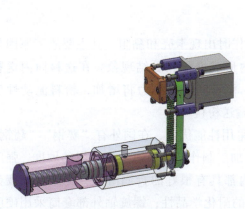

图 6-2　送料机构三维模型

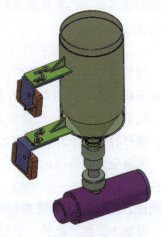

图 6-3　料筒组件三维模型

（3）称量机构 称量机构主体采用避振焊接架方式，该机构与正极粉料进料机构隔离放置，避免其运动对称量机构的称量精度造成影响。称量机构三维模型如图 6-4 所示。

上述的送料机构、料筒组件、称量机构安装在通过型材搭建的框架上，附加相应的硬件线路，并安装计算机、PLC 等电器设备，完成了设备的机械整体结构，如图 6-5 所示。

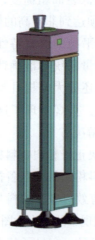 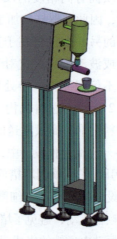

图 6-4 称量机构三维模型　　图 6-5 机械整体结构

正极粉料精确称量系统中一个关键环节是称量模块的选择，称量模块既要满足称量精度的要求，同时又要满足称量系统稳定性要求。为了同时满足称量系统的技术要求，本系统选择 METTLER TOLEDO 公司 WKE 系列称量模块，称量精度达到 1mg。

2. 送料机构常见失效情况

送料机构常见的失效情况包括工作时出现卡壳和黏阻，其主要故障原因是料盒下料不均，并且物料容易在仓内形成堆积和黏结现象。在送料筒内送料时，随着粒径减小，比表面积增大，粒子间的黏附力将增加，粉料流动性变差，螺杆容易被卡住，导致无法正常输送粉料。

为避免失效情况的产生，螺旋轴采用性能优良、在国外有"赛钢""超钢"之称的工程塑料——聚甲醛（POM）加工制作，它具有类似金属的硬度、强度和刚性，在很宽的温度和湿度范围内都具有很好的自润滑性、良好的耐疲劳性，并富于弹性，此外，它还有较好的耐化学品性；螺旋轴外部套筒采用硬度较高的陶瓷材料，并且内壁表面粗糙度和公差配合都要求精密，避免与正极粉料摩擦后产生金属垃圾，影响金属含量超标；在料粉盒壳安装振动电磁铁，按照一定的频率给料粉盒提供微振动，以帮助正极粉料顺利下落。

3. 设备设计的重难点

（1）机械部分

1）计算并校核送料机构的送料速度及螺旋机构尺寸，保证每次精确的送料量。

2）针对现有产品提出改进措施，以提高送料称量精度。

（2）控制部分

1）每次称量开始时，计量秤都受到物料的一次冲击，即阶跃响应，实际称量值与计量秤中物料的真实质量存在偏差。

2）振动下料器停止下料时，空中尚有一段物料没有落入计量秤，该部分物料处于计量之外，同样也会造成称量的误差。

6.2 送料称量机构的计算与校核

6.2.1 关键零部件计算

针对 6.1 节所提出的机械、控制方面的重难点，以下给出解决方案和理论计算支持。螺旋送料机构是一种容积式给料装置，粉末充满送粉料螺杆和套筒的间隙，这样螺杆每转动一个螺距，向前推送的粉末在理论上是可以计算的，这样，明确了螺杆的转数就能得到单位时间给料量（即生产能力），并可达到供料均匀、稳定的目的。相应地，对送粉料螺杆的尺寸公差和表面粗糙度要求也就较高，必须精确加工。因为矩形螺纹的当量摩擦系数较小，传动效率较高，所以选用的送粉料螺杆是单头矩形截面螺旋，如图 6-6 所示。

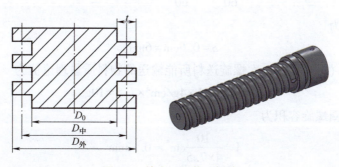

图 6-6 单头矩形截面螺旋

下面对螺杆转动过程中所进给的粉末量进行理论计算，物料被推移的平均速度为

$$v = \frac{Sn}{60} \tag{6-1}$$

式中，v 是物料平移速度（m/s）；S 是输送螺旋螺距（m）；n 是螺旋转速（r/min）。

给粉量通过每一圈螺旋容积 V 计算，即

$$V = \frac{\pi(D_{外}^2 - D_0^2)}{4} \frac{S}{2} = \frac{\pi S D_{中} t}{2} \tag{6-2}$$

式中，S 是螺旋螺距（cm）；$D_{中}$ 是螺旋中径（cm）；t 是螺旋深度（cm）。

螺旋送料机构每一次装料所能输送的物料质量（kg）为

$$G = V\rho n_0 \tag{6-3}$$

式中，V 是物料的体积（m³）；ρ 是物料的密度（kg/m³）；n_0 是每一次装料螺杆所转的圈数。

生产能力计算为

$$Q = \frac{60Gn'}{1000} \tag{6-4}$$

式中，Q 是生产能力（t/h）；G 是螺旋送料机构每一次装料所能输送的物料质量（kg）；n' 是螺旋送料机构装料的频率（次/min）。

在实际应用中，由于每次称量的银粉量极少（仅为10g），故步进电动机的转速设置为90r/min，称量速度定为12次/min，送料速度定为2g/s（即0.9cm/s），则每完成一次称量，步进电动机实际旋转的圈数 $n_0 = 7.5$，故依照上述公式可以进行如下推算。

根据式（6-1），物料被推移的平均速度为

$$v = \frac{Sn}{60} = \frac{S \times 90\text{r/min}}{60} = 0.9\text{cm/s} \tag{6-5}$$

故螺距为

$$S = 0.6\text{cm} = 6\text{mm} \tag{6-6}$$

根据式（6-3），每一次螺旋送料所能输送的物料质量理论值为

$$G = V\rho n_0 = V \times 4\text{g/cm}^3 \times 7.5 = 10\text{g} \tag{6-7}$$

故每一圈螺旋容积为

$$V = \frac{10}{4 \times 7.5}\text{cm}^3 \approx 0.33\text{cm}^3 \tag{6-8}$$

根据式（6-2），可验证每一圈螺旋的容积为

$$V=\frac{\pi SD_{\text{中}}t}{2}=\frac{\pi}{2}\times0.6\times D_{\text{中}}\times t=0.33\text{cm}^3 \tag{6-9}$$

经查询《机械设计手册》,矩形螺纹的大径与小径关系为 $D_{\text{外}}=5D_0/4$,即有 $t=D_{\text{中}}/9$。

因而可以计算出螺旋送料杆的中径为 $D_{\text{中}}=18\text{mm}$。

最终可以确定现有产品的螺旋直径为 20mm,螺距 6mm,螺纹高度 2mm,即如图 6-1 所示的送料机构模型。

6.2.2 机构改进措施

1. 不同结构形式比较

水平式螺旋送料完全依靠电动机带动作用完成送料,结构简单,易于维修,并可以实现多点进料、多点卸料;但是,缺点是功率消耗大,对于超载比较敏感,容易出现叶片磨损和阻塞现象。垂直式螺旋送料在电动机带动螺旋轴送料的前提下,由于重力作用,可以实现防反喷、输送能力大的目标,占地面积小,多用于短距离提升物料;但是,缺点是不适合远距离传输,效率较低。综上所述,水平式螺旋送料比较适合银粉的输送。

螺旋叶片面型在实际应用中可以分为实体面型、带式面型及叶片面型三种:实体面型螺旋送料机比较适合输送粉状和粒状物料,可以保证必要的进料压力;带式面型螺旋送料机比较适合输送粉状和小块物料;叶片面型螺旋送料机应用比较少,主要用于输送黏度较大和可压缩性物料,输送过程中同时可以完成搅拌、混合等工序。综上所述,实体面型螺旋送料机比较适合银粉的输送。

由于矩形螺纹的当量摩擦系数较小,传动效率较高,所以螺旋送料机选用矩形螺纹较为合适。但是在选定了矩形螺纹后,实际应用中还是有很多因素影响螺旋送料器的下料量。具体影响因素可以分为螺纹直径、螺距、电动机转速、物料填充系数和物料的密度,下面分别就单个因素进行理论计算和结果分析。

2. 理论计算和结果分析

(1)螺纹直径 目前结构的螺纹直径 $d=20\text{mm}$,但是由于每转一圈螺纹,进料量约为 1.35g,使得实际误差较大,故考虑减小直径。代入数据计算螺纹直径对进料量的影响,见表 6-4。

表 6-4 螺纹直径对进料量的影响

螺纹直径 d/mm	8	10	12	14	16	18	20
每圈进料量/g	0.21	0.33	0.48	0.66	0.86	1.09	1.35

（2）螺距 目前结构的螺距 $S=6mm$，其实已经取到了标准矩形螺纹螺距尺寸的上限，故对螺距也进行数据分析，见表6-5。适当的减小螺距和齿高，可以提高进料精度。

表6-5 螺距的影响

螺纹螺距 S/mm	3	4	5	6
每圈进料量/g	0.27	0.45	0.85	1.35

（3）转速和称量次数 目前结构的转速 $n=90r/min$，即在实际应用中送料节拍为5s，电动机带动螺旋轴转动7.5圈，称量10g，称量速度为12次/min。如果要提高送料称量精度，则需进一步改变转速，联系实际情况，在每圈送料量相同的情况下，计算数据见表6-6。在物料平移速度相等的情况下，提高电动机转速，有助于减小螺距，提高精度。

表6-6 转速的影响

称量速度/（次/min）	6	8	10	12	14	16
电动机转速/（r/min）	45	60	75	90	105	120

（4）物料填充系数 在实际工作情况下，粉料不可能100%充满整个螺旋送料空间。故需设置一定的物料填充修正系数以弥补误差。代入数据后计算结果见表6-7。

表6-7 物料填充系数的影响

物料填充系数 η	0.20	0.40	0.60	0.80	1.00
每圈进料量/g	0.27	0.54	0.81	1.08	1.35

（5）物料密度 由于银粉的密度实际上在 $4g/cm^3$ 左右，并没有非常确定，所以其精确度也会在一定程度上影响进料量的结果，分析不同密度下的进料量情况，见表6-8。实际应用中，物料要保持纯净不含杂质，不可受潮等。综上所述，在结构改进方面，推荐使用螺纹直径为18mm、螺距为3mm、牙型高度为2mm的矩形螺纹，物料填充系数定为0.4，此时，每圈进料量为0.48g，与现有产品相比，可以更好地满足精度要求。

表6-8 物料密度的影响

物料密度/（g/cm^3）	3.0	3.2	3.4	3.6	3.8	4.0	4.2	4.4
每圈进料量/g	1.01	1.08	1.15	1.22	1.28	1.35	1.42	1.49

6.3 送料称量系统的误差分析

在工业自动化生产中，称量速度和称量精度同等重要，这就要求在保证称量精度的前提下，要尽可能提高称量速度。在自动化快速称量过程中，称量系统与被测对量之间往往存在相互运动或冲击，这就造成称量值与真实值之间的称量误差，速度越快，产生的误差越大。本节对该过程中的误差因素进行分析，为后面建立的送料称量系统提供理论基础。

6.3.1 理想条件下的送料称量系统

对于本节所要研究的自动称量配料过程，称量的精度受到空气阻力、物料密度、计量传感器的刚度等多种因素的影响，为了便于问题的分析，首先对于理想条件下的称量过程进行研究，为此做以下基本假设：

1）料仓下料口与计量秤物料之间的距离变化缓慢。

2）忽略空气阻力，物料自由落下。

3）料仓卸料速度稳定。

4）计量秤的刚度及阻尼很大，受到冲击后，能够快速恢复平衡状态。

理想条件下的称量过程如图 6-7 所示，设料仓下料口与计量秤物料之间的距离为 h，物料落下之后迅速铺开，h 变化缓慢，在足够短的时间内可以认为 h 保持不变，料仓下料口出料速度为 Q，单位为 kg/s，选取刚落入计量秤中的物料块 dm 进行分析。

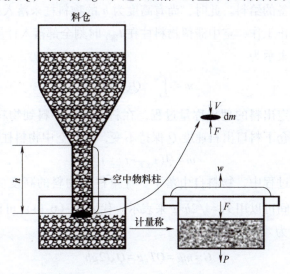

图 6-7 理想条件下的称量过程

物料块 dm 从高度为 h 的下料口自由落下，所需时间 $T_h = \sqrt{2h/g}$，落入计量秤中的速度为 $v_h = \sqrt{2gh}$。连续下料过程中，物料以一定的速度不断地冲击计量秤，计量秤在称量过程中受到物料冲击力的作用，对于选取的物料块 dm 进行分析，假设该物料块在 Δt 时间内由速度 v_h 变为静止，根据冲量定理可得

$$F\Delta t = (v_h - 0)\,dm = \sqrt{2gh}\,dm \tag{6-10}$$

式中，F 是计量秤对物料的平均作用力（N），F 与物料对料仓的平均作用力大小相等，方向相反，构成一对反作用力；Δt 是时间间隔（s）；dm 是物料的质量增量（kg）；g 是重力加速度（m/s^2）；h 是高度（m）。

料仓下料口出料速度 Q 表示单位时间内落下的物料质量，则其可以表示为 $Q = dm/dt$。根据假设3），Δt 时间内聚集的物料块质量 $dm = Q\Delta t$，代入式（6-10）可得

$$F = Qv_h = Q\sqrt{2gh} \tag{6-11}$$

可知，物料对计量秤的冲击力跟料仓下料口出料速度 Q 及出料口与计量秤物料之间的垂直距离有关。料仓下料速度稳定且物料下落的高度差变化缓慢，在称量过程中物料对计量秤的冲击力近似稳定。计量秤刚度足以在短时间内恢复到稳定状态，此时可认为计量秤处于平衡状态，其称量值 w 与计量秤中物料的实际重量 P 存在以下关系：

$$w = P + F \tag{6-12}$$

进一步，工作中当计量秤的称量值 w 达到预设值时，控制系统发出命令，停止给料设备的给料。此时，尚有高度为 h 的物料柱未落入计量秤。设 $t_{停止}$ 时刻给料设备停止工作，空中滞留物料柱在 $t_{落下}$ 时刻全部落入计量秤，则该部分物料的质量可以表示为

$$m = \int_{t_{停止}}^{t_{落下}} Q(t)\,dt \tag{6-13}$$

对于料仓稳定出料的理想称量过程，在料仓停止下料到物料全部落入计量秤的时间内，料仓下料口出料速度 Q 保持不变，因此空中物料柱的质量为

$$m = Q(t_{落下} - t_{停止}) \tag{6-14}$$

在理想称量过程中，物料自由落下，计量秤中物料的高度变化缓慢，空中物料柱的落入时间可以用 $T_h = \sqrt{2h/g}$ 来表示。代入式（6-14）可得，高度为 h 的物料柱的重力 G 为

$$G = mg = QT_h g = Q\sqrt{2gh} \tag{6-15}$$

通过式（6-11）和式（6-15）可以发现 $F = G$，即物料对计量秤的平均冲击

力等于空中物料的重力。综合以上分析可以得出以下结论：对于稳定卸料过程，物料从高度为 h 的卸料口落下时对计量秤的冲击力等于空中高度为 h 的物料柱所受到的重力。

6.3.2　实际条件下的送料称量系统误差分析

相比于理想条件下的送料称量过程，如图 6-8 所示的实际称量有以下特点：

1）送料器下料速度不稳定，计量秤处于微振动状态。

2）物料在落下的过程中受到空气阻力的作用，所需时间偏长，相比于理想称量过程，空中滞留物料偏多，其重力用 G' 来表示，即 $G'>G$。

3）物料落下时同样由于空气阻力消耗，物料冲击计量秤的速度偏小，对计量秤的冲击力小于理想称量过程，其值用 F' 表示，即 $F'<F$。

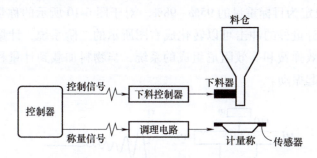

图 6-8　实际送料称量系统结构图

在理想状态下，称重传感器检测到的质量值能够真实反映落入计量秤中物料的质量，但在实际称重中，由于上述特点，两者会存在偏差。

物料在有空气阻力时和自由落体时的运动情况如图 6-9 所示，通过比较得出：可以通过降低下料速度来减小称重偏差，有助于通过控制方法对偏差进行修正。

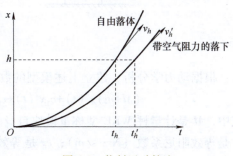

图 6-9　物料运动轨迹

6.3.3　控制模型建立

在送料称量过程中，由于下料速度的不稳定及计量秤的机械惯性等因素的影响，称量结果往往会偏离目标值，以往是根据经验给出一个提前量来对偏差进行补偿，但是这种固定的模式往往不能满足控制要求，为此本节提出一个新的控制方法：在下料进程中，按照时间流量曲线采用不同的下料速度，并根据每次的实际控制效果来辨识下一次的控制值，初始值根据经验进行设置，在以后的称量中根据控制效果和误差对控制值加以修正，具体实现步骤如下。

（1）设置第一转换点 W_1　第一转换点就是快速转为中速的转换点，由于实际称量值会偏离真实值，所以应该有一个提前控制量，可以通过式（6-16）进行计算。

$$W_1 = P_1 - \Delta E_1 \tag{6-16}$$

式中，P_1 可以设定为目标重量的 90%～95%（具体根据物料来确定）；ΔE_1 通过 $\Delta E = Q\left[g\left(T_h' - T_h\right) + v_h' - v_h\right]$ 确定，其中 Q 取第一阶段的卸料速度。

（2）设置第二转换点 W_2 和停止点 W_s　按照上述方法设置控制点 W_2 和 W_s，P_2 可以设定为目标重量的 95%～98%。对于图 6-10 所示的称量配料的等效模型，物料对计量秤的冲击可以转化成右图所示的二阶系统，计量秤可以等效为质量块、等效弹簧和等效阻尼组成的系统，当物料加载到计量秤上时，物料将随计量秤一起振动。

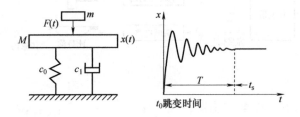

图 6-10　称量配料的等效模型

根据动力学分析，建立上述模型的数学方程为

$$(M+m)x''(t) + c_1 x'(t) + c_0 x(t)' = mgu(t) + F(t) \tag{6-17}$$

式中，M 是计量秤 WKE 型称重模块自身的质量（kg）；m 是物料的质量（kg）；c_1 是等效阻尼系数（N·s/m）；c_0 是等效弹簧刚度（N/m）；$u(t)$ 是单位阶跃函数，表示一个瞬时变化的信号；$F(t)$ 是物料的冲击力（N）；g 是重力加速度（m/s^2）；$x(t)$ 是位移（m）；t 是时间（s）。

采用如图 6-11 所示的控制流程对送料过程进行控制，该系统具有以下优点。

1）采用多级速度进行下料，螺旋送料器大部分时间都是以最大速度进行下料，大大提高了下料速度。

2）在称量的最后阶段，螺旋送料器采用较小的速度进行下料，物料对计量秤的冲击较小，减小了物料冲击和后续滞留物料所产生的误差。

3）系统在切换速度后，延后一定的时间再对数据进行采样，消除了计量秤的振动对称量结果的影响。

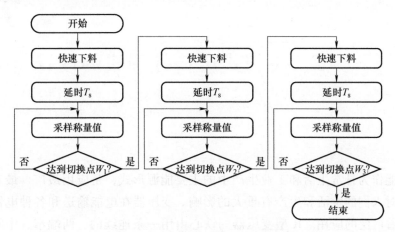

图 6-11　送料称量系统控制流程

整个控制系统采用分布式控制结构（DCS），利用一个控制柜负责现场数据的采集及设备的运行。现场控制柜通过 CAN 总线与 PLC 系统相连，通过 PLC 控制系统可以完成整个过程的控制调节、参数设置、状态实时监控、信息管理等任务。

第 **7** 章

飞剪式废料处理机的设计与分析

电能作为日常生活和工业生产中的主要能源形式，是应用最广、最直接的能源，对人们的生活和生产有重大的影响。变压器在电能输送和各种电器设备中都有着广泛的应用。R 型变压器的铁心由用一条连续的、两端窄、中间宽的曲线硅钢带卷绕而成。这种变压器的结构独特，可取得近似理想变压器的优异性能，其核心设备为分条机（或称开料机）和绕卷机。上海某变压器厂从日本引进 R 型变压器曲线开料机的开料速度达 100m/min。对于 R 型变压器曲线开料机，由于需要在均匀的带状原钢带中生成具有曲线轮廓的成品料带，在加工过程中也将产生一定的废料，如何在高速的开料过程中对废料进行处理，将直接影响曲线开料机的开料速度。

7.1 飞剪式废料处理机的设计要点

7.1.1 曲线开料机加工过程及废料处理

1. 曲线开料机的开料原理

传统的纵切线开料机通常都是为了把连续的宽带钢纵向剪切成用户所需规格的窄带钢，其刀具一般都是沿直线轨迹运动，而在曲线开料机的开料过程中，为了让卷绕起来后的铁心截面接近圆形（见图 7-1a），一般将料带加工成如图 7-1b 所示的形状，但考虑到加工方便和节省材料，一般采用如图 7-1c 所示的形状进行开料。阶梯状的形状加工复杂，而且存在棱角，因此，料带的阶梯边用连续的曲线代替。同时，为了在一条硅钢带中加工出尽量多的 R 型变压器铁心料带，在 R 型变压器铁心曲线开料机生产过程中采用了套裁的生产工艺，如图 7-2 所示，大大提高了材料的利用率和生产率。

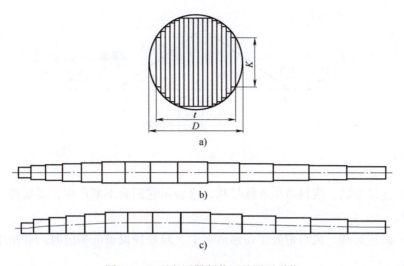

图 7-1　R 型变压器断截面及展开形状

a）铁心截面图　b）铁心展开图　c）铁心加工图

K—起始宽度　t—层叠厚度　D—铁心直径

开料过程不可避免地要产生带状的废料，如纵切钢带的切边余量，硅钢带纵切生产线套裁后的废料等。曲线开料机即便采用套裁原理，废料的产生也是不可避免的，并且废料的形状也变得极为不规则。在整个加工过程中，料带的连续性和高速的运动状态，对加工过程的每一个环节及其相互关联协作也提出了很高的要求。按照如图 7-2 所示的开料轨迹，曲线开料机进行单边曲线的 R 型变压器料带切割，在两边形成成品料带，而在中间形成废料。

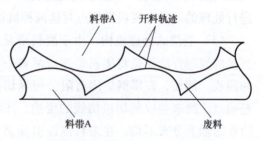

图 7-2　曲线开料机套裁原理（比例缩短）

整机开料原理如图 7-3 所示，硅钢带在高速行进中，通过 A、B 两把刀具沿着设定轨迹同时进行切割。被割带材形成三条料带，其中中间的一条为无用料带（本文以下统称为废料带）。废料带以同样的高速输出，必须及时处理，否则存在以下问题：①将影响机器正常运行；②极易伤及操作者；③搞乱周围环境。

仔细分析废料带的以下特征可以更好地处理废料带：

1）形状不规则。由于采用套裁生产工艺，废料带宽度变化较大，最宽处可达 20mm 以上，而最窄处可能不足 1mm。

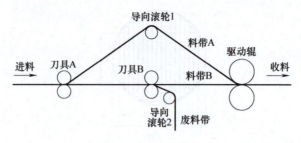

图 7-3　整机开料原理

2）连续带状。废料带呈连续带状，这表示它们会不断产生，需要持续地进行处理。

3）高速运动。废料带处于高速运动中，对处理设备的响应时间和精度提出了要求。

4）不干扰生产流程。处理废料的过程不能影响正常的开料动作，这意味着不能因为处理废料而暂停或降低生产线的速度。

2. 现有处理机构的评价及适用性分析

在现有的曲线开料机生产过程中，主要采取卷绕式处理机构（如东华大学研制的曲线开料机）和滚压式处理机构（如日本株式会社研制的曲线开料机）进行处理的。结合废料带特点对这两种机构进行具体分析。

（1）卷绕式处理机构　由于废料带是处于运动状态的连续带状，因此，最直接的处理方法就是将废料带像成品料一样通过钢辊卷绕起来，然后进行压实和回收。例如，在攀钢集团有限公司纵切线中的废边卷取机。该废边卷取机就是通过滚筒来卷取剪切机切线的废边，压实成卷后收集起来。同时为了防止废边在芯轴上分布不均，在来料侧设引导装置来引导废边均匀分布。我国自主开发的曲线开料机也都采用这种卷绕式处理机构，如图 7-4 所示。

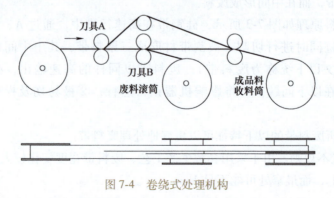

图 7-4　卷绕式处理机构

传统轧钢纵切线上之所以可以采用这样的方案来处理废边，是因为采用直线纵切的方式切下的热轧钢带废边仍然有相当的宽度，因此，在进行卷绕时即使有一定的张力也不易断裂。但是对一些更薄的带材，在沿曲线纵切的情况下，废料带的强度就会变化很大，容易断带，不宜采用这样的方式来处理。综上所述，这种机构适合处理较厚较大，有一定宽度且不易断带的废料。

卷绕式处理机构的优点概括为：

1）空间利用率高（可将废料带卷绕起来可大大节省存储和运输的空间）。

2）设备简单（仅需一个滚筒和一个电动机即可实现基本功能，结构紧凑）。

3）低噪声。

4）节能（使用的电动机功率较低，有助于降低能源消耗）。

卷绕式处理机构的缺点为：

1）张力控制难度大（由于废料带厚度薄且宽度变化大，需精确控制张力以避免断裂）。

2）卷绕均匀性不佳（废料带宽度差异可能导致卷绕不均，影响滚筒表面的平整度）。

3）取料不便（从滚筒上取下废料的操作相对烦琐）。

4）断裂处理（若废料带断裂，需要额外的机制（如磁性吸附）来重新收集废料）。

（2）滚压式处理机构　滚压式处理机构主要是采用两个相向转动的滚筒和一个废料箱来完成废料的处理，滚筒的周向速度远远小于废料带的线速度，因此，废料带在废料箱内聚集起来并经过压扁之后输出废料箱进行处理。这种机构与轧钢机械中滚筒式飞剪类似，不同的是，该机构中两个滚筒的速度与废料带不同，而且没有安装刀具。

这种处理方法的原理是利用两个滚筒的相对运动，使聚积起来的废料带经过一定滚压后输出。由于要让废料带自动受阻弯曲变形，因此适用于那些强度很低、具有相当柔性的废料带的处理。从日本引进的 R 型变压器曲线开料机采取的就是滚压式处理机构，其原理如图 7-5 所示。

滚压式处理机构的优点为：

1）结构简单可行，无须控制张力，废料经过一个废料箱堆积后，经过两个带有矩形槽的滚筒滚压之后

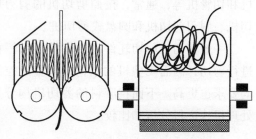

图 7-5　滚压式处理机构原理

输出。

2）处理可靠，对开料动作的影响小。

3）运行速度不是很快，噪声很小。

滚压式处理机构的缺点包括：

1）自动性差，需要工人不停地从滚筒下面用工具勾出废料，而且因为废料滚压之后变得比较杂乱，也不易剪断，只能用铁钩将其钩出，增加了操作的难度，而且存在一定的危险性。

2）滚压之后的废料占用的空间较大。滚压之后的废料并不是片状的，而是网状的，因此占用了较大的存储空间。给存储和运输带来了一定的困难。但是可以采用一定的压扁机构，将废料压实后运输［如北村机电（无锡）有限公司采用的措施］。

7.1.2　废料的剪断处理机构研究

现存方案基本上都能解决废料处理的问题，且达到处理要求，但在生产实际中仍存在一定不足。为了提高废料处理的速度和质量，进而提高开料机的整机速度，剪断式处理有很大的优越性，如废料带占用空间小、便于用一定的设备收集、操作方便等。本章分析废料的剪断处理及相应的设备——飞剪式废料处理机，并将瞬停式和飞剪式废料剪断处理方案做对比。以下分析中统一假设废料的运动方向为竖直向下。

剪切设备广泛应用于轧钢、机械制造和修理等部门，尤其在轧钢机械中，剪切机和飞剪机是应用非常广泛的机械设备，主要用于剪切定尺、切头、切尾、切边、切试样及切除轧件的局部缺陷等。按剪切方式不同，剪切机可分为横剪和纵剪；按剪切轧件的温度不同，分为热剪和冷剪；按剪切机的驱动方式不同，分为机械剪、液压剪和气动剪；按机架的型式不同，分为开式剪和闭式剪；按剪切轧件的品种不同，又可分为钢坯剪切机、钢板剪切机、型钢剪切机和切管机等；通常，按照剪切机的剪刀形状与配置等特点，可分为平行刃剪切机、斜刃剪切机和圆盘式剪切机。

一般剪切机剪切轧件时，轧件必须停止运行，而飞剪机则是在轧件运行中进行剪切，因而飞剪机的结构、调整及控制比一般剪切机要复杂，设计和制造的要求也更高。下面将废料的剪切机构分为瞬停式剪断处理机构和飞剪式剪断处理机构进行分析和比较。

1. 瞬停式剪断处理机构

要将废料剪断，最直接的方式就是用一把剪刀以较高的频率进行剪切作业。

只要刀具的工作频率足够高，则瞬间的停顿将不会影响废料的处理过程，从而可以将一定运动速度的废料带剪断。但是，在刀具进行剪断动作的瞬间，工件在垂直方向上是静止的，因而剪切位置处之前的废料带将会出现一定的弯曲变形，这种剪断处理机构称为瞬停式剪断处理机构。下面将这种机构分为横向剪切机构和纵向剪切机构加以分析。

（1）横向剪切机构　图 7-6 所示为 4 种横向剪切机构原理。

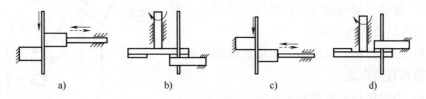

图 7-6　横向剪切机构原理

a）两刀对切剪　b）横向旋转剪　c）两刀对切剪　d）横向旋转剪

图 7-6a、c 所示的两把刀具通过相对运动完成剪切动作，图 7-6b、d 所示的刀具通过旋转运动完成剪切动作，而图 7-6a、b 中的运动刀具在静止刀具上方，其运动对未剪废料带造成很大的影响，显然不如图 7-6c、d 所示的两种情况比较利于完成切断的动作。但是，图 7-6c、d 中的刀具在剪断的瞬间，废料带的纵向运动就会被迫停止，这会造成废料的瞬时停顿，从而会对废料或剪断后的废料带造成运动上的影响。而且当废料比较厚、横截面比较大时，剪切起来就比较困难。随着生产线速度的提高，需要剪断频率的大幅度增加才能缓和这种"瞬时停剪效应"。

横向剪切机构的优点分析：

1）4 种机构都能够将废料带剪断成所需的长度，以便后续处理。

2）刀具剪切的频率可以任意调整，从而可根据需要调节废料剪断后的长度。

3）废料的剪切力不太大，而且刀具与刀架具有一定的惯量，因此电动机功率不需要太大。

横向剪切机构的不足分析：

1）剪切的过程中会使废料切点位置在竖直方向上停止运动，使废料带拱起，废料带的运动受到干扰，在这种干扰的持续作用下，可能会使废料带严重拱起，给加工过程带来不必要的麻烦，有时甚至不得不停机处理。

2）由于刀具有一定的磨损，需要定期检查和更换刀具。

3）剪断速度过快，会产生比较大的噪声。

（2）纵向剪切机构　因为刀具在横向旋转的剪切中存在一定的问题，所以考虑将刀具的旋转方向改为纵向，以期改善某些性能。这种机构在轧钢机械中被称为冲击式飞剪，广泛用于薄板碎边剪上，基本原理如图 7-7 所示。

纵向剪切机构的可行性分析：

1）刀具装在支座上的固定刀架和旋转刀架上，可以很好地将废料带剪断。

2）旋转刀架的速度可以根据需要调节，可以控制废料剪断的长度。

3）刀具剪断过程中对废料带拱起的影响比横向剪切有所降低。

4）电动机功率不需要太大。

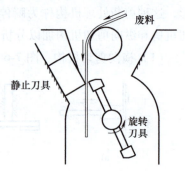

图 7-7　纵向剪切机构基本原理

纵向剪切机构的不足之处在于：

1）装配精度要求太高，旋转刀具与静止刀具只能有很小的间隙，以保证能够将废料带切断。

2）剪断过程依然是静止的，因此还是避免不了废料带出现一定的拱起。

3）机构运转速度快，将产生很大的噪声。

4）增加刀具管理工作量，需要定期检查和更换刀具。

2. 飞剪式剪断处理机构

瞬停式剪断处理机构主要的缺陷就是会造成瞬时停剪，从而对处理过程造成很大的影响。可将飞剪原理应用于废料处理技术中来解决这一问题。在轧钢机械中广泛应用的飞剪技术，其最大的特点就是能够实现刀具与废料带的同步切断，并可以调节剪断长度，实现在轧件运行中进行剪切，不会影响生产线上其他设备的作业。本文将飞剪技术用于 R 型变压器的废料处理过程，设计并详细分析应用于 R 型变压器废料处理的飞剪式剪断处理设备——双曲柄滑块式飞剪机。

（1）新型飞剪机　传统飞剪机中，带材的运动速度、飞剪机的电动机转速是恒定不变的。但是为了实现定尺长度的调节，带材运动速度和飞剪机转速又必须是可以调整的。为了满足剪切长度的可调及飞剪机速度与带材运动速度的同步，传统结构的飞剪机必须具有空切机构和匀速机构，这样其机构会非常复杂。将这种造价高昂的飞剪机构用在废料处理机构上是不可取的。

新型飞剪机将高新技术与传统机械技术相结合，把大功率伺服电动机作为飞剪机的主驱动设备，不但大幅度提高了飞剪机的智能化水平、可靠性和使用水平，而且大大简化了机械结构，省去了空切机构和匀速机构。另外，传统结构的飞剪机为了实现与带材运动速度的匹配，往往使板料校平机和飞剪机共用一个电动机驱动，并通过一个复杂的变速器实现飞剪机的变速。而新型飞剪机由伺服电动机独立驱动，省去了变速器。

新型飞剪机采用简单的曲柄机构，使上下刀架旋转方向相向、旋转速度相同。上下刀片在剪切过程中随着带材一起运动，同时完成剪切和移动两个动作，而且刀片在剪切区域内水平速度与带材运动速度同步（见图 7-8），形成一个剪切区。刀片的水平速度为

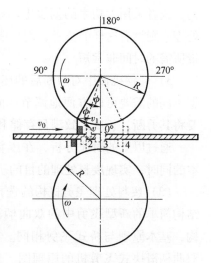

图 7-8　飞剪机剪切过程示意图

$$v_1 = v\cos\phi = \omega R\cos\phi \tag{7-1}$$

$$= \frac{1000\pi Rn\cos\phi}{30} = v_0$$

式中，v_1 是刀片的水平速度（m/s）；v 是带材的运动速度（m/s）；ϕ 是曲柄转角（rad）；ω 是曲柄角速度（rad/s）；R 是曲柄半径（mm）；n 是曲柄转速（r/min）；v_0 是初始运动速度（m/s）。

进而可知，曲柄转速 n 为

$$n = \frac{30v_0}{1000\pi R\cos\phi} \tag{7-2}$$

因此，为了使刀具的水平速度与带材速度完全一致，在剪切区内飞剪机曲柄转速必须变化，形成余弦补偿速度曲线。只要按照式（7-2）控制电动机的速度，那么飞剪机的水平速度就是恒定不变的，采用伺服电动机就可以达到要求。

（2）废料处理机构与轧钢机械飞剪条件对比分析　由于废料具有很高的运动速度，如果要在运动的状态下将其剪断，这就类似于轧钢机械中的飞剪，但由于这里只是对废料的处理，所以加工条件与轧钢机械中飞剪的作业条件也存在一定的差异。而且，飞剪机构往往非常复杂，控制程序也比较烦琐。将如此高代价的设备应用于废料处理的过程当然是行不通的，因此需研究轧钢飞剪与废料处理工况的异同。

废料处理过程与轧钢飞剪工作过程的相似处：

1）保证剪切运动与废料带速度一致。

2）剪切速度必须与开料机中的其他设备匹配，以提高生产率。

废料处理过程与轧钢加工过程的差异：

1）废料处理中完全没有精度要求，只要能将废料带剪断成容易存储和运输

的长度即可。即便出现褶皱和弯曲也完全没有影响。

2）由于轧钢过程有很高的精度要求，所以剪断过程中刀具沿带料方向的速度要绝对一致，所以轧钢机械中的飞剪具有复杂的倍尺机构和径向匀速机构，或者采用大功率的伺服电动机对剪切过程每一周的运动进行控制。在废料处理中则没有这样的要求，而且废料的厚度只有 0.27mm，剪断这种厚度的废料带所需的时间非常短。

3）轧钢机械中对剪断后的坯料有严格的长度要求，而且要求剪断的长度根据不同的需要可以方便地调节。而在废料处理过程中则完全没有这种要求，只要将其剪断，长度大致满足存储和运输的需要即可。

通过以上的对比分析，在废料处理过程中可以将飞剪机构简化，在节约成本的同时，实现废料处理的目的。

（3）废料处理飞剪机构的选择　为了达到尽量简化结构的目的，本文采用结构简单的新型飞剪中的双曲柄滑块式飞剪机构，基本原理与桥式飞剪相同。图7-9所示为双曲柄滑块式飞剪机的原理图。这种飞剪机构的结构简单，它主要由机架和支承上下刀架的2个曲轴组成。这种结构传动齿轮少，机械部件的惯量相对也较小。只要能尽量将转动部件的质心设计在旋转中心，这种机构就能够达到较高的剪切速度和较好的平稳性。

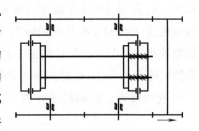

图 7-9　双曲柄滑块式
飞剪机原理图

两侧的 4 个完全相同的齿轮作为驱动，通过 2 个曲轴传动到两个刀架，这样可以使齿轮具有相同的转动速度，刀架双边驱动，保证了刀架的平稳性；还用 2 个导杆连接起来，以保证刀架相向运动的时候不会发生相对转动，从而保证剪断动作的完成。

根据废料处理过程与轧钢机械飞剪加工过程的工况差异，本文去除了飞剪机构中复杂的控制系统，在刀具加工的过程中，不采用伺服电动机驱动来精确控制刀具在每一圈的运动速度，而是采用普通的变频电动机驱动，使刀具匀速运动。这样刀具在竖直方向上的速度就是变化的。如图7-10所示，废料带的竖直速度为 v_0，剪刃的速度为 v，剪刃的竖直分速度 v_1 为

$$v_1 = v\cos\phi = \omega R\cos\phi \tag{7-3}$$

在两个旋转中心的连线与废料带的交点处，刀具在竖直方向的速度最大，为 $v_{1\max} = \omega R$。而在达到最大位置之前和之后，剪刃的竖直分速度都略小于废料带的速度。

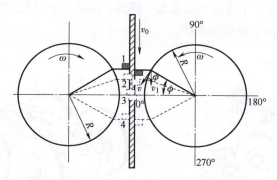

图 7-10　飞剪式废料机的剪切过程示意图

当 $v_1 < v_0$ 时，刀具的竖直分速度总小于 v_0，刀具滞后于废料带的运动，因此刀具就会出现稍微的"拱起"现象。

当 $v_1 = v_0$ 时，在刀具竖直速度达到 v_0 之前，废料带相对于刀具会出现稍微的"拱起"现象。

当 $v_1 > v_0$ 时，刀具的运动会超前于废料带的运动，就会出现"过拉"的现象。

在废料处理的过程中，"过拉"现象对开料机开料动作的影响较大，甚至可能拉断废料带；稍微的"拱起"所引起的影响则相当小，并且由于废料带的厚度只有 0.27mm，因此从剪刃切入废料带（见图 7-8 中的位置 1）到完全剪断废料带（见图 7-8 中的位置 2）的剪断过程只有很小的转角，其拱起也非常微小。即使当 $v_0 > \omega R$ 而又非常接近 ωR 时，从剪刃切入废料带到剪刃脱离废料带（见图 7-8 中的位置 4）的转角也非常小。对废料的处理来说也是可以忽略的，因此，只要控制剪刃在完全剪断废料带时的角速度 $\omega \leqslant v_0 / R$，就可以保证废料处理过程的基本稳定。

7.1.3　飞剪式废料处理机的构造与主要参数

1. 飞剪式废料处理机的构造

根据废料处理过程与轧钢机械飞剪加工过程的工况差异，在飞剪式废料处理机中可以去除飞剪机构中复杂的控制系统，在刀具加工的过程中，不采用伺服电动机驱动来精确控制刀具在每一圈中各位置的运动速度，而是采用普通电动机驱动，使刀具匀速运动。设计的飞剪式废料处理机具体构造如图 7-11 和 7-12 所示。

整个机构由 1.5kW 变频电动机驱动，电动机同时驱动导向辊和驱动轴（见图 7-12），由驱动轴 1 通过一对齿轮驱动前刀架 6，再由后面的齿轮驱动曲柄 3，带动后刀架 4 运动，由于 4 个齿轮的齿数是一样的，前后刀架以相同的速度向相反的方做圆周运动，从而实现剪切动作。

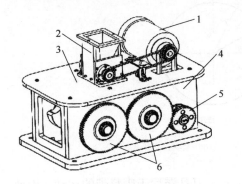

图 7-11　飞剪式废料处理机总体机构

1—变频电动机　2—导向拖辊　3—飞剪机主体
4—机架　5—剪切机构驱动轴　6—剪切机构

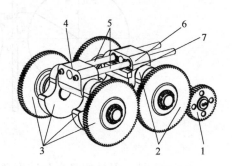

图 7-12　剪切机构内部结构

1—驱动轴　2—前刀架驱动的曲柄和齿轮
3—后刀架驱动的曲柄和齿轮　4—后刀架
5—导杆　6—前刀架　7—刀具

2. 飞剪式废料处理机构的工作循环

飞剪式废料处理机构可简化为具有一个自由度的平面运动机构，图 7-13 所示为曲柄滑块式飞剪机的机构简图，两个曲柄的速度相同，方向相反，在平稳工作时，都是匀速运动；导杆让两个刀柄做相对平移运动，从而保证剪切的精度。

因此，曲柄每旋转一周为一个工作循环，在一个工作循环中刀刃都将经历几个典型的位置，如图 7-14 所示。

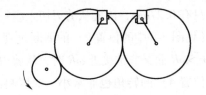

图 7-13　曲柄滑块式飞剪机的
机构简图

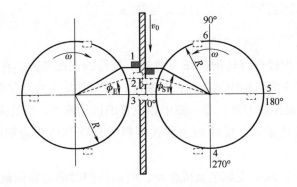

图 7-14　一个工作循环中的曲柄位置

典型剪切位置对应的曲柄转角见表 7-1。

表 7-1　典型剪切位置对应的曲柄转角

位置代号	剪切位置	曲柄角度/(°)
1	刀具开始剪入料带位置	9.93
2	刀具剪断料带时的位置	9.09
3	死点位置	0.00
4	起动位置	270.00
5	刀具最远位置	180.00
6	刀具最高位置	90.00

位置 1：刀具剪切料带（厚度为 0.27mm）时剪刃开始切入的起始位置。

位置 2：刀具剪断料带时的位置。

位置 3：刀具完成剪切后，达到的重合度最大的位置，也是机构的死点位置。

位置 4：刀具运动的最低位置，竖直分速度为零，是竖向分速度由正变负的转折点。

位置 5：剪刃相距最远的位置，竖直分速度达到最小（为负）。

位置 6：刀具运动的最高位置，竖直分速度为零，是竖向分速度由负变正的转折点。

在废料处理中，为了简化飞剪的机构及控制，不对飞剪进行同步位置监测，而是直接控制变频电动机的转速与开料机的转速，使开料与剪切同步进行。飞剪机的起动位置可以为任意位置，但是由于飞剪在自然静止时一般处在位置 4 附近，因此将这个位置定为起动位置。因此，可以认为工作过程从位置 4 起动，随着电动机的加速，经过位置 5、6 到达第一个剪切点 1，然后将废料带剪断，进入剪切点 2，完成一次剪切，之后经过死点位置 3 后，回到起动位置 4，完成一次工作循环。当飞剪加速后迅速达到匀速运动，之后进入稳定运转阶段。

3. 飞剪式废料处理机的设计要点

在飞剪式废料处理机的设计过程中，要考虑的因素很多（如加工对象、加工条件等），而且这些因素之间又是相互影响、相互制约的。

（1）剪刃设计　剪刃的几何外形对剪切力的影响非常显著。在剪刃设计时，要考虑剪刃的端部形状，以便有良好的剪切能力，耐疲劳能力；剪刃还要有一定的导向刃部分；上下刀刃要有合理的间隙等。

1) 剪刃的长度设计。曲柄滑块式飞剪的剪刃长度 L 主要根据废料带的最大宽度 B 确定,在此基础上,增加用于导向的剪刃部分宽度 W 即可得到,在实际设计时,取剪刃的长度等于刀架的长度。轧钢机械中的剪刃长度的设计公式为

$$L=B+W, W \in [100,300] \tag{7-4}$$

2) 剪刃前端形状的设计。剪切机的剪刃主要有 3 种基本形式:①平行刃;②斜刃;③圆盘剪刃(见图 7-15)。

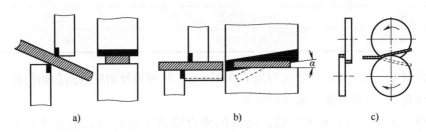

图 7-15 剪刃配置简图

a) 平行刃 b) 斜刃 c) 圆盘剪刃

废料剪切过程中,废料带处于悬垂状态,由于没有纠偏装置,刀架因受力而有一定变形,废料带容易因受力而偏移,甚至偏离两剪刃之间,如图 7-16 所示。

在设计剪刃时,应当极力避免偏移的发生,因此不能设计成平行刃(见图 7-17a),剪刃设计时要尽量让废料带在剪切过程中有向中间聚拢的趋势(见图 7-17b~e),如形如人字形斜齿轮的形式等。

3) 导向刃部分设计。为了保证剪切动作的完成,两剪刃间隙大小比较重要。间隙太小或无间隙可能会引起上下剪刃互相干涉、

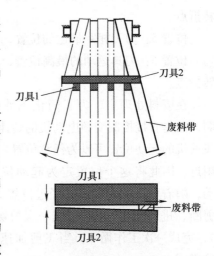

图 7-16 刀具剪切过程废料带偏移

撞击而损坏设备(见图 7-18)。间隙过大,则两剪刃之间夹有钢屑会产生很大的张力,或不能剪断废料带,影响剪切试运转。因此,在剪刃的两端设剪刃导向部分,若剪刃之间互相干涉,首先接触的是导向部分,不会产生较大冲击或干涉。

4) 剪刃的弧度半径。剪刃的弧度半径应用三点圆弧公式(见图 7-19)。

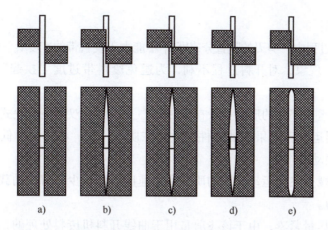

图 7-17　剪刃形式设计

a）平行刃　b）人字形斜刃（剪刃断面由中心到两端形成上下对称的斜刃）

c）斜端平行刃（在平行刃两端加上一定长度的斜刃而形成）　d）弧形刃（整个剪刃断面
是一个弧形面）　e）弧端平行刃（在平行刃的基础上两端加上一定的弧面而形成）

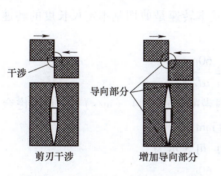

图 7-18　剪刃导向部分设计对比

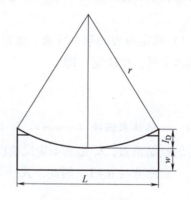

图 7-19　剪刃半径设计

图 7-19 中的 w 是剪刃中部宽度（mm），从图 7-19 可得剪刃弧度半径为

$$r = \frac{I_d}{2} + \frac{L^2}{4 I_D} \tag{7-5}$$

式中，r 是弧度半径（mm）；I_d 是剪刃边缘宽度与中部宽度差（mm）；L 是剪刃长度（mm）；I_D 是剪刃边缘宽度（mm）；此处 $I_d = I_D$，具体计算见图 7-21 和式（7-14）。

（2）机构参数的设计　由于废料带的厚度很小，宽度也不大，所需的剪切力也不大，因此，机构的设计是影响主电动机功率的主要因素。对于双曲柄滑块式飞剪机构来说，曲柄长度和形式的设计对整个机构的影响非常关键，除此之外还应考虑：

1）剪切过程中，剪刃的竖直分速度 v_1 不能大于废料带的速度 v_0。若 $v_1 > v_0$，将产生"拉带"现象，对开料过程不利，为避免废料带过度"拱起"，v_1 也不能过小。

2）飞剪运动部件的质心尽量在旋转中心上，由于双曲柄滑块式飞剪的两剪刃都是做圆周运动，如果运动部件的质量在质心位置，将大大降低飞剪机的动载荷并抑制振动的产生。

3）尽量减少飞剪运动部件的质量和加速度，以减少飞剪的动载荷，提高飞剪的剪切能力。

4）结构尽量紧凑，由于该飞剪是用于曲线开料机废料处理的，因此，其体积不能太大，应当配合曲线开料机整机尺寸，体积越小而灵巧越好。

确定了飞剪的形式之后，为了结构的设计，必须选择飞剪的主要运动学参数。这些参数包括飞剪的基本转速、剪刃的圆周速度、剪刃剪切时的轨迹半径、剪刃重叠量、剪刃回转中心距，还应确定开始剪切角、剪刃侧向间隙及其调整范围。

1）确定剪刃的基本转速。剪刃的基本转速是剪切基本定尺长度的转速，它由基本定尺长度决定，即

$$n_j = \frac{60v_0}{\alpha L_j} \tag{7-6}$$

式中，n_j 是基本转速（r/min）；v_0 是料带的运动速度（m/s）；α 是考虑金属冷却后的收缩系数；L_j 是基本定尺长度（mm）。

一般冷剪时 $\alpha = 1$，因此，式（7-6）可表示为

$$n_j = \frac{60v_0}{L_j} \tag{7-7}$$

为方便处理，L_j 不可太长，太长会影响剪断后废料带的下落；太短则会增加机构的转速，形成较大的惯性力和振动、噪声等。所设计的飞剪机构的基本定尺长度 $L_j \approx 350mm$。

2）确定剪刃的圆周速度。为防止产生"过拉"的现象，在基本转速下工作的剪刃圆周速度选取原则是剪刃在轧件运动方向的分速度 v_1 略小于轧件运动速度，即

$$v_0 = (1 \sim 1.03)v_1 \tag{7-8}$$

3）确定剪刃的回转半径 R。剪刃回转半径的选择，应使得飞剪在基本转速下运转时，剪刃的速度与轧件的速度同步。为保证整个剪切区内剪刃速度

在废料带运动方向投影不大于废料带的运动速度，必须满足下面的条件（见图 7-20）。

$$v_E = v\cos\phi_E = v_0 \qquad (7-9)$$

式中，v_E 是剪切速度（m/s）；v 是总速度（m/s）；ϕ_E 是剪刀完成剪切角（rad）；v_0 是废料带的运动速度（m/s）。

因剪刃做正圆运动，其速度为

$$v = R\omega = \frac{2\pi R n_j}{60} \qquad (7-10)$$

式中，R 是回转半径（mm）；ω 是角速度（rad/s）；n_j 是基本转速（r/min）。

将式（7-7）带入式（7-10）可得

$$v = \frac{2\pi R v_0}{L_j} \qquad (7-11)$$

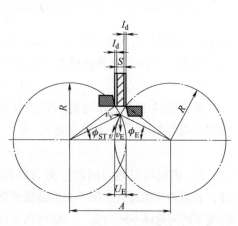

图 7-20　剪刃中点剪切轨迹示意图

由图 7-20 可知

$$\cos\phi_E = \frac{A}{2R} = \frac{2R - U_E}{2R} = 1 - \frac{U_E}{2R} \qquad (7-12)$$

式中，A 是剪切区宽度（mm）；R 是回转半径（mm）；U_E 是剪刃重叠量（mm）。

结合式（7-12），回转半径 R 为

$$R = \frac{L_j}{2\pi} + \frac{U_E}{2} \qquad (7-13)$$

从式（7-13）可以看出，剪刃沿废料带方向的分速度都不大于废料带的运动速度，而且不产生"过拉"现象，只要剪刃重叠量确定，剪刃的回转半径也就确定了，跟剪切厚度没有关系。

4）确定剪刃重叠量及剪刃剪切时轨迹的中心距。为使废料带被顺利地剪断，要正确选择剪刃的重叠量，若选得过大，对剪刃做非平行运动形式的机构可造成打刀事故。一般平行刃飞剪的剪刃重叠量在 1～10mm。当剪切 0.18～0.35mm 的薄板时，剪刃重叠量在 0.05～0.20mm。

曲线开料机中硅钢片非常薄，仅有 0.27mm，因此，最小重叠量可以选择为 0.05～0.20mm，即 $U_E \in [0.05, 0.2]$，以保证废料带被剪断。

但是，又由于刀具是弧形刀具（见图 7-17），这样两刀具的重叠量就不是一个恒定的值，由中心向两端逐渐增加，因此在最小重叠量基础上增加一个由圆弧剪刃引起的刀具重叠量增量。I_d，即为从两刀具两端开始剪入到刀具中部开始

剪入的每个刀具所运动的距离，有

$$I_d = r - \sqrt{r^2 - \left(\frac{B}{2}\right)^2} \qquad (7\text{-}14)$$

式中，r 是圆弧剪刃弧度半径（mm）；B 是料带宽度（mm）。

因此，两剪刃的重叠量 U 可以由基本重合量 U_E 和重叠量增量 I_D 组成，即

$$U_B = U_E + I_D \qquad (7\text{-}15)$$

剪刃回转中心距 A 与剪刃在剪切时轨迹半径及剪刃重叠量有关，计算时取剪刃中点为基准（最小重叠处），有

$$A = 2R - U_E \qquad (7\text{-}16)$$

5）确定剪刃侧向间隙。剪刃间隙直接影响剪切力的大小与剪切质量的好坏，若剪刃间隙过大，则不能剪断废料带，剪刃侧向间隙的大小可以根据废料带的厚度不同而选择不同的值。一般剪切薄板时，剪刃间隙 $\Delta = (0.03 \sim 0.05) S$，$S$ 是废料带厚度。当剪切 0.18 ~ 0.35mm 的薄板时，剪刃在滚筒空切时相互稍有接触为宜，可以小至 0.01mm。

6）确定剪切角。剪刃的运动轨迹为两个正圆（见图 7-20），剪切开始时瞬间的角度 ϕ_{ST} 为

$$\cos\phi_{ST} = \frac{A - S - 2I_d}{2R} \qquad (7\text{-}17)$$

将式（7-16）带入式（7-17）可得：

$$\cos\phi_{ST} = 1 - \frac{U_E + S + 2I_d}{2R} \qquad (7\text{-}18)$$

式中，U_E 是剪刃重叠量（mm）；S 是废料带厚度（mm）；I_d 是不同废料带宽度时剪刃开始剪入到完全剪入的增程（mm）（见图 7-21）；R 是回转半径（mm）。

飞剪上下刀架上都只装有一把圆弧形的刀具，两刀具从开始接触时即形成中间宽两边窄的剪切区域。因此，理想情况下两把刀具剪切的过程是先由刀具从废料带的两边开始切入，逐渐剪切至中间位置，完全切断后进入剪刃完全重叠区域。

结合式（7-14）和式（7-18），料带宽度的变化以剪刃弧度为变化因子，从而影响剪切起始角 ϕ_{ST} 的大小。

剪切完成瞬时的角速度计算见式（7-19）（因废料带很薄，按照两剪刃刚好完全重合时为准）。

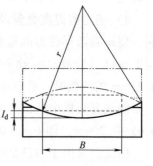

图 7-21　刀具增加
重叠量示意图

$$\cos\phi_\mathrm{E} = \frac{A}{2R} = \frac{2R-U_\mathrm{E}}{2R} = 1 - \frac{U_\mathrm{E}}{2R} \tag{7-19}$$

剪切开始角 ϕ_ST 对剪切力矩、剪切质量和剪刃的寿命都有影响，不宜过大；在终止角确定的情况下，ϕ_ST 主要与废料带的厚度和宽度有关，由于厚度很小且变化很小，废料带宽度变化的影响更为显著。因此，剪刃的设计就更为重要。

7）曲柄半径 l_1 和曲柄样式确定。曲柄半径是最重要的机构参数，它决定着飞剪的剪切长度，同时影响机构惯性力的大小、剪入角和电动机功率等。由于机构做正圆运动，剪刃在整个剪切周期中做正圆平动（见图 7-22）。因此，曲柄半径就是剪刃的回转半径 R，因此，剪刃的回转半径就可以根据式（7-13）确定。

$$l_1 = R = \frac{L_j}{2\pi} + \frac{U_\mathrm{E}}{2} \tag{7-20}$$

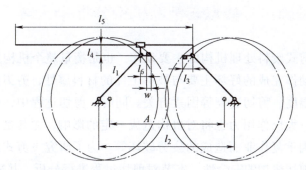

图 7-22　曲柄旋转轨迹图

因为曲柄和整个剪切机构做正圆旋转运动，为了尽量减小运动部件的振动，曲柄设计成配重的形式，如图 7-23 所示。

8）两曲柄旋转中心距（两刀架驱动齿轮的中心距）的确定。在齿轮模数确定的情况下，曲柄旋转中心的距离决定了驱动齿轮齿数，曲柄旋转中心距即为两驱动齿轮的中心距，如图 7-22 所示，两曲柄旋转中心距 l_2 的计算见式（7-21）。

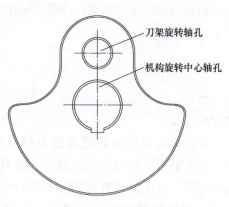

图 7-23　曲柄外形设计

$$l_2 = A + 2l_3 \tag{7-21}$$

式中，l_2 是曲柄旋转中心距（mm）；A 是剪刃轨迹中心距（mm）；l_3 是剪刃到刀架与曲柄相对旋转中心的最短距离（mm）。

9）导杆长度 l_5 的确定。为了不使导杆脱落，导杆的长度至少要大于两刀架旋转中心的最长距离（两曲柄处于水平最远距离时，见图 7-22）。

$$l_5 \geqslant 2R + l_2 \tag{7-22}$$

10）刀架旋转中心至刀具的长度 l_6 的确定。为了便于更换刀具，将刀具安装在刀架上，刀具的宽度为 w，刀架旋转中心到刀具的长度的计算见式（7-23）。

$$l_6 = l_3 - w \tag{7-23}$$

式中，l_3 是剪刃到刀架与曲柄相对旋转中心的最短距离（mm）；w 是刀具宽度（mm）。

7.2 废料剪断过程模拟与剪断机构分析

剪切是飞剪式废料处理机构的主要动作，也是衡量整个机构好坏的关键部分之一，剪切动作完成的好坏主要与被剪工件的材料属性、剪刃形状、剪刃侧向间隙、剪切温度、剪切速度等因素有关。同时，剪切过程中，被剪工件对剪切机构产生的巨大反作用力也将对机构造成一定的影响，尤其是对轴承造成的冲击和对机构因重复作业而造成的疲劳破坏等。为了研究飞剪式废料处理机构的剪切性能和剪切机构的安全性，本节对剪切过程进行分析，并采用 DEFORM-3D 软件模拟剪切过程。同时对由两刀架和导杆构成的剪切机构进行应力分析，确定刀架的受力情况，确保刀架在工作过程中的安全性。

7.2.1 剪切理论与研究方法

1. 剪切过程分析

剪切过程由压入变形和剪切滑移两个阶段组成，剪切过程的实质是金属塑性变形过程。

平行刃剪切机剪切过程受力分析如图 7-24 所示。当上剪刃下移与轧件接触后，剪刃便开始压入被剪工件，由于力 P 在开始阶段比较小，在轧件剪断面上产生的剪切力小于被剪工件自身的抗剪能力，因此轧件只发生局部塑性变形，故这一阶段称为压入变形阶段。随着上剪刃下移量增加，被剪工件压入变形增大，力 P 也不断增加，当剪刃压入一

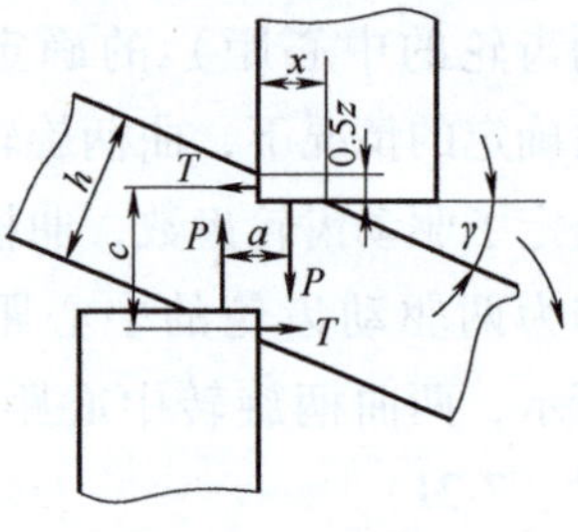

图 7-24 平行刃剪切机剪切过程受力分析

定深度，即力 P 增加到一定值时，被剪工件的局部压入变形阻力与沿剪切断面的剪切力相等，剪切过程处于由压入变形阶段过渡到剪切滑移阶段的临界状态。当力 P 大于被剪工件本身的抗剪能力时，被剪工件沿着剪切面产生相对滑移，开始了真正的剪切，这一阶段称为剪切滑移阶段。在剪切滑移阶段，由于剪切面不断变小，剪切力也不断变小，直至轧件的整个截面被剪断为止，完成剪切过程。

在忽略剪刃与被剪工件之间的摩擦力、剪刃的间隙、被剪工件质量的前提下，剪刃对被剪工件的压力形成一个力偶矩 Pa，此力偶矩使被剪工件产生转动，当工件转动到一定角度，剪刃侧推力 T 产生的力偶矩 Tc 将阻止工件转动。随着工件转动角度的加大，当转过一个角度 γ 后，两力偶矩达到平衡，即

$$Pa = Tc \tag{7-24}$$

假设在压入变形阶段，沿 x 与 $0.5z$（假设工件宽度为 1）上的压力均匀分布且相等。

$$\frac{P}{x} = \frac{T}{0.5z} \tag{7-25}$$

$$T = P\frac{0.5z}{x} = P\tan\gamma \tag{7-26}$$

式中，z 为剪刃压入工件的深度。

$$a = x = \frac{0.5z}{\tan\gamma} \tag{7-27}$$

$$c = \frac{h}{\cos\gamma} - 0.5z \tag{7-28}$$

由式（7-26）~式（7-28）可得，工件转角 γ 与剪刃压入深度 z 的关系为

$$\frac{z}{h} = 2\tan^2\gamma \tag{7-29}$$

因此，剪入深度越大，工件的转角也越大，侧推力 T 也会随之增大，这会造成增大两导杆的摩擦力和增大剪刃间隙的后果，导致导杆磨损加剧和剪切变得困难。压入变形阶段剪刃的受力见式（7-30）。

$$P = pbx = pb\frac{0.5z}{\tan\gamma} \tag{7-30}$$

联立式（7-29）可得

$$P = pb\sqrt{0.5zh} \tag{7-31}$$

设相对切入深度为 $\varepsilon = \gamma/z$，结合式（7-31）计算压力：

$$P = pbh\sqrt{0.5\varepsilon} \tag{7-32}$$

式中，p 是单位面积上的压力（N/mm²）；b 是被剪工件的宽度（mm）；h 是被剪工件的厚度（mm）；ε 是相对剪入深度（%）。

在剪切滑移阶段，剪切力 P 为

$$P = \tau b \left(\frac{h}{\cos\gamma} - z \right) \tag{7-33}$$

式中，P 是剪切力（N）；τ 是被剪工件单位面积上的剪切抗力（Pa）；b 是剪切宽度（mm）；h 是剪切高度（mm）；z 是剪切深度（mm）；γ 是剪切角（rad）。

若 τ 为常数，P 的变化为直线 B，如图 7-25 所示。但是，P 实际上按照曲线 C 变化，这说明 τ 并非常数，而是随着 z 的增加而减小。因此，要计算剪切力，首先就要计算出单位剪切抗力。τ 值与工件的材质、剪切温度、剪切速度、剪刃形状、剪刃间隙及相对切入深度等因素有关，不是常数，因此 τ 的计算并不简单，轧钢机械中一般有两种方法：试验曲线法和理论计算法。

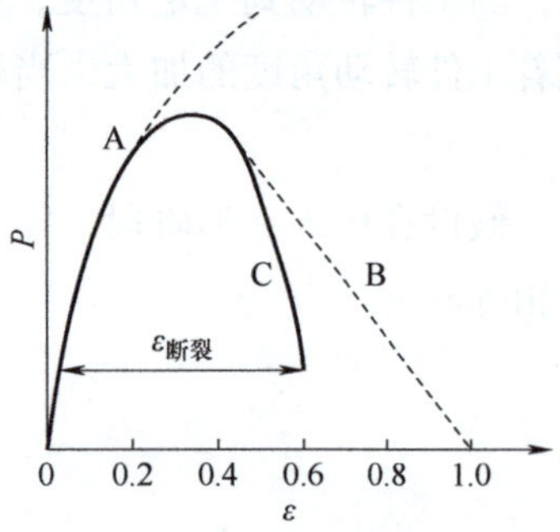

图 7-25　剪切力随相对剪入
深度变化曲线

试验曲线法是在实测剪切力的基础上建立起来的，它把不同的钢种在不同的温度和条件下进行剪切，实测得到各种钢种在不同温度下的单位剪切抗力曲线。应用这种方法在相同条件下计算剪切力简单，计算结果也很准确。但是每个结果都是在特定的条件下得出的，对于各种不同的工作条件，采用同一曲线将产生很大的误差。

理论计算法是许多研究人员根据剪切速度、接触摩擦及剪刃的几何参数等影响因素的变化，做了大量的试验研究后得出的计算方法。剪切过程实际上是金属的塑性变形过程，金属在塑性变形过程中沿晶格滑移，即形成所谓的"滑移曲线"。尽管理论计算法能在一定程度上接近实际值，但存在很大误差。而在设计过程中又不能对所有的工况都进行实际的测量。因此，给实际应用带来了一定的困难。

2. 剪切力的计算

最大剪切力用来设计或校核剪切机构零件的强度。剪切力的计算一般都是依靠试验或经验公式得到，轧钢机械中的最大剪切力为

$$P = \tau F \tag{7-34}$$

式中，F 是被剪工件的原始截面积（m²）；τ 是单位剪切抗力，一般根据试验曲

线得到（N/m²）。

当所剪的金属没有试验曲线时，可近似地按照式（7-35）计算，即

$$P = \tau' \frac{\sigma_b}{\sigma_b'} F \qquad (7-35)$$

式（7-35）和式（7-36）可以粗略地估计剪切力的大小，但仍然存在很大的偏差。在一般的设计计算中可以应用，但若想得到更精确的数据和更直观的结果，这些方法显然都难以达到要求。平行刃可以采用上述计算过程和公式来分析和计算，斜刃也可以通过一定的假设和公式来分析和计算，但是，当刀具的形状为弧形时，就给分析和计算带来了一定的困难，甚至分析出来的结果可能和实际情况相差甚远。即便在计算公式中添加一个刀具影响因子，也依旧会有较大的误差。

7.2.2　基于 DEFORM-3D 的模拟废料剪切过程

在金属的塑性加工过程中，以塑性变形为主，弹性变形相对于塑性变形来说都在 1% 以下，可以忽略不计。DEFORM 是专业的材料塑性成形仿真软件，本小节应用 DEFORM-3D 软件结合曲线开料机废料剪断过程分析刀具形状对剪切过程的影响，可为刀具外形的设计提供理论支持。在剪切机构的分析中采用 FEMAP-NAS-TRAIN，这个软件方便快捷，可以节省时间。在处理断裂时，要解决的主要问题是单元断裂的判断、网格的重新划分、摩擦问题的处理和接触问题的处理等。

废料剪切过程模拟的目的如下：

1）分析在不同的刀刃形状（弧形刃和平行刃）进行剪切时的规律和优劣，辅助完成刀具外形的设计。

2）计算剪切过程中的最大剪切力。

处理金属成形和加工问题时，其主要的操作流程如图 7-26 所示。可以看出，前处理过程占据了大部分的工作量，也是对结果影响最大的部分。

1. 模拟模型的建立

（1）刀具模型　针对分析的目的，要准备两种刀具模型，即平行刃刀具和弧形刃刀具。模拟过程采用如图 7-27 所示的设计模型中的刀具。

（2）料带模型　曲线开料机废料带的厚度只有 0.27mm，宽度是一个变化量，分析中料带的宽度取最大值 20mm，为了减少模型的计算量，节省计算时间，料带的长度取 10mm，如图 7-28a 所示。划分网格时采取局部细化的方式，把中间切割部分的网格划分得细些，而边缘处的网格划分得粗一些，划分网格后的模型如图 7-28b 所示。

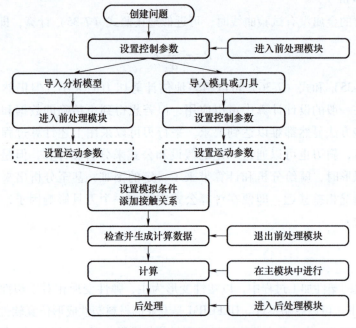

图 7-26 DEFORM 操作流程

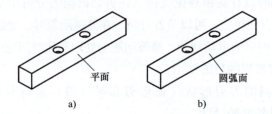

a)   b)

图 7-27 模拟过程采用的两种刀具

a）平行刃刀具 b）弧形刃刀具

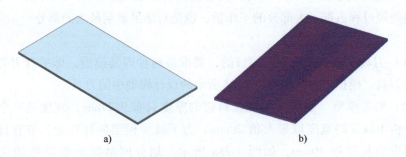

a)   b)

图 7-28 料带模型

a）料带实体模型 b）料带分析模型

（3）总体分析模型　图 7-29 所示为 DEFORM-3D 中设置好的料带总体模拟模型，为了比较剪切过程中两种刀具的受力，两个过程中采用相同的料带模型，设置相同的环境变量、运动参数等。

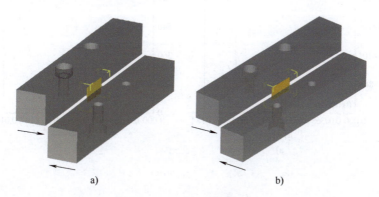

图 7-29　料带总体模拟模型

a）平行刃刀具　b）弧形刃刀具

（4）参数设置　剪切过程中，两把刀具在剪切方向的运动速度逐渐减小到零，因此，速度不快，且料带非常薄，剪切过程的持续时间非常短，因此，分析中假设两个刀具是匀速相向运动，由图 7-20 可知，刀具的运动速度可以根据式（7-36）计算。

$$v_v = v\sin\phi_E = v_E\tan\phi_E \qquad (7\text{-}36)$$

式中，v_v 是剪切速度（m/s）；v 是剪刃的圆周线速度（m/s）；ϕ_E 是剪切终止角（rad）。

模拟过程的部分参数设置见表 7-2。

表 7-2　模拟过程的部分参数设置

材料（硅钢）参数	弹性模量	2.1GPa
	泊松比	0.3
	屈服极限	270MPa
模拟参数	剪切温度	20℃
	剪切速度	60mm/s

2. 模拟结果

模拟结果如图 7-30 和图 7-31 所示，由于上下剪刃受力情况基本一致，这里只列出其中一个剪刃的受力情况。图 7-30 所示为平行刃剪切过程的受力情况，图 7-31 所示为弧形刃侧剪切时的受力情况。

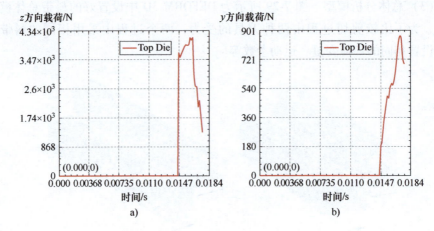

图 7-30　平行刃剪切过程受力模拟结果

a）剪切力　b）侧向推力

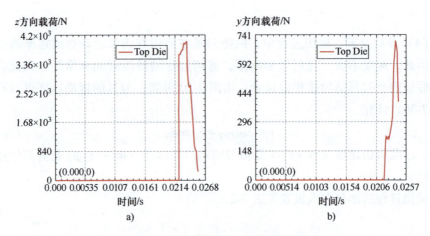

图 7-31　弧形刃侧剪切过程受力模拟结果

a）剪切力　b）侧向推力

由图 7-30 和图 7-31 中的 4 条受力曲线可以看出：

1）模拟出的剪切过程和 7.2.1 小节中理论分析的曲线基本一致，弧形刃的剪切过程中最大剪切力比平行刃低，峰值附近处的曲线比较陡峭，说明剪切过程中的平均剪切力偏小。这说明弧形刃比平行刃更容易剪断废料，也有利于延长剪切机构的使用寿命。

2）弧形刃剪切过程中的侧向推力明显较小，而且侧向推力曲线陡峭，整个过程中的侧向推力都比平行刃剪切过程要低。这说明使用弧形刃有利于减小剪刃的间隙，从而减小导杆的摩擦力，延长导杆的使用寿命。

综合以上分析可知，弧形刃在剪切过程中受到的剪切力和侧面推力明显较低，剪切性能比平行刃优越，这说明在设计过程中用弧形刃还是比较可取的。

根据模拟结果，剪切过程中剪刃的最大受力见表 7-3。

表 7-3　剪切过程中剪刃的最大受力

剪刃形状	力	数值/N
平行刃	最大剪切力	4130
	最大侧面推力	857
弧形刃	最大剪切力	4000
	最大侧面推力	731

7.2.3　剪切机构的有限元分析

图 7-32 所示为剪切机构，通过导杆来保持上下两刀刃的距离，从而完成剪切动作，整个过程中导杆的受力变形对剪刃间隙的影响非常关键，下面详细分析剪切过程中剪刃剪切力对导杆的影响，从而找到结构的薄弱环节，以便采取有效措施改善结构。

图 7-32　剪切机构

由图 7-32 可知，刀具在剪切过程中，不但受到沿剪切方向的剪切力，侧面还受到的推力 T 的作用（见图 7-33），因此，尽管剪刃位置通过两个刀架的旋转中心，推力 T 仍然要传递到刀架上，使导杆与刀架的摩擦增大，尤其在 1 和 2 这两个端点位置受到的力更集中，这将严重加剧导杆和刀架接触处的磨损。如果刀架的刚度较小，剪刃处的间隙将增大，由 7.2.1 小节中剪切过程的分析可知，间隙增大将增大推力 T，这将严重影响刀架甚至整个处理机构的寿命，因此，刀架的受力及刚度分析和验证必不可少。

1. 分析模型的简化

刀架在剪切过程中的主要受力情况如图 7-33 所示，为了把剪切过程中产生的两个方向的分力有效地表达出来，对模型做一些简化，如图 7-34 所示。

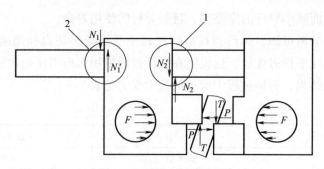

图 7-33　剪切过程中的刀架受力分析

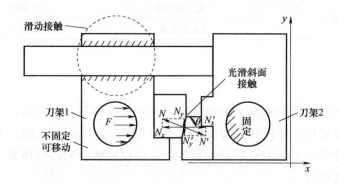

图 7-34　刀架受力分析简化原理

从图 7-34 中可以看出，简化过程主要有三点：

1）将剪断过程简化成两个光滑斜面接触。因为废料带剪断过程中上下两个刀具的受力基本相等，而光滑斜面接触时其作用力与反作用力也是相等的。光滑斜面接触时的受力可以从图 7-34 中看出，施加水平力 F 时，接触面上将产生正压力 N，将 N 沿水平和竖直方向分解成 N_x 和 N_y，由于接触都假设为光滑接触，因此刀架 1 在水平方向只受力 F 和 N_x，则

$$F-N_x=0 \tag{7-37}$$

若假设光滑斜面与水平方向的夹角为 θ，由图 7-34 可得

$$N_x=N_y\tan\theta \tag{7-38}$$

若设 $N_x=P_{\max}$，$N_y=T_{\max}$，由式（7-37）和式（7-38）可得

$$F=P_{\max}$$

$$\theta=\arctan\frac{N_x}{N_y}=\arctan\frac{P_{\max}}{T_{\max}} \tag{7-39}$$

这样就可以利用 7.2.2 小节中计算的结果求出本次分析的斜面倾斜角和施加的水平力 F。

2）将两个刀架的运动简化成一个加约束固定，一个不加约束而施加力。在有限元的分析过程中，至少要一个固定约束，从而使整个机构都不随着所施加的载荷移动，根据作用力与反作用力的原理，简化后水平受力情况与实际一致，因此这种简化也基本符合实际剪切过程。

3）将两把刀具视为刀架的一部分，刀具是固定在刀架上的，因此可以假设刀具和刀架是一个整体。

2. 分析模型的建立

利用 FEMAP 9.31 来进行刀架的有限元分析，因为它操作方便，极易生成固定接触和滑动接触，网格划分也比较容易，且自带求解器 NX-NASTRAN。

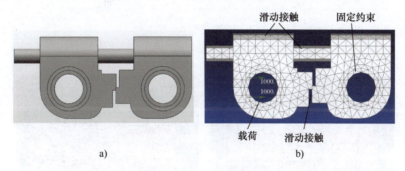

图 7-35　刀架分析模型
a）实体模型　b）分析模型

将模型进行一定的简化（见图 7-35a），导入 FEMAP 9.31 中进行前处理，建立有限元分析模型（见图 7-35b）。

3. 计算结果

根据表 7-4 列出的刀架分析模型的参数设置加载计算后，得到刀架模型的应力和位移云图分别如图 7-36 和图 7-37 所示。

表 7-4　刀架分析模型的参数设置

材料参数	弹性模量	$2.1 \times 10^7 \text{GPa}$
	泊松比	0.3
模型参数	简化面倾斜角	78.69°
	简化面高度	4mm
载荷参数	F	4000N

由图 7-36 和图 7-37，可知：

1）计算得到的结果和理论分析基本一致，导杆与刀架连接和剪刃处的受力

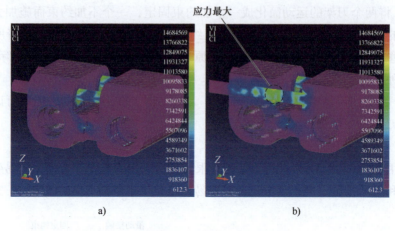

图 7-36 应力云图

a）全视图 b）剖视图

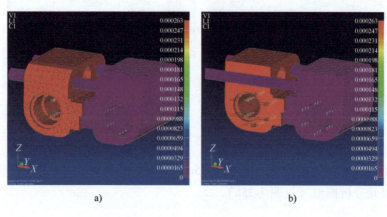

图 7-37 位移云图

a）全视图 b）剖视图

较大，说明这种简化方法的计算结果是可信的。从位移云图中看，刀架 1 整体做刚性移动，但从整个机构来看，刀架安装在曲轴上，曲轴在剪切过程中也会受到力的作用而变形，使两个刀架产生相对位移，因此将力施加在导杆上是合理的。

2）从刀架的受力情况来看，刀架 2 的受力情况比刀架 1 要好，刀架 1 在工作过程中更容易破坏，安装在刀架 1 上的直线轴承受到两端的磨损比较严重。但是总体受力不太大，都在 2MPa 以下。

3）导杆处于两刀架之间的部分，尤其是连接处位置的受力较大。

4）从位移云图中可以看出，位移变化并不大，最大变形不足 0.3μm。因此，对剪切间隙的影响不会太大。

综上所述，从静力学的角度分析，设计的剪切机构能够满足使用的要求。针对分析结果，可以对剪切机构做一些改进或采取加强措施：

1）导向轴在工作过程中做往复运动，其运动频率与工作频率相同，可以适当增加导向轴的直径，或者增加直线轴承的长度（如采用较长的直线轴承或两端加轴承的方式等），尽量缩短工作过程中两刀架的长度。通过这些措施，可以更好地改善剪切机构的性能，使其能够在更高的速度达到更长的使用寿命。

2）刀架的刚度和耐冲击性能要尽可能好，质量要尽可能小。因此，选用材料和热处理工艺非常关键。

3）刀具材料应选择高强度工具钢（高速钢或硬质合金等），在与刀架的连接上应该考虑采用更可靠的可拆卸刚性连接。

7.3　双曲柄滑块式飞剪机构的运动学与动力学分析

7.3.1　机构运动学与动力学分析的主要目的和方法

1. 主要目的

机构的运动学和动力学分析是研究机械性能的重要部分。通过机构的运动和动力分析，可以了解已有机构的运动特性和动力性能，便于更合理、有效地使用各种现有机械，或根据机构性能为某些机械提供改进设计所需的相关数据，以便在改型时参考。设计新的机械时进行机构的运动学和动力学分析，设计师可以在设计过程中检查机构是否符合设计要求，或者发现存在哪些不足，并以此为依据来改进设计。可见，机构的运动学和动力学分析是必要的，也是非常重要的。

进行机构的运动学和动力学分析是在设计新的机械或分析现有机械的工作性能时，计算其机构的运动参数（位移、速度和加速度）和动力学特性（输入力或力矩、各运动副的反力及其变化规律等）。

机构的运动学分析是动力学分析的基础，可以通过运动学分析来确定机构的外轮廓、某些构件运动所需的空间或判断它们运动时是否相互干涉；可以考察构件能否实现预定位移变化的要求，或构件上某特定点和构件能否实现预定位移（角度）变化的要求，或构件上某特定点和构件能否实现预定轨道和角度变化的要求；确定机构各构件及构件上某些点的加速度，以了解机构惯性力平衡、减少振动和噪声等。

机构动力学分析的任务，是在机构运动、构件质量分布、生产阻力（矩）和驱动力（矩）等情况已知的条件下，确定各运动副中的约束反力（矩）和平衡力（矩）。近几十年来，随着人们对生产率的不断追求，机械产品向着高速化、轻量化、精密化、大功率化的方向发展，促进了机构动力学的不断发展。

2. 主要方法

在机构动力学发展史上，有学者先后提出了4种不同水平的分析方法：静力分析、动态静力分析、动力分析、弹性动力分析。前3种方法都是将机构假定为刚性的，第4种方法是将机构当作柔性体进行分析，一般用于高精密机器的计算。静力分析一般用于低速机构，忽略机构惯性力的影响；动力分析的目的在于求出机构在外力作用下的运动功，用于动力学反问题；动态静力分析根据达郎贝尔原理，可将惯性力计入静力平衡方程，求出为平衡静载荷和动载荷而需在驱动机构上施加的输入力及各种运动副中的反作用力，在机构动力学分析中应用最为普遍。

虽然动态静力分析法所依据的都是达郎贝尔原理，但是随着所取分析对象的不同，求解动态静力平衡方程组的方法也不同，从而派生出不同的机构分析法。在摩擦力（矩）与运动副的约束反力成正比的假设下，当考虑摩擦时，机构仍是静定的，因此可以在考虑摩擦的情况下通过对单个构件列写动态静力平衡方程组。本节对曲柄滑块机构的分析就是在考虑摩擦的情况下列写其动力学方程的。考虑摩擦时动力学方程组为非线性，因此解动力学方程组比较困难，这也是本节遇到的一个难题，随着现代电子技术的发展，数值解法也得到了迅速的发展，很多非线性方程组可以通过编程来求解。

目前，机构运动分析和动力分析的方法很多，大致可分为图解法和解析法。图解法工作烦琐、精度低，难以作为优化分析和设计的手段；解析法的特点是把机构问题进一步从数学上进行深化分析，建立数学模型，借助计算机求解，因而精度很高。此外，通过解析法可建立各种运动学、动力学参数和机构参数的函数关系式，便于对机构进行深入的研究。因此，随着计算机的发展和普及，解析法在机构分析和设计方面得到越来越广泛的应用。

3. 运动学和动力学分析的步骤

运动学分析的关键和难点是求解位移方程。动力学分析的关键也在列写动力学方程组。本节采用的运动学和动力学分析的一般步骤如图7-38所示。

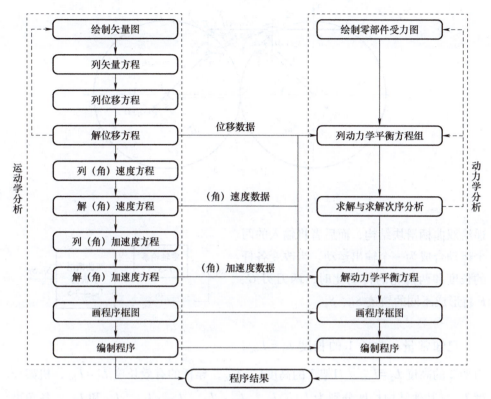

图 7-38　运动学和动力学分析的一般步骤

7.3.2　运动学分析

1. 机构分析

飞剪式废料处理机采取的是双曲柄滑块式机构，其运动可以简化为平面机构运动模型，如图 7-39 所示，两刀架曲柄简化为连杆 OC 和 AB；刀架 2 简化为 CD，其质心为 I，刀架 2 上的剪刃为点 G；刀架 3 为 BE，质心为 J，刀架 3 上的剪刃为点 F。在这个机构中，由齿轮驱动曲柄 1 两侧的齿轮，从而驱动整个机构运动。这里假设曲柄 1 为主动件，将其转角、速度和加速度作为系统参数的输入以求解结果。

图 7-39 所示的机构系统是由一个齿轮机构 1′-3′-5 和一个双曲柄滑块机构 1-2-4-3-5 复合而成（见图 7-40），这种组合方式称为复合式组合。在这种组合方式中，原动件 1 的运动一方面传递给单自由度的齿轮机构，转换成一个运动后，再传递给一个两自由度的双曲柄滑块机构；同时，原动件 1 又将其运动直接传

189

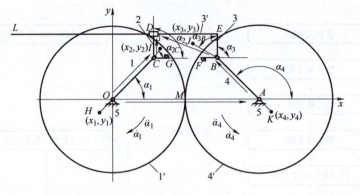

图 7-39　机构矢量图

递给双曲柄滑块结构，而后者将输入的两个运动合成为一个输出运动。当改变各杆的长度和两齿轮的传动比时，两刀刃 G、F 将形成不同的轨迹 S_G、S_F。

2. 变量及常量设置

已知常量：曲柄 1 的长度 $L_1 = L_{OC}$，

刀架 2 的高度 $L_2 = L_{CD}$，刀架 3 的高度 $L_3 = L_{BE}$，导杆的有效长度 $L_3' = L_{DE}$，机架长度 L_{OA}，其他结构长度分别为 L_{CD}、L_{BE}、L_{CI}、L_{AK}、L_{BJ}、L_{OH}、L_{CG} 和 L_{BF}，各角度分别为 α_2、α_3、α_{3B} 和 α_{2C}。

其余已知运动学常量：齿轮 1' 半径 r_1，齿轮 3' 半径 r_3，齿轮 1' 齿数 z_1，齿轮 3' 齿数 z_3，且 $r_1 = r_3$，$z_1 = z_3$，$L_3 = L_2$，$L_4 = L_1$，$\overrightarrow{BE} \perp \overrightarrow{DE}$，$\overrightarrow{CD} \perp \overrightarrow{DE}$，$BCDE$ 形成矩形剪切机构。

已知变量：曲柄 1 的转角 α_1，曲柄 1 的角速度 $\dot{\alpha}_1$，曲柄 1 的角加速度 $\ddot{\alpha}_1$。

建立以 O 点为原点、水平方向为 x 轴、垂直方向为 y 轴的坐标系，并建立如图 7-39 所示的矢量环。

3. 计算过程解析

1）建立矢量方程，即

$$\overrightarrow{OA} + \overrightarrow{AB} + \overrightarrow{BD} = \overrightarrow{OC} + \overrightarrow{CD} \tag{7-40}$$

2）由矢量方程（见式 7-40）建立位移方程，即

$$L_{OA} + L_4 e^{i\alpha_4} + L_{BE} e^{i\alpha_3} + L_{ED} e^{i\left(\frac{\pi}{2} + \alpha_3\right)} = L_{OC} e^{i\alpha_1} + L_{CD} e^{i\alpha_3} \tag{7-41}$$

将矢量方程转化为解析形式，得

$$\begin{cases} x_C = L_1\cos\alpha_1 \\ y_C = L_1\sin\alpha_1 \end{cases} \tag{7-42}$$

$$\begin{cases} x_B = x_A + L_4\cos\alpha_4 = L_{OA} + L_4\cos\alpha_4 \\ y_B = y_A + L_4\sin\alpha_4 = L_4\sin\alpha_4 \end{cases} \tag{7-43}$$

$$\begin{cases} x_D = L_{OA} + L_4\cos\alpha_4 + L_3\cos\alpha_3 + L_{ED}\cos\left(\dfrac{\pi}{2}+\alpha_3\right) = L_1\cos\alpha_1 + L_2\cos\alpha_2 \\ y_D = L_4\sin\alpha_4 + L_3\sin\alpha_3 + L_{ED}\sin\left(\dfrac{\pi}{2}+\alpha_3\right) = L_1\sin\alpha_1 + L_2\sin\alpha_2 \end{cases} \tag{7-44}$$

其中，$\alpha_3 = \alpha_2$，$\alpha_4 = \pi - \dfrac{z_1'}{z_4'}\alpha_1 = \pi - \alpha_1$，$L_3 = L_2$，$L_4 = L_1$，因此，有

$$\begin{cases} x_B = L_{OA} + L_4\cos\alpha_4 = L_{OA} - L_1\cos\alpha_1 \\ y_B = L_4\sin\alpha_4 = L_1\sin\alpha_1 \end{cases} \tag{7-45}$$

在式（7-44）中消去 α_3、α_4、L_3、L_4，整理后得

$$\begin{cases} L_{OA} - L_{ED}\sin\alpha_2 = 2L_1\cos\alpha_1 \\ L_{ED}\cos\alpha_2 = 0 \end{cases} \tag{7-46}$$

解关于 L_{ED} 和 α_2 的方程组得

$$\begin{cases} \alpha_2 = \dfrac{\pi}{2} \\ L_{ED} = L_{OA} - 2L_1\cos\alpha_1 \end{cases} \tag{7-47}$$

由式（7-47）可知，角度 $\alpha_2 = \alpha_3 = \pi/2$，是一个常量。

两刀架旋转中心的距离为

$$L_{BC} = L_{ED} = L_{OA} - 2L_1\cos\alpha_1 \tag{7-48}$$

将式（7-47）带入式（7-44）得

$$\begin{cases} x_D = L_{OA} - L_1\cos\alpha_1 - L_{ED} = L_1\cos\alpha_1 \\ y_D = L_1\sin\alpha_1 + L_2 = L_1\sin\alpha_1 + L_2 \end{cases} \tag{7-49}$$

曲柄 1 与齿轮 1' 的联合质心位移为

$$\begin{cases} x_1 = L_{OH}\cos(\pi+\alpha_1) = -L_{OH}\cos\alpha_1 \\ y_1 = L_{OH}\sin(\pi+\alpha_1) = -L_{OH}\sin\alpha_1 \end{cases} \tag{7-50}$$

曲柄 4 与齿轮 4' 的联合质心位移为

$$\begin{cases} x_4 = L_{OA} + L_{AK}\cos(\alpha_4 - \pi) = L_{OA} + L_{AK}\cos\left[(\pi-\alpha_1)-\pi\right] = L_{OA} + L_{AK}\cos\alpha_1 \\ y_4 = L_{OA} + L_{AK}\sin(\alpha_4 - \pi) = L_{OA} + L_{AK}\sin\left[(\pi-\alpha_1)-\pi\right] = -L_{AK}\sin\alpha_1 \end{cases} \tag{7-51}$$

刀架 2 的质心位移为

$$\begin{cases} x_2 = x_C + L_{CI}\cos\left(\alpha_2 + \alpha_{2C} - \dfrac{\pi}{2}\right) = L_1\cos\alpha_1 + L_{CI}\cos\alpha_{2C} \\ y_2 = y_C + L_{CI}\sin\left(\alpha_2 + \alpha_{2C} - \dfrac{\pi}{2}\right) = L_1\sin\alpha_1 + L_{CI}\sin\alpha_{2C} \end{cases} \tag{7-52}$$

刀架 3 的质心位移为

$$\begin{cases} x_3 = x_B + L_{BJ}\cos(\alpha_3 + \alpha_{3B}) = L_{OA} - L_1\cos\alpha_1 - L_{BJ}\sin\alpha_{3B} \\ y_3 = y_B + L_{BJ}\sin(\alpha_3 + \alpha_{3B}) = L_1\sin\alpha_1 + L_{BJ}\cos\alpha_{3B} \end{cases} \tag{7-53}$$

3）建立速度方程，求式（7-43）的一阶导数得到 C 点速度为

$$\begin{cases} \dot{x}_C = -L_1\dot{\alpha}_1\sin\alpha_1 \\ \dot{y}_C = L_1\dot{\alpha}_1\cos\alpha_1 \end{cases} \tag{7-54}$$

求式（7-45）的一阶导数得到 B 点速度为

$$\begin{cases} \dot{x}_B = L_1\dot{\alpha}_1\sin\alpha_1 \\ \dot{y}_B = L_1\dot{\alpha}_1\cos\alpha_1 \end{cases} \tag{7-55}$$

求式（7-49）的一阶导数得到 D 点速度为

$$\begin{cases} \dot{x}_D = -L_1\dot{\alpha}_1\sin\alpha_1 \\ \dot{y}_D = L_1\dot{\alpha}_1\cos\alpha_1 \end{cases} \tag{7-56}$$

求式（7-48）的一阶导数得到两刀架的相对速度为

$$\dot{L}_{BC} = 2L_1\dot{\alpha}_1\sin\alpha_1 \tag{7-57}$$

求式（7-50）的一阶导数得到曲柄 1 与齿轮 1′的联合质心速度为

$$\begin{cases} \dot{x}_1 = L_{OH}\dot{\alpha}_1\sin\alpha_1 \\ \dot{y}_1 = -L_{OH}\dot{\alpha}_1\cos\alpha_1 \end{cases} \tag{7-58}$$

求式（7-51）的一阶导数得曲柄 4 与齿轮 4′的联合质心速度为

$$\begin{cases} \dot{x}_4 = L_{AK}\dot{\alpha}_1\sin\alpha_1 \\ \dot{y}_4 = -L_{AK}\dot{\alpha}_1\cos\alpha_1 \end{cases} \tag{7-59}$$

求式（7-52）的一阶导数得到刀架 2 的质心速度为

$$\begin{cases} \dot{x}_2 = L_{AK}\dot{\alpha}_1\sin\alpha_1 \\ \dot{y}_2 = -L_{AK}\dot{\alpha}_1\cos\alpha_1 \end{cases} \tag{7-60}$$

求式（7-53）的一阶导数得到刀架 3 的质心速度为

$$\begin{cases} \dot{x}_3 = L_1\dot{\alpha}_1\sin\alpha_1 \\ \dot{y}_3 = L_1\dot{\alpha}_1\cos\alpha_1 \end{cases} \tag{7-61}$$

4）建立加速度方程，求式（7-42）的二阶导数得到 C 点加速度为

$$\begin{cases} \ddot{x}_C = -L_1\ddot{\alpha}_1\sin\alpha_1 - L_1\dot{\alpha}_1^2\cos\alpha_1 \\ \ddot{y}_C = L_1\ddot{\alpha}_1\cos\alpha_1 - L_1\dot{\alpha}_1^2\sin\alpha_1 \end{cases} \tag{7-62}$$

求式（7-45）的二阶导数得到 B 点加速度为

$$\begin{cases} \ddot{x}_B = L_1\ddot{\alpha}_1\sin\alpha_1 + L_1\dot{\alpha}_1^2\cos\alpha_1 \\ \ddot{y}_B = L_1\ddot{\alpha}_1\cos\alpha_1 - L_1\dot{\alpha}_1^2\sin\alpha_1 \end{cases} \tag{7-63}$$

求式（7-49）的二阶导数得到 D 点加速度为

$$\begin{cases} \ddot{x}_D = -L_1\ddot{\alpha}_1\sin\alpha_1 - L_1\dot{\alpha}_1^2\cos\alpha_1 \\ \ddot{y}_D = L_1\ddot{\alpha}_1\cos\alpha_1 - L_1\dot{\alpha}_1^2\sin\alpha_1 \end{cases} \tag{7-64}$$

求式（7-48）的二阶导数得到两刀架的相对加速度为

$$\ddot{L}_{BC} = 2L_1\ddot{\alpha}_1\sin\alpha_1 + 2L_1\dot{\alpha}_1^2\cos\alpha_1 \tag{7-65}$$

求式（7-50）的二阶导数得到曲柄 1 与齿轮 1′ 的联合质心加速度为

$$\begin{cases} \ddot{x}_1 = L_{OH}\ddot{\alpha}_1\sin\alpha_1 + L_{OH}\dot{\alpha}_1^2\cos\alpha_1 \\ \dot{y}_1 = -L_{OH}\ddot{\alpha}_1\cos\alpha_1 + L_{OH}\dot{\alpha}_1^2\sin\alpha_1 \end{cases} \tag{7-66}$$

求式（7-51）的二阶导数得到曲柄 4 与齿轮 4′ 的联合质心加速度为

$$\begin{cases} \ddot{x}_4 = L_{AK}\ddot{\alpha}_1\sin\alpha_1 + L_{AK}\dot{\alpha}_1^2\cos\alpha_1 \\ \ddot{y}_4 = -L_{AK}\ddot{\alpha}_1\cos\alpha_1 + L_{AK}\dot{\alpha}_1^2\sin\alpha_1 \end{cases} \tag{7-67}$$

求式（7-52）的二阶导数得到刀架 2 的质心加速度为

$$\begin{cases} \ddot{x}_2 = -L_1\ddot{\alpha}_1\sin\alpha_1 - L_1\dot{\alpha}_1^2\cos\alpha_1 \\ \dot{y}_2 = L_1\ddot{\alpha}_1\cos\alpha_1 - L_1\dot{\alpha}_1^2\sin\alpha_1 \end{cases} \tag{7-68}$$

求式（7-53）的二阶导数得到刀架 3 的质心加速度为

$$\begin{cases} \ddot{x}_3 = L_1\ddot{\alpha}_1\sin\alpha_1 + L_1\dot{\alpha}_1^2\cos\alpha_1 \\ \ddot{y}_3 = L_1\ddot{\alpha}_1\cos\alpha_1 - L_1\dot{\alpha}_1^2\sin\alpha_1 \end{cases} \tag{7-69}$$

5）运动学计算子程序框图：曲柄滑块机构的运动学计算子程序框图如图 7-41 所示。

7.3.3　动力学分析

1. 机构分析

动力学分析主要将机构分成 4 个构件（见图 7-42），分别分析各个构件的受力，列出其力平衡方程，其中关键是考虑各个转动副及齿轮接触处摩擦的影响。

式 (7-42) 求x_C和y_C
式 (7-43) 求x_B和y_B
式 (7-48) 求L_{BC}
式 (7-49) 求x_D和y_D
式 (7-50) ~ 式 (7-53) 求x_1, y_1, x_4, y_4, x_2, y_2, x_3, y_3
式 (7-54) ~ 式 (7-56) 求$\dot{x}_C$, $\dot{y}_C$, $\dot{x}_B$, $\dot{y}_B$, $\dot{x}_D$, $\dot{y}_D$
式 (7-57) 求$\dot{L}_{BC}$
式 (7-58) ~ 式 (7-61) 求$\dot{x}_1$, $\dot{y}_1$, $\dot{x}_4$, $\dot{y}_4$, $\dot{x}_2$, $\dot{y}_2$, $\dot{x}_3$, $\dot{y}_3$
式 (7-62) ~ 式 (7-64) 求$\ddot{x}_C$, $\ddot{y}_C$, $\ddot{x}_B$, $\ddot{y}_B$, $\ddot{x}_D$, $\ddot{y}_D$
式 (7-65) 求$\ddot{L}_{BC}$
式 (7-66) ~ 式 (7-69) 求$\ddot{x}_1$, $\ddot{y}_1$, $\ddot{x}_4$, $\ddot{y}_4$, $\ddot{x}_2$, $\ddot{y}_2$, $\ddot{x}_3$, $\ddot{y}_3$

图 7-41　曲柄滑块式飞剪的运动学计算子程序框图

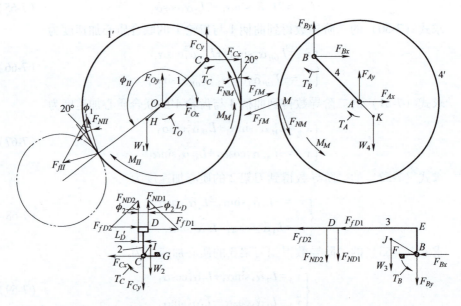

图 7-42　机构受力分析

2. 动力分析常量设置

齿轮 1′采用齿轮驱动，受力分析如图 7-42 所示。已知连杆 1 与齿轮 1′的总质量 m_1，刀架及刀具 2 的总质量 m_2，刀架及刀具 3 的总质量 m_3，连杆 4 与齿轮 4′的总质量 m_4，齿轮传动的摩擦角 ϕ_1，导杆与滑块之间的摩擦角 ϕ_2，滑块的长度 L_D，滑块位置 L_D'，转动副半径 $r_0=r_A$，转动副 O 和 A 处的摩擦系数 $f_O=f_A$，转动副 B 和 C 处的摩擦系数 $f_B=f_C$。基于以上参数及运动学结果和机构参数，根据机构受力分析即可进行机构的动力学分析。

3. 空载时的计算过程解析

空载即在不计入剪切过程剪切力的情况下，对整个机构进行动力学计算。

1）以曲柄 1 与齿轮 1′为研究对象，结合式（7-69），动力学方程为

$$\sum F_x = F_{Ox} + F_{Cx} - F_{NM}\sin\frac{\pi}{9} + F_{fM}\cos\frac{\pi}{9} + F_{NII}\cos\left(\phi_{II} - \frac{\pi}{2} - \frac{\pi}{9}\right) \tag{7-70}$$

$$+ F_{fII}\cos\left(\phi_{II} - \frac{\pi}{9}\right) - m_1\ddot{x}_1 = 0$$

$$\sum F_x = F_{Oy} + F_{Cy} - F_{NM}\cos\frac{\pi}{9} + F_{fM}\sin\frac{\pi}{9} + F_{NII}\sin\left(\phi_{II} - \frac{\pi}{2} - \frac{\pi}{9}\right) \tag{7-71}$$

$$+ F_{fII}\sin\left(\phi_{II} - \frac{\pi}{9}\right) - W_1 - m_1\ddot{y}_1 = 0$$

$$\sum M_O = -M_{II} - F_{Cx}L_1\sin\alpha_1 + F_{Cy}L_1\cos\alpha_1 + M_M + T_O + T_C = 0 \tag{7-72}$$

式中，M_{II} 和 M_M 为驱动齿轮的传动力偶矩；T_O 为转动副 O 的摩擦力矩。

$$M_{II} = \frac{F_{NII}r_1\cos\left(\phi_1 - \frac{\pi}{9}\right)}{\cos\phi_1} \tag{7-73}$$

$$M_M = \frac{F_{NM}r_1\cos\left(\phi_1 - \frac{\pi}{9}\right)}{\cos\phi_1} \tag{7-74}$$

$$F_{fII} = F_{NII}\tan\phi_1 \tag{7-75}$$

$$F_{fM} = F_{NM}\tan\phi_1 \tag{7-76}$$

$$T_O = -\text{sign}\phi_1\rho_O\sqrt{F_{Ox}^2 + F_{Oy}^2} \tag{7-77}$$

$$T_C = -\text{sign}\alpha_1\rho_C\sqrt{F_{Cx}^2 + F_{Cy}^2} \tag{7-78}$$

式中，sign 是符号函数；ρ_O 是转动副 O 的摩擦圆半径（mm），$\rho_O = r_O f_O$；r_O 是转动副 O 的半径（mm）；f_O 是当量摩擦系数；ρ_C 是转动副 C 的摩擦圆半径（mm），$\rho_C = r_C f_C$；r_C 是转动副 C 的半径（mm），；f_C 是当量摩擦系数。

2）以刀架 2 为研究对象，动力学方程为

$$\sum F_x = -F_{Cx} + F_{fD1} + F_{fD2} - m_2\ddot{x}_2 = 0 \tag{7-79}$$

$$\sum F_y = -F_{Cy} + F_{ND1} + F_{ND2} - W_2 - m_2\ddot{y}_2 = 0 \tag{7-80}$$

$$\sum M_C = -F_{ND2}L_D' - F_{fD2}L_2 - F_{fD1}L_2 + F_{ND1}(L_D - L_D') - W_2L_{Cl}\cos\alpha_{2C} - T_C = 0 \tag{7-81}$$

式中，导杆与刀架之间的摩擦力 F_{fD1}、F_{fD2} 的方向和滑块与导杆之间的速度 $\dot{L}_{BC}$ 相反；ϕ_2 为滑块与导杆之间的摩擦角；T_C 为转动副 C 中的摩擦力矩。

$$F_{fD1} = -\mathrm{sign}\ddot{L}_{BC}\,|\,F_{ND1}\,|\tan\phi_2 \tag{7-82}$$

$$F_{fD2} = -\mathrm{sign}\ddot{L}_{BC}\,|\,F_{ND1}\,|2\tan\phi_2 \tag{7-83}$$

3）以刀架 3 为研究对象，动力学方程为

$$\sum F_x = -F_{Bx}-F_{fD2}-F_{fD1}-m_3\ddot{x}_3 = 0 \tag{7-84}$$

$$\sum F_y = -F_{By}-F_{ND1}-F_{ND2}-W_3-m_3\ddot{y}_3 = 0 \tag{7-85}$$

$$\sum M_B = F_{ND2}(L'_D+L_{BC})+F_{fD2}L_3+F_{fD1}L_3+F_{ND1}(L_{BC}+L_D-L'_D)+ \tag{7-86}$$
$$W_3 L_{BJ}\sin\alpha_{3B}+T_B = 0$$

式中，$L_3 = L_2$；T_B 为转动副 B 的摩擦力矩。

$$T_B = -\mathrm{sign}(\alpha_1)\rho_B\sqrt{F_{Bx}^2+F_{By}^2} \tag{7-87}$$

式中，sign 是符号函数；ρ_B 是转动副 B 中的摩擦圆半径（mm），$\rho_B = r_B f_B$；r_B 是转动副 B 的半径（mm）；f_B 是当量摩擦系数。由于转动副 B 和转动副 C 的结构完全相同，因此可取 $\rho_B = \rho_C$。

4）以曲柄 4 与齿轮 4′为研究对象，动力学方程为

$$\sum F_x = F_{Ax}+F_{Bx}+F_{NM}\sin\frac{\pi}{9}-F_{fM}\cos\frac{\pi}{9}-m_4\ddot{x}_4 = 0 \tag{7-88}$$

$$\sum F_y = F_{Ay}+F_{By}-F_{NM}\cos\frac{\pi}{9}-F_{fM}\sin\frac{\pi}{9}-W_4-m_4\ddot{y}_4 = 0 \tag{7-89}$$

$$\sum M_A = -F_{Bx}L_1\sin\alpha_1-F_{By}L_1\cos\alpha_1-T_A-T_B+M_M = 0 \tag{7-90}$$

式中，T_A 为转动副 A 的摩擦力矩。

$$T_A = -\mathrm{sign}\alpha_1\rho_A\sqrt{F_{Ax}^2+F_{Ay}^2} \tag{7-91}$$

式中，sign 是符号函数；ρ_A 是转动副 A 中的摩擦圆半径（mm），$\rho_A = r_A f_A$；r_A 是转动副 A 的半径（mm）；f_A 是当量摩擦系数。由于转动副 O 和转动副 A 的结构完全相同，因此可取 $\rho_A = \rho_O$。

5）动力学计算子程序框图：曲柄滑块机构的动力学计算子程序框图如图7-43所示。

4. 含剪切过程的动力学计算

机构剪切的动作主要依靠惯性冲击完成，其过程既有力的波动，又有速度的波动，因而机构各转动副处的支反力也必然产生比较大的波动。假设剪切过程中的速度值与剪切力是常数，其受力分析如图7-44所示。

从图7-44中可以看出，与空载相比，只在刀架 2 和刀架 3 的刀刃 G 和 F 处分别施加剪切力 P_x 和侧向压力 P_x，其他受力方程没有变化。因此，对式（7-79）~式（7-80）进行修改即可得到计入剪切力时的受力图。

读取L_1、L_2、L_3、z_1、r_1、L_{OH}、L_{AK}、L_B、L_{CI}、L_{OA}、L_{CD}、L_D、L'_D、α_{3B}、α_{2C}、m_1、m_2、m_3、m_4、ϕ_1、ϕ_2、ϕ_{II}、r_B、r_C、r_O、r_A、f_B、f_C、f_O、f_A、g的初始值
运行运动学子程序，计算所有运动学参数初始值
对于$t = 1\sim720$
$\alpha_1 = t\times\pi/180$
调用运动学子程序，计算位移、速度、加速度
联立式 (7-79) ~ 式 (7-87)，求解F_{Cx}、F_{Cy}、F_{Bx}、F_{By}、F_{ND1}、F_{ND2}
联立式 (7-57) ~ 式 (7-91)，利用所求结果F_{Bx}、F_{By}求F_{Ax}、F_{Ay}、F_{NM}
联立式 (7-57) ~ 式 (7-91)，利用所求结果F_{Cx}、F_{Cy}、F_{NM}求F_{Ox}、F_{Oy}、F_{NII}
输出结果F_{Cx}、F_{Cy}、F_{Bx}、F_{By}、F_{ND1}、F_{ND2}、F_{Cx}、F_{Cy}、F_{NM}、F_{Ox}、F_{Oy}、F_{NII}
处理结果，输出曲线图

图 7-43　动力学计算子程序框图

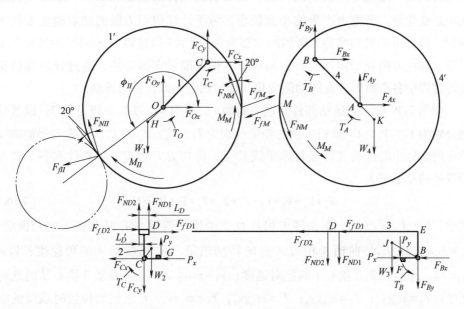

图 7-44　剪切时的机构受力分析

以刀架 2 为研究对象，动力学方程为

$$\sum F_x = -F_{Cx}+F_{fD1}+F_{fD2}-m_2\ddot{x}_2-P_x=0 \tag{7-92}$$

$$\sum F_y = -F_{Cy}+F_{ND1}+F_{ND2}-W_2-m_2\ddot{y}_2+P_y=0 \tag{7-93}$$

197

$$\sum M_C = -F_{ND2}L'_D - F_{fD2}L_2 - F_{fD1}L_2 + F_{ND1}(L_D - L'_D) - W_2 L_{CI}\cos\alpha_{2C} - \tag{7-94}$$
$$T_C + P_y L_{CG} = 0$$

式中，P_x 是剪切力（N）；P_x 是侧向压力（N）。

以刀架 3 为研究对象，动力学方程为

$$\sum F_x = -F_{Bx} - F_{fD2} - F_{fD1} - m_3\ddot{x}_3 + P_x = 0 \tag{7-95}$$

$$\sum F_y = -F_{By} - F_{ND1} - F_{ND2} - W_3 - m_3\ddot{y}_3 - P_y = 0 \tag{7-96}$$

$$\sum M_B = F_{ND2}(L'_D + L_{BC}) + F_{fD2}L_3 + F_{fD1}L_3 + F_{ND1}(L_{BC} + L_D - L'_D) + \tag{7-97}$$
$$W_3 L_{BJ}\sin\alpha_{3B} + T_B + P_y L_{BF} = 0$$

5. 工作过程曲轴速度波动分析

以上分析都是假设曲轴的转速是恒定的，但是在实际工作过程中，曲轴的速度受剪切动作的影响不可能恒定，本文根据能量平衡原理对曲轴转速的波动进行分析。

在机构运转过程中，主要有 5 种能量的变化：电动机的输入功、剪切力所做的剪切功、摩擦力所做的功，以及机构运动部件的动能和势能。电动机的输入功是变化量，摩擦力产生的功比较小，为了计算剪切力做的功对速度变化的影响，假设电动机和摩擦力所做的功都为 0，曲柄 1 以速度 $10\pi\,\mathrm{rad/s}$ 的速度从水平沿 x 轴正方向开始向逆时针方向运转，根据能量守恒定律，通过计算在机构运转过程中各个瞬时位置的动能变化，即可确定曲轴转速的波动。

如图 7-39 所示，运动部件分别为曲柄 1、曲柄 4、刀架 2 和刀架 3，设其动能分别为 V_1、V_4、V_2 和 V_3，重力势能分别为 T_1、T_4、T_2 和 T_3。设重力势能的零位在两曲柄中心连线（即零位水平线）上，剪切力 P 恒定，各部件在各个瞬时位置处的总能量为

$$V_1 + V_4 + V_2 + V_3 + T_1 + T_4 + T_2 + T_3 + Pa = C \tag{7-98}$$

式中，$V_1 = J_{1O}\omega_1^2/2$，J_{1O} 是曲柄 1 相对 O 点的转动惯量，ω_1 是曲柄 1 的角速度；$V_4 = J_{4A}\omega_4^2/2$，J_{4A} 是曲柄 4 相对 A 点的转动惯量，ω_4 是曲柄 4 的角速度；$V_2 = m_2 v_2^2/2$，v_2 是刀架 2 质心 I 的绝对速度；$V_3 = m_3 v_3^2/2$，v_3 是刀架 3 质心 J 的绝对速度；$T_1 = m_1 g y_1$；$T_4 = m_4 g y_4$；$T_2 = m_2 g y_2$；$T_3 = m_3 g y_3$；C 是初始位置时系统的能量；a 是刀具剪入料带的深度。

由图 7-39 可知，$\omega_4 = -\omega_1$，$v_2 = v_C = \omega_1 L_1$，$v_3 = v_B = \omega_4 L_4$，带入式（7-98）得

$$\frac{1}{2}J_{1O}\omega_1^2 + \frac{1}{2}J_{4A}\omega_1^2 + \frac{1}{2}m_2\omega_1^2 L_1^2 + \frac{1}{2}m_3\omega_1^2 L_3^2 + m_1 g y_1 + m_4 g y_4 + m_2 g y_2 + m_3 g y_3 + Pa = C$$

$$\tag{7-99}$$

机构的总能量可以转化为关于变量 ω_1、y_2、y_3、y_4 和 a 的函数（见式 7-99）。因此，可以根据曲轴各个坐标位置的不同而计算出机构在该位置的速度，即

$$\omega_1 = \sqrt{\frac{C-m_1gy_1-m_4gy_4-m_2gy_2-m_3gy_3-Pa}{\frac{1}{2}J_{1O}+\frac{1}{2}J_{4A}+\frac{1}{2}m_2L_1^2+\frac{1}{2}m_3L_3^2}} \qquad (7\text{-}100)$$

当剪刃不进行剪切时，$P=0$。

7.3.4　运动学与动力学分析计算及结果

根据运动学和动力学的分析公式，采用 MATLAB 编写计算程序，求得运动学和动力学分析结果。通过 MATLAB 的图形处理功能，可以方便地求出各参数之间的相互关系。其中，动力学方程求解的关键是解非线性方程组，本小节采用了 MATLAB 提供的数值迭代求解函数 fsolve 来进行非线性方程组的求解。

1. 机构已知参数确定

采用建好的 NX 模型来计算模型中运动模块的各个参数（质心与旋转中心的相对位置），材料为 40Cr，密度为 8520kg/m³。为简化计算，将运动构件分成 3 个部件来进行求解：曲柄（设两个曲柄的参数都一样）、上刀架和下刀架。

曲柄机构的质量和质心如图 7-45 所示，将齿轮和曲柄看作一个转动部件——曲轴，则其质量参数，

曲轴质心 O 的坐标为（570，162.87）。

曲柄质心旋转中心 H 的坐标为（570，165）。

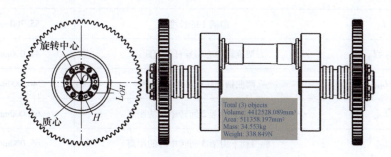

图 7-45　曲柄机构的质量和质心

下刀架质心参数计算结果如图 7-46 所示。下刀架的旋转中心 B 的坐标为（520.95，241.83），下刀架的质心 J 的坐标为（570，220.7）。因此，$L_{BJ}=53.410$mm，$\alpha_{3B}=66.690°$，$m_3=9.704$kg。

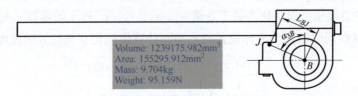

图 7-46　下刀架质心参数计算结果

上刀架的质心参数计算结果如图 7-47 所示。上刀架的质心 I 的坐标为 (339.12，234.70)，上刀架的旋转中心 C 的坐标为 (330.00，220.70)。因此，$L_{CI} = 16.700$mm，$\alpha_{2C} = 56.900°$，$m_2 = 7.474$kg，$L_D = 79.500$mm，$L'_D = 39.500$mm。所有已知参数汇总见表 7-5。

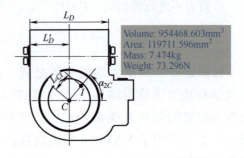

图 7-47　上刀架质心参数计算结果

表 7-5　所有已知参数汇总

代号	名称	数值
m_1	曲轴 1 的质量	34.560kg
m_2	上刀架 2 的质量	7.474kg
m_3	下刀架 3 的质量	9.704kg
m_4	曲轴 4 的质量	34.560kg
L_1	曲柄 1 的长度	55.700mm
$L_2 = L_3$	刀架旋转中心与导杆垂直距离	44.000mm
L_{OA}	两曲柄旋转中心的中心距	240.000mm
L_{CG}	剪刃到上刀架 2 回转中心的距离	65.000mm
L_{BF}	剪刃到下刀架 3 回转中心的距离	65.000mm
$z_1 = z_2$	驱动齿轮齿数	83.000mm
r_1	驱动齿轮的半径	124.500mm
L_{OH}	曲柄质心与旋转中心的距离	2.140mm

（续）

代号	名称	数值
L_{BJ}	下刀架 3 质心与旋转中心的距离	53.410mm
α_{3B}	下刀架 3 质心偏角	66.690°
L_{CI}	上刀架 2 质心与旋转中心的距离	16.700mm
α_{2C}	上刀架 2 质心偏角	56.900°
L_D	刀架滑槽长度	79.500mm
L_D'	刀架滑槽位置	39.500mm
J_{1O}	曲柄相对旋转中心的转动惯量	$1.670×10^5 kg \cdot mm^2$
ϕ_1	齿轮传动的摩擦角（按有润滑时钢与钢之间的摩擦）	0.0997rad
ϕ_2	导杆与滑块之间的摩擦角	0.0600rad
ϕ_{II}	驱动小齿轮的位置角	3.4495rad
$r_C = r_B$	刀架与曲柄之间转动副的半径	35.000mm
$f_C = f_B$	刀架与曲柄之间的当量摩擦系数	0.0129
$r_O = r_A$	曲柄与机架之间的转动副半径	50.000mm
$f_O = f_A$	曲柄与机架之间的当量摩擦系数	0.0080
ϕ_{ST}	刀具剪入料带起始角	9.100°
ϕ_E	刀具剪入料带终止角	9.900°

2. 程序结构

程序总体上分为 3 个部分：参数输入子程序、运动参数求解子程序和动力学求解子程序。每个子程序用一个或多个 M 文件来编写。图 7-48 所示为运动学与动力学计算程序结构图。其中运动学参数计算子程序和动力学子程序都可以单独运行，以便于结果的输出。

3. 程序计算及结果

运动学分析中，主要分析了各个构件连接点和质心的运动轨迹、运动速度和运动加速度。

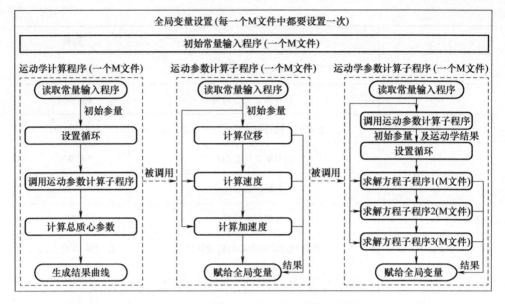

图 7-48　运动学与动力学计算程序结构图

1）各连接点和构件质心的运动轨迹结果如图 7-49 所示，由速度方程可得 ［见式（7-54）、式（7-56）和式（7-60）］ 构件 2 质心 *I*、*D* 点和 *C* 点的速度在任意时刻都是相同的，这和实际运动相吻合，同时也证明了所列公式的正确性，方便进行动力学计算。

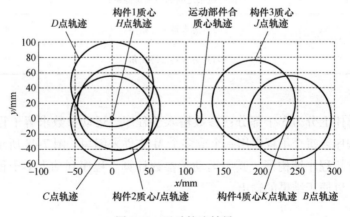

图 7-49　运动轨迹结果

2）当各计算点处的速度变化规律为空载且机构正常工作时，整个机构处于匀速状态，因此，设曲柄的运转速度为 $\dot{\alpha}_1 = -10\pi\mathrm{rad/s}$，当加速度为 0 时，机构的速度和加速度变化规律如图 7-50 和图 7-51 所示。

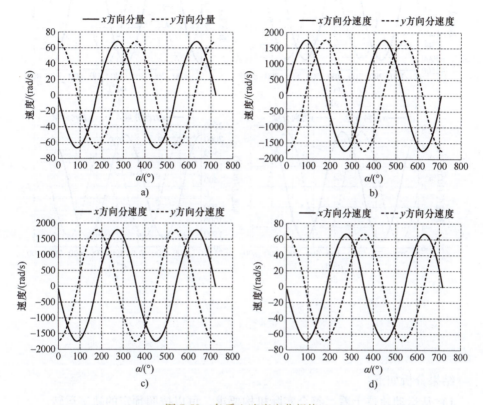

图 7-50　各质心速度变化规律

a）构件 1 质心 H 的速度变化曲线　b）构件 2 质心 I 的速度变化曲线
c）构件 3 质心 J 的速度变化曲线　d）构件 4 质心 K 的速度变化曲线

3）动力学方程采用 MATLAB 中的 fsolve 函数求解，这种解法采用数值迭代的方法进行，在计算开始可能出现一些数据的跳动，计算时选择两个周期来计算结果，以消除数据跳动带来的干扰。图 7-52 所示为运转速度 $\dot{\alpha}_1 = -10\pi\mathrm{rad/s}$ 和加速度 $\ddot{\alpha}_1 = 0$ 的条件下，计算空载状态下各旋转副的支反力及齿轮正压力变化规律曲线。

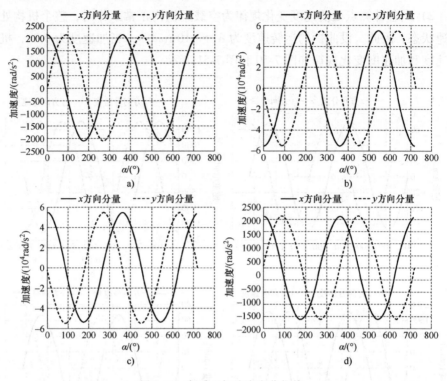

图 7-51　各质心加速度变化规律

a）构件 1 质心 H 的加速度变化曲线　b）构件 2 质心 I 的加速度变化曲线

c）构件 3 质心 J 的加速度变化曲线　d）构件 4 质心 K 的加速度变化曲线

结果分析如下：

1）从运动轨迹上看，符合实际机构要求，可以按照预定的轨迹运转。

2）从速度和加速度规律上看，速度和加速度变化都是弦函数变化，变化比较平缓，周期也都相同。

3）从各转动副的支反力情况来看，导杆上的作用力 F_{ND1} 和 F_{ND2} 以及转动副 B、C 处的支反力变化都比较规律，而转动副 A 和 O 处的支反力变化波动比较大，将给机构带来负面的影响。其原因可能是配重不完全，因此，有必要对整个机构的配重及动平衡进行计算。

4）为了显示剪切过程中各力的突变，在剪切区域根据含剪切过程的动力学公式计算，其他区域按空载动力学公式计算。剪切力大小的确定参照表 7-3。其他参数参照表 7-5。假设剪切和不剪切时机构都以相同的速度匀速运转，运转速度 $\dot{\alpha}_1 = -10\pi\,\mathrm{rad/s}$，加速度 $\ddot{\alpha}_1 = 0$，求出各旋转副的支反力和齿轮正压力变化规律曲线如图 7-53 所示。

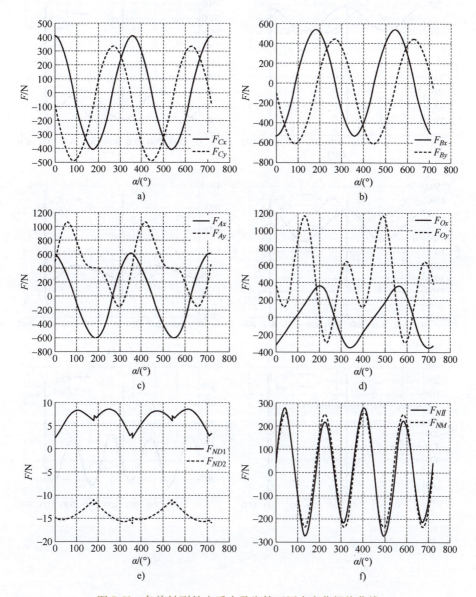

图 7-52　各旋转副的支反力及齿轮正压力变化规律曲线

a）转动副 C 处的支反力 F_{Cx} 和 F_{Cy}　b）转动副 B 处的支反力 F_{Bx} 和 F_{By}

c）转动副 A 处的支反力 F_{Ax} 和 F_{Ay}　d）转动副 O 处的支反力 F_{Ox} 和 F_{Oy}

e）导杆的正压力 F_{ND1} 和 F_{ND2}　f）齿轮接触面的正压力 F_{NH} 和 F_{NM}

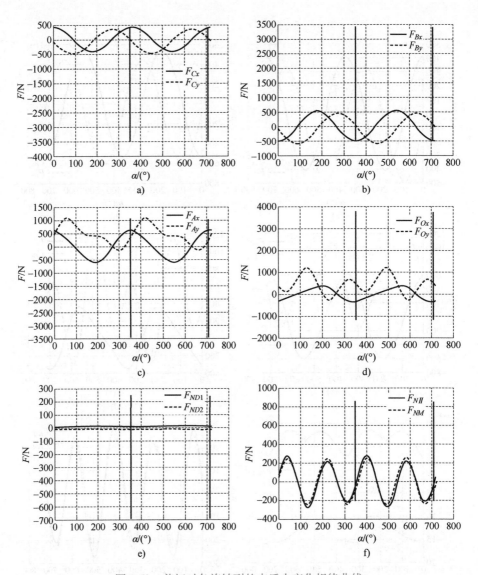

图 7-53　剪切时各旋转副的支反力变化规律曲线

a) 转动副 C 处的支反力 F_{Cx} 和 F_{Cy}　b) 转动副 B 处的支反力 F_{Bx} 和 F_{By}

c) 转动副 A 处的支反力 F_{Ax} 和 F_{Ay}　d) 转动副 O 处的支反力 F_{Ox} 和 F_{Oy}

e) 导杆的作用力 F_{ND1} 和 F_{ND2}　f) 齿轮接触面的正压力 F_{NII} 和 F_{NM}

从图 7-53 中可以看出，在空载时机构各转动副处的支反力与图 7-52 中相同，但是在剪切过程中，各点支反力将出现很大突变，而且突变很短暂。这表明剪切过程是一个冲击过程，会引起机构受力突变。因此，设计时应当加强机构的抗冲击能力，尤其是齿轮和导杆。

5）机构总能量 C 的计算见式（7-100），其他各参数见表 7-5。编写 MATLAB 计算程序，曲轴转速在 2 个周期内自行运转时的波动情况如图 7-54 所示。

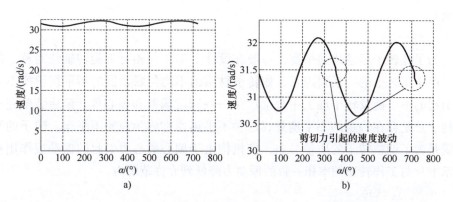

图 7-54　曲轴转速变化曲线
a）曲轴转速变化曲线　b）曲轴转速变化曲线放大图

从图 7-54 中可以看出，剪切力在机构运转过程中对曲柄转速波动的影响比较小，机构质心的不平衡对曲轴转速的影响较大，因此，机构的平衡很重要。同时，这也反映出另一个问题，即机构尺寸偏大，可以在一定限度内减小机构整体尺寸，从而减小曲柄的转动惯量，避免材料浪费。

7.4　双曲柄滑块式飞剪机构的平衡分析

双曲柄滑块式飞剪机构的运动是由 2 个旋转运动组成，在旋转机构运转时构件将产生惯性力和惯性力偶矩，它们在机构各运动副中引起动压力，并传递到机架上。由于惯性力和惯性力偶矩的大小和方向随着机械运转的循环而产生周期性变化，因此，当它们不平衡时，将使整个机构发生振动，引起工作精度和可靠性的下降、零件的磨损和疲劳，以及产生有害人体的噪声。如果振动频率接近振动系统的固有频率，有可能引起共振而使其损坏，甚至影响周围建筑和人员的安全。随着曲线开料机整机加工速度的增加，曲轴的转速也将增加，上述问题就显得更加突出。因此，为了尽量消除附加动压力，必须减少有害的机械振动现象，以改善机器的工作性能和延长其使用寿命。

7.4.1 机构平衡问题及解决方法

平面机构的平衡一般可以分为机架上的平衡问题（一般机构各构件的惯性力和转矩在机架上的平衡）和转子的平衡问题（绕固定轴回转构件的惯性力平衡）。

1. 转子的平衡

为了让转子尽量达到平衡，一般在设计上都使它相对于旋转轴线对称。但是，由于工艺上的一系列因素，如转子材质的不均匀联轴器的不平衡键槽不对称引起的不平衡及转子加工中总会产生一些圆度偏差和偏心等，最后装配完毕的转子总是存在一定的不平衡量，这种不平衡通常称为原始不平衡。转子的平衡就是为了调整转子的质量分布，使机构由于偏心离心力引起的振动或作用在轴承上、与工作转速频率相一致的振动力降低到允许范围内。

2. 平面机构的平衡

在平面机构中存在着往复运动和平面复合运动的构件，它们的惯性力和惯性力偶矩不可能像回转构件一样在构件内部得到平衡，但是就整个机构而言，其所有构件在机架上所产生的总惯性力和总惯性力偶矩可以得到平衡。而转矩的平衡一般必须与机构的驱动力矩和阻力矩综合考虑。讨论平面机构平衡问题的 3 个基本结论如下：

（1）机构的总质心　设 $Oxyz$ 是一个确定的坐标系，则机构总质心 S 在坐标系中的坐标可表示为

$$
\begin{cases}
x_S = \dfrac{1}{m} \displaystyle\sum_{i=1}^{n} m_i x_i \\[2mm]
y_S = \dfrac{1}{m} \displaystyle\sum_{i=1}^{n} m_i y_i \\[2mm]
z_S = \dfrac{1}{m} \displaystyle\sum_{i=1}^{n} m_i z_i
\end{cases}
\tag{7-101}
$$

其矢量表示为

$$
\boldsymbol{r}_S = \frac{1}{m} \sum_{i=1}^{n} m_i \boldsymbol{r}_i
\tag{7-102}
$$

式中，n 是机构的质点数；m_i 是第 i 个质点的质量；$\boldsymbol{r}_i$ 是第 i 个质点的位置矢量，$\boldsymbol{r}_i = (x_i, y_i, z_i)^T$；$\boldsymbol{r}_S$ 是机构总质心对原点 O 的位置矢量，$\boldsymbol{r}_S = (x_S, y_S, z_S)$；$m = \displaystyle\sum_{i=1}^{n} m_i r_i$ 是机构的总质量。

（2）机构的惯性主矢和惯性主矩　将机构中各点质量 m_i 的惯性力 $-m_i a_i$ 向坐标原点简化，可得一惯性主矢 $\boldsymbol{P}_I$ 和一惯性主矩 $\boldsymbol{M}_I$，其计算式为

$$\boldsymbol{P}_I = -\sum_{i=1}^{n} m_i \boldsymbol{a}_i = -m\boldsymbol{a}_S \tag{7-103}$$

$$\boldsymbol{M}_I = -\sum_{i=1}^{n} r_i m_i \boldsymbol{a}_i = -m\boldsymbol{a}_S \tag{7-104}$$

将 $\boldsymbol{P}_I$、$\boldsymbol{M}_I$ 向 x 轴、y 轴、z 轴投影可得

$$\begin{cases} P_{Ix} = -\sum_{i=1}^{n} m_i \ddot{x}_i = -m\ddot{x}_S \\[2mm] P_{Iy} = -\sum_{i=1}^{n} m_i \ddot{y}_i = -m\ddot{y}_S \\[2mm] P_{Iz} = -\sum_{i=1}^{n} m_i \ddot{z}_i = -m\ddot{z}_S \end{cases} \tag{7-105}$$

$$\begin{cases} M_{Ix} = -\sum_{i=1}^{n} m_i (y_i \ddot{z}_i - z_i \ddot{y}_i) \\[2mm] M_{Iy} = -\sum_{i=1}^{n} m_i (z_i \ddot{x}_i - x_i \ddot{z}_i) \\[2mm] M_{Iz} = -\sum_{i=1}^{n} m_i (x_i \ddot{y}_i - y_i \ddot{x}_i) \end{cases} \tag{7-106}$$

式中，$\boldsymbol{a}_S$ 是机构总质心的加速度，$\boldsymbol{a}_S = (\ddot{x}_S, \ddot{y}_S, \ddot{z}_S)^T$；$\boldsymbol{a}_i$ 是第 i 个质点的加速度，$\boldsymbol{a}_i = (\ddot{x}_i, \ddot{y}_i, \ddot{z}_i)$。

（3）机构惯性主矢和惯性主矩的平衡条件　对于做周期运动的机构，其惯性主矢平衡的充要条件为 $\boldsymbol{r}_s = \boldsymbol{c}$（常矢量）。

机构惯性主矩平衡的充要条件为

$$\begin{cases} M_{Ix} = -\sum_{i=1}^{n} m_i (y_i \ddot{z}_i - z_i \ddot{y}_i) = 0 \\[2mm] M_{Iy} = -\sum_{i=1}^{n} m_i (z_i \ddot{x}_i - x_i \ddot{z}_i) = 0 \\[2mm] M_{Iz} = -\sum_{i=1}^{n} m_i (x_i \ddot{y}_i - y_i \ddot{x}_i) = 0 \end{cases} \tag{7-107}$$

对于平面机构，由于 z 为常数，故其惯性主矩平衡的充要条件为

$$\begin{cases} \sum_{i=1}^{n} m_i z_i \ddot{y}_i = 0 \\ \sum_{i=1}^{n} m_i z_i \ddot{x}_i = 0 \\ \sum_{i=1}^{n} m_i (x_i \ddot{y}_i - y_i \ddot{x}_i) = 0 \end{cases} \qquad (7\text{-}108)$$

为方便起见,惯性主矢和惯性主矩常常简称为惯性力和惯性力矩。

目前,关于平衡构件惯性力的方法主要分为两大类:加平衡质量(配重)法和加平衡构件法。对于某些特定的机构,也可以采用第三类方法,即对称布置法。

1)加平衡质量法:如图 7-55 所示,同时在 C' 和 B' 处加平衡质量,可使机构完全平衡。但因在 C' 处加平衡质量存在结构上的困难,且所加的总平衡质量太大,故一般不采用这种方法。通常采用的方法是在 B' 处加平衡质量,这样只能平衡滑块一阶惯性力的一部分。

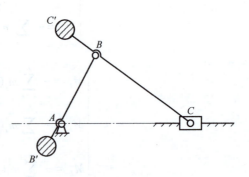

图 7-55 加平衡质量法

2)加平衡机构法:采用齿轮作为平衡机构来平衡曲柄滑块机构,可以平衡一阶惯性力和二阶惯性力。但该平衡机构的结构复杂、尺寸大。

3)对称布置法:利用对称机构或几套相似机构实现完全或部分平衡,该方法的平衡效果好,但整个机构的体积庞大,仅适用于某些特定场合。

这三类方法的核心问题是合理分配机构中各构件的质量分布,使机构的惯性力和惯性力矩达到平衡。根据双曲柄滑块机构的特点,本章采取加平衡质量和对称布置的方法来达到机构的平衡。确定机构惯性力平衡时,所需配重的计算方法有主导点矢量法、质量替换法和线性独立矢量法。线性独立矢量法是目前确定机构惯性力平衡时所需配重的一种较好的方法,它具有运算简洁、几何意义明确等特点,不仅可以用于平面机构的平衡问题,还可以用于空间结构的平衡问题、其基本出发点依然是使机构的质心在机构运转中保持静止。

7.4.2 双曲柄滑块机构的平衡分析

从原理上看,双曲柄滑块式飞剪机构既可以看作是一种对称的平面机构,同时两个曲柄又是由两个曲轴构成。因此，又可以看作是对称布置的两个转子机构，要对曲柄滑块式飞剪机构进行动平衡的分析，就要从这两个方面综合考虑，并优化机构。为了使其在机架上达到平衡，要求整个机构能达到整体的平衡。同时对曲轴的转动性能进行分析和验算，保证有较高的安全性和抗疲劳性。对此，采用如图 7-56 所示的思路，对现有的双曲柄滑块式飞剪机构进行平衡分析。平衡分析中假定构件是刚体，质量不随时间变化。

1. 初始机构的平衡分析

（1）初始双曲柄滑块式飞剪机构的质心位置及速度参数计算　曲柄滑块机构的质心位置可以根据 7.3 节的双曲柄滑块式飞剪机构的参数和式（7-101）计算。通过 MATLAB 程序计算机构总体质心运动轨迹图。双曲柄滑块式飞剪机构总体质心的轨迹为一个椭圆形轨迹，其位置随转角的变化曲线如图 7-57 所示。

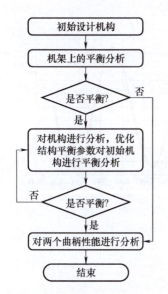

图 7-56　机构平衡分析过程

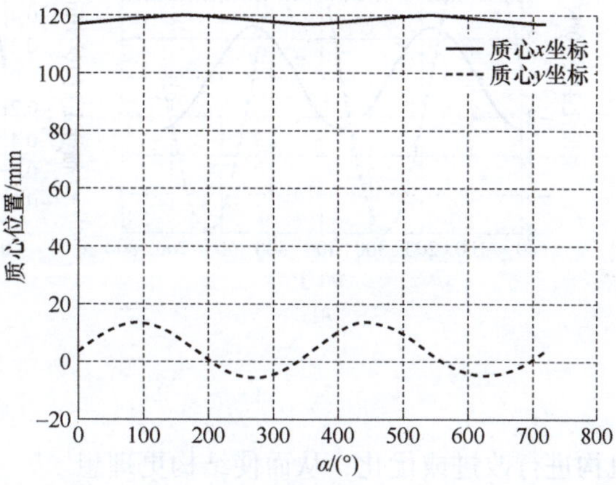

图 7-57　质心位置随转角的变化曲线

　　假设曲柄转速为 $10\pi\text{rad/s}$，总体质心速度变化曲线如图 7-58a 所示，加速度变化曲线如图 7-58b 所示。

　　（2）曲柄滑块机构的惯性主矢和惯性主矩　根据式（7-105）可求得该曲柄滑块机构的惯性主矢，根据机构的已知数据，求出一个周期中各点处的惯性主矢和惯性主矩，其变化曲线图如图 7-59 所示。

　　由图 7-57~图 7-59 所示的分析结果和图 7-52 所示的动力学分析结果可以看出，初始设计的曲柄滑块机构的惯性主矢和惯性主矢不满足平衡条件，需要对

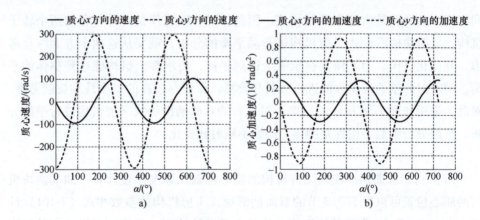

图 7-58 质心速度和加速度变化曲线

a）速度变化曲线 b）加速度变化曲线

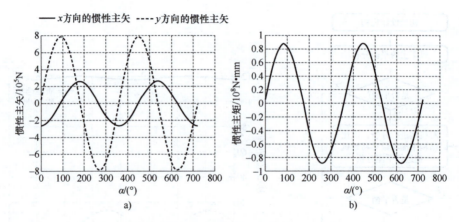

图 7-59 惯性主矢变化曲线

a）惯性主矢 b）惯性主矩

机构进行改进或优化，从而使结构更理想。

2. 双曲柄滑块式飞剪机构平衡方法分析

双曲柄滑块式飞剪机构的工作速度比较高，而且前后刀架都采用曲柄结构，运转过程中刚度较差，因此，平衡问题更为关键，必须对机构进行分析，并针对其特点进行优化。

（1）结构特点分析 根据图 7-39 可知，曲柄滑块式飞剪机构主要有以下结构特点：

1）曲柄滑块机构可以认为是一个左右对称结构。

2）采用上下刀架的形式，刀架质量分布不对称。

3）导杆及其安装形式也影响结构的对称性。

4）刀架除了随曲柄绕曲柄旋转中心转动，对曲柄还有相对转动，其质心的变化会对整个机构的运转情况产生一定的影响。

5）由于刀架的存在，没有配重的情况下，曲轴运转过程一定会有偏心。

（2）解决方法　针对以上结构特点，具体解决方法如下：

1）采用结构对称布置法。

2）采用配重平衡刀架。

3）导杆的安装形式有增加构件法和增加配重法两种，如图 7-60 所示。

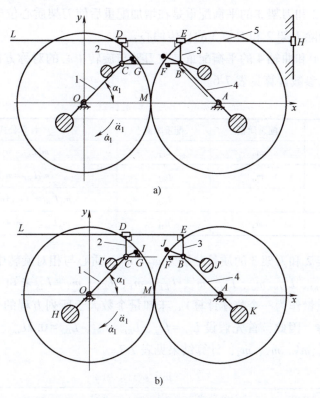

图 7-60　导杆影响的解决办法

a）增加构件法　b）增加配重法

① 增加构件法，即增加一个竖直导杆，这样两刀架的运动和质量都与导杆分离，可以减小刀架的质量，只需要对刀架增加少量的配重就可以达到较好的平衡，但是这种方法要增加多余的机构，如图 7-60a 所示。

② 增加配重法，仍采用原来的机构，将导杆固定在一个刀架上，对刀架和导杆组成的整体增加配重加以平衡，如图 7-60b 所示。这种方法会增加刀架的质量，但是结构比较简单，实现起来也比较容易。

4）对刀架单独进行配重平衡，如图 7-60b 中的配重 I' 和 J'。

5）对曲轴总体进行配重平衡，如图 7-60b 中的配重 H 和 K。

综合以上分析，为了使机构在保证实现功能的前提下尽量简单，本章将采用对称布置和增加配重的方法来进行曲柄滑块式飞剪机构的平衡分析。

3. 双曲柄滑块式飞剪机构平衡分析

（1）配重参数计算　要想达到比较理想的配重效果，应增加 4 个配重，如图 5-60 所示。

1）刀架 2 和刀架 3 的平衡配重是在增加配重后使刀架质心位于转动副 C 和 B 处，如此消除刀架 2 和刀架 3 的自传偏心。

2）曲轴 1 和曲轴 4 的平衡配重是在刀架与旋转中心的对称方向增加配重 H 和 K。各配重参数计算见表 7-6。

表 7-6　各配重参数计算

配重对象	配重质量	配重距离	计算公式
刀架 2	m_2'	$L_{CI'}$	$m_2' L_{CI'} = m_2 L_{CI}$
刀架 3	m_3'	$L_{BJ'}$	$m_3' L_{BJ'} = m_3 L_{BJ}$
曲轴 1	m_1	L_{OH}	$m_1 L_{OH} = (m_2 + m_2') L_{OC}$
曲轴 4	m_4	L_{AK}	$m_4 L_{AK} = (m_3 + m_3') L_{AB}$

假设刀架 2 和刀架 3 的质量分别为 m_2、m_3，质心与相对旋转中心 C 和 B 的距离分别为 L_{BJ}、L_{CI}。m_2'、L_{CI}、m_3'、$L_{BJ'}$、m_1、L_{OH}、m_4、L_{AK} 未知（这里将整个曲轴与配重质量作为一个整体计算），未知量个数大于所列方程的个数，所以方程有无数个解。因此，首先假设 $L_{CI'} = L_{CI}$、$L_{BJ'} = L_{BJ}$、$L_{OH} = 0.2L_{OC}$、$L_{AK} = 0.2L_{AB}$，则可求出 m_2'、m_3'、m_1、m_4，计算结果见表 7-7。

表 7-7　配重参数计算结果

已知量	计算公式	条件	结果
$m_2 = 7.474\text{kg}$	$m_2' L_{CI} = m_2 L_{CI}$	$L_{CI'} = L_{CI}$	$m_2' = 7.474\text{kg}$
$m_3 = 9.704\text{kg}$	$m_3' L_{BJ'} = m_3 L_{BJ}$	$L_{BJ'} = L_{BJ}$	$m_3' = 9.704\text{kg}$
$L_{BJ} = 53.410\text{mm}$	$m_1' L_{OH} = (m_2 + m_2') L_{OC}$	$L_{OH} = 0.4L_{OC}$	$m_1 = 37.370\text{kg}$
$L_{CI} = 16.710\text{mm}$	$m_4' L_{AK} = (m_3 + m_3') L_{AB}$	$L_{AK} = 0.4L_{AB}$	$m_4 = 48.520\text{kg}$

（2）平衡性能验算　为了验算上述平衡计算的效果，将表 7-7 中的结果转化后作为初始值带入计算质心、惯性主矩和惯性主矢的程序中，求得两个周期内的变化曲线，结果如图 7-61 和图 7-62 所示。

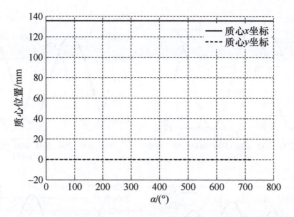

图 7-61　平衡后质心位置在两个周期内的变化曲线

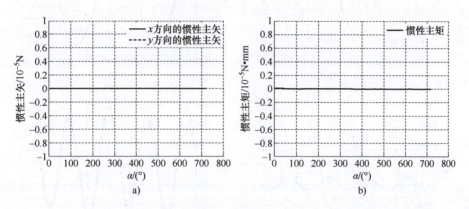

a)　　　　　　　　　　　　　b)

图 7-62　平衡后机构的惯性主矢和惯性主矩的变化曲线

a）惯性主矢　b）惯性主矩

从图 7-61 和图 7-62 中可以看出，平衡计算后机构的质心位置基本恒定不变，惯性主矢和惯性主矩的变化分别在 10^{-10} 和 10^{-7} 范围之内，可看作计算误差所致。因此可以认为，经过这样的平衡后，机构已经达到平衡。

（3）带入动力学程序验算其动力学性能　增加配重后，原来机构的参数变动为 $m_1 = 37.370\text{kg}$、$m_2 = 14.948\text{kg}$、$m_3 = 19.408\text{kg}$、$m_4 = 48.520\text{kg}$、$L_{CI} = 0$、$L_{BJ} = 0$、$L_{OH} = 0.4L_1$、$L_{AK} = 0.4L_1$，其余参数不变。将以上参数作为动力学计算程序的初始值进行计算，结果如图 7-63 所示。

由结果可知，调整结构后曲轴旋转中心的 A 点和 O 点的受力明显变得比较规律。因此，增加配重后，机构旋转性能较原有机构有了明显改善。

215

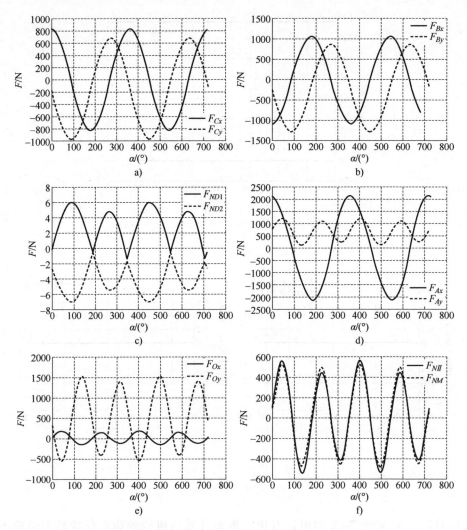

图 7-63　动力学分析结果

a) 转动副 C 处的支反力 F_{Cx} 和 F_{Cy}　b) 转动副 B 处的支反力 F_{Bx} 和 F_{By}

c) 导杆的正压力 F_{ND1} 和 F_{ND2}　d) 转动副 A 处的支反力 F_{Ax} 和 F_{Ay}

e) 转动副 O 处的支反力 F_{Ox} 和 F_{Oy}　f) 齿轮接触面的正压力 F_{NII} 和 F_{NM}

7.4.3　曲轴的模态分析

在双曲柄滑块式飞剪机构的工作过程中，最关键的构件就是曲轴，曲轴的性能直接影响整机的性能和飞剪工作的极限转速，有必要对其刚度和动态特性进行分析，预测其静、动态特性。了解曲轴的固有频率、相应振型和极限转速的特点，找出其薄弱环节，以便提出相应的改善措施。本小节对曲轴做模态分析。

1. 模态分析理论

模态分析的理论基础是在机械阻抗和导纳的概念上发展起来的。近十余年来，模态分析理论吸取了振动理论、信号分析、数据处理、数理统计及自动控制理论中的精华，并结合自身发展，形成了独特理论。而在结构模态分析中，具体的机械结构可看成多自由度的振动系统，具有多个固有频率，在阻抗试验中表现为多个共振区，这种在自由振动时结构所具有的基本振动特性就是结构的模态。结构模态是由结构本身的特性与材料特性所决定的，与外载和初始条件无关。

对于一个有 N 自由度的线性系统，其运动微分方程可表示为

$$[M]\{x''\}+[C]\{x'\}+[K]\{x\}=\{F\} \tag{7-109}$$

式中，$[M]$ 是质量；$[C]$ 是系统阻尼；$[K]$ 是刚度矩阵；$\{x''\}$ 是系统各点的加速度响应矢量；$\{x'\}$ 是系统各点的速度响应量；$\{x\}$ 是系统各点的位移响应量；$\{F\}$ 是系统各点的激励力矢量。

模态分析方法是以无阻尼的各阶主振型所对应的模态坐标来代替物理坐标，将式（7-109）解耦成各个独立的微分方程，拉氏变换后得到

$$(s^2[M]+s[C]+[K])\{x(s)\}=\{F(s)\} \tag{7-110}$$

引入模态坐标 $\{q\}$，令 $s=(K_i-\omega_i^2 M_i+j\omega_i C_i)q_i=\sum_{j=1}^n \phi_i F_j jw$，$\{x\}=[\phi]\{q\}$，其中 $[\phi]$ 可以将 $[M]$、$[C]$、$[K]$ 对角化，进一步解耦后在模态坐标下相互独立的 N 自由度系统方程组为

$$(K_i-\omega_i^2 M_i+j\omega_i C_i)q_i=\sum_{j=1}^n \phi_i F_j \tag{7-111}$$

式中，K_i 是模态刚度；M_i 是模态质量；C_i 是模态阻尼；ϕ_i 是模态振型。

2. 曲轴模态分析

考虑曲轴静、动态特性的影响因素，必须对其真实模型进行一些简化处理：

1）假设零件为一定常线性系数，忽略其他影响。

2）曲轴材料认为是各向同性材料，密度分布均匀，并且为完全弹性体。

3）假定位移和变形都在曲轴材料的弹性极限以内。

曲轴和两端的驱动齿轮是固定在一起的，因此，分析时作为一个整体分析其模态。曲轴模态分析采用原设计中曲轴的 NX 模型，简化后（见图 7-64a）将其导入 HyperWorks 中，在保证不影响计算精度的前提下对原实体模型进行一定的简化，去掉一些键槽、倒角、圆角等。模型材料选择钢、弹性模量为 $2\times 10^5 \text{Pa}$，泊松比为 0.27，密度为 $7.9\times 10^{-6}\text{kg/mm}^3$。在 HyperWorks 中划分四面体

网格（见图 7-64b），由于轴上的受力比较大，因此对轴上局部地方划分的网格较密，计算曲轴的前 10 阶模态。

图 7-64 曲轴有限元模型

a）3D 模型 b）划分网格后的模型

如表 7-8 和图 7-65 所示，从曲轴的固有频率和相应模态及变形量可知：

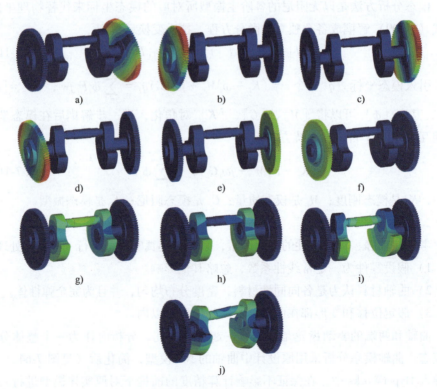

图 7-65 曲轴 1~10 阶模态

a）1 阶 b）2 阶 c）3 阶 d）4 阶 e）5 阶 f）6 阶 g）7 阶 h）8 阶 i）9 阶 j）10 阶

1）1~6 阶模态都是在两侧的齿轮处出现，齿轮是驱动部件，曲轴在工作过程中也会受到扭转力的作用，因此可以看出，齿轮和曲轴的连接及齿轮的轴向固定极为重要，影响整个机构工作的安全性，在设计过程应尽量考虑好连接轴和齿轮的轴向固定。

2）7~10 阶模态中，主要是曲轴发生扭转，而且曲轴是剪切过程的主要受力部件，剪切过程中将受到很大的冲击，可以看出，曲轴的刚度对机构的影响很大，应尽量提高曲轴的刚度。

表 7-8　各阶模态固有频率及最大相对变形量

振型（阶数）	固有频率 f/Hz	最大振幅/mm
1	1.980264×10^3	26.10
2	1.987684×10^3	26.78
3	1.990277×10^3	26.66
4	2.007708×10^3	26.91
5	2.120889×10^3	17.30
6	2.143134×10^3	17.33
7	2.329338×10^3	17.21
8	2.425499×10^3	15.26
9	2.513835×10^3	16.47
10	2.557472×10^3	17.49

第**8**章

视频引伸计的设计与开发

塑料的拉伸性能是塑料力学性能中最重要、最基本的性能之一，几乎所有的塑料都要考核拉伸性能的各项指标。而塑料拉伸性能的测定需要以拉伸变形量作为参数，因此拉伸变形量的准确测量成为完成塑料拉伸性能测定的重中之重。

引伸计是用于测量试件标距间轴向及径向变形的基本装置。测量拉伸变形的传统方法是在被测材料上贴应变片或夹持引伸计，用以测量试件在载荷作用下的应变量。这是一种接触式测量方法，用于测量精度要求不高、变形速率较慢的材料的小变形时，可以达到较好的效果。然而，对于拉伸变形大的塑料材料来说，这种测量方法并不可取。因为接触式引伸计的质量和夹持方法会影响试验结果和断裂点。另外，在拉伸变形过程中，接触式的刀口引伸计与塑料试件之间的摩擦会引发相对运动，从而导致较大的测量误差。因此，有必要开发一种精度高、适应性强的非接触式测量方法。

随着计算机技术的发展及其理论基础的完善，数字图像处理技术在光测力学领域的应用越来越广泛。视频引伸计就是视觉图像测量技术在力学领域应用的典型代表。它以计算机视觉为基础，运用图形图像学、图像分析、模式识别、数据压缩、数据结构、计算机图像显示等一系列专业知识实现对试件轴向和径向的应变测量。这是一种典型的非接触式应变测量方法，它具有工作效率高、工作距离大、测量精度高、数据处理灵活、图像再现性好、不受测量环境限制等优点，能够对一些难以测量的材料（如大变形的塑料材料）进行测量。通过数字图像相关测量方法得到精确的材料性能，为塑料的力学性能研究奠定了基础，为汽车零部件的安全性提供了保障。

视频引伸计由成像系统、图像采集系统、图像传输系统及图像处理软件等构成，涉及的关键技术主要包括：

（1）高质量的图像采集　它是视觉测量系统得以实现的前提，主要通过对系统硬件构成进行优化设计实现。

（2）高精度系统标定　它是影响视觉测量精度的关键因素，可以通过寻求高精度的标定算法实现。

（3）图像的特征提取　特征是视觉测量中传递信息的载体，特征信息的准确提取是提高测量精度的关键环节，主要通过边缘检测及亚像素边缘定位等技术实现。

8.1　视频引伸计应变测量系统

视频引伸计是一种测量试件拉伸过程中轴向和径向应变的装置（见图 8-1）。它以计算机视觉为基础，运用图形图像学、图像分析、模式识别、数据压缩、数据结构、计算机图像显示等一系列专业知识来实现材料的应变测量，是图像测量技术在应变测量领域应用的产物。

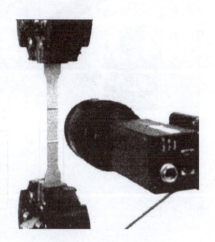

图 8-1　视频引伸计

8.1.1　图像测量原理

"图像测量"是当测量被测对象时，把图像作为检测和传递信息的手段或载体而加以利用的测量方法，最终目的是提取图像的特征信号。它是以现代光学为基础，融光电子学、激光技术、计算机图像学、信息处理、计算机视觉、机械、自动化控制等科学技术为一体的现代测量技术，组成了光、机、电、算综合的测量系统。

图像测量系统（见图 8-2）主要由照明系统、光学系统、CCD 摄像机、图像处理系统、计算机及其外部设备五大部分组成。通过处理被测物体图像的边缘，可以获得物体的几何参数。具体工作流程如下。

1）采集图片：运用光学测量系统、图像输入设备和计算机，在线非接触式地获取大量的被测工件的原始图像。

2）图片预处理：运用图像处理技术对原始图片进行预处理，去除噪点。

3）边缘检测：应用边缘检测算子对图像进行处理，检测出图像的边缘点数据并进行数据处理，从而获得物体的几何参数。

4）系统标定：根据测量数学模型和测量要求，计算处理得到物件指定尺寸的测量结果，并应用标准样块零件对系统进行标定，从而获取高精度的测量结果。

5）数据输出：将计算得到的几何参数、尺寸信息等测量结果通过计算机显示器显示，供用户查看和分析。数据可以以数值、图表或其他可视化形式呈现，并将测量结果存储在计算机数据库中，以便后续查询、比较或处理。根据测量结果生成自动化的测量报告，报告内容包括被测物体的几何参数、测量误差、标定信息等，以便于质量控制、审核或归档。

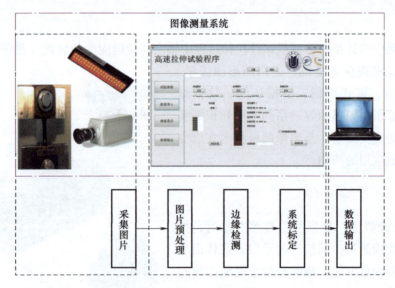

图 8-2　图像测量系统

图像测量系统以透视几何理论为基础，利用图像来计算物体的几何形状和空间位置，特别是利用图像的灰度变化来判别物体的边缘形状和误差，从而进一步确定物体的位置。其测量原理完全基于透镜成像原理来完成，透镜成像模型如图 8-3 所示，其关系式为

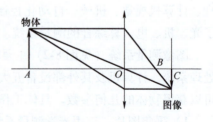

图 8-3　透镜成像模型

$$\frac{1}{m} + \frac{1}{n} = \frac{1}{f} \tag{8-1}$$

式中，m 是像距，且 $m = OC$；n 是物距，且 $n = AO$；f 是透镜焦距，且 $f = OB$。

当 $n \geqslant f$、$m \approx f$ 时，可用小孔成像模型近似代替透镜成像模型，如图 8-4 所示。(x_u, y_u) 为理想小孔摄像机模型下 m 点的物理图像坐标。(x_c, y_c, z_c) 是 M 点在摄像机坐标系中的三维坐标。其对应关系式为

$$\begin{cases} x_u = -f \dfrac{x_c}{z_c} \\ y_u = -f \dfrac{y_c}{z_c} \end{cases} \tag{8-2}$$

研究的主要目标是完成平面小型试样的拉伸测量，主要运用基于中心透视投影理论来实现测量，其模型如图 8-5 所示。

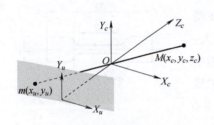

图 8-4　小孔成像模型

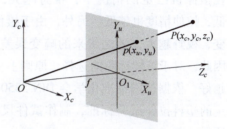

图 8-5　中心透视投影模型

图 8-5 中 (x_u, y_u) 为理想小孔摄像机模型下 p 点的物理图像坐标，(x_c, y_c, z_c) 是 p 点在摄像机坐标系中对应 P 的三维坐标。其对应关系式为

$$\begin{cases} x_u = f \dfrac{x_c}{z_c} \\ y_u = f \dfrac{y_c}{z_c} \end{cases} \tag{8-3}$$

按照上述原理建立物体外形与投影图像间的关系式，即可实现图像测量。

8.1.2　标记试件法应变测量

1. 试样的选取

在研究塑料塑性变形力学行为的试验方法中，采用单向拉伸试验测量的试样塑性应变比 r 值，是评价塑料力学性能的重要指标之一。在一定的设备和测试水平下，合理的试样方案能够有效提高 r 值测量的准确性。

试样的塑性应变比 r 值定义为

$$r = -\frac{\ln\left(1 - \frac{\Delta b}{b_0}\right)}{\ln\left(1 - \frac{\Delta L}{L_0}\right) + \ln\left(1 - \frac{\Delta b}{b_0}\right)} \qquad (8\text{-}4)$$

式中，Δb 是瞬时宽度缩小量；b_0 是试样原始宽度；ΔL 是标距范围内瞬时伸长量；L_0 是试样原始标距。

由式（8-4）可知，r 值取决于试样原始标距、瞬时伸长量、试样原始宽度及其瞬时宽度缩小量。试样的原始尺寸、标距尺寸以及延伸量范围是确定拉伸试验视野范围的主要依据，由此可见，试样的选择将直接影响拉伸试验精度。在摄像机已定的情况下，视野越大，分辨率越低，拉伸精度也越低。另外，由于摄像机存在畸变，视野越大，随之带来的畸变误差也会增大。因此，对于试样标距的选择，原则上应该是越小越好。依据德国标准化学会 DIN 53504：1994 规定的塑料拉伸试验标准，制作试件尺寸如图 8-6所示。

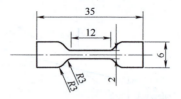

图 8-6　试件尺寸

2. 标记方法的确定

标记是应变测量系统中传递信息的载体。合理的标记方法是应变测量得以实现的基础。标记方法的确定主要包括以下几个方面。

（1）标记方法的选择　依据试样特征及材料性能，选择可得到最佳试验结果的方式，将标记涂敷在试样上。常用的特征标记方法有涂敷墨水点标记法、粘贴胶带黏合剂法、夹持标记器等。在塑料拉伸试验中，常采用手工涂敷墨水点标记法，即运用标记笔对试件进行标记（见图 8-7），这种标记方法方便快捷，但是具有特征不规则、定位不精确、标记不均匀等缺陷，造成拉伸过程中目标边界的提取困难。

图 8-7　手工涂敷墨水点标记法

针对这一问题，将丝网印刷技术用于塑料试件的自动标记（见图 8-8），即运用丝网印刷设备对试样进行标记。丝网印刷技术具有墨层均匀且厚、遮盖力强、标记规则、定位精度高等优点，用它制作出的标记可在延伸期间保持清晰且规则的标记特征，有利于特征提取的实现。

图 8-8　丝网印刷标记法

（2）标记形状的选择　标记形状原则上以方便特征提取为准。常用的标记特征有直线、点。线标记，即贯穿试样整个宽度的实心直线标记，仅可用于轴向应变测量。点标记，即实心圆形标记，适用于横向应变测量，或者与横向应变测量同时进行的轴向应变测量。当点标记尽可能圆时，将可得到最佳的试验结果。考虑到塑性塑料试样拉伸过程中变形量比较大，本文采用圆形作为标记特征。

（3）标记颜色的选择　选择一种标记颜色，当通过摄像机观看时，标记颜色应与试样颜色形成反差。为了能从背景中方便地提取出特征边缘，标记颜色必须形成尽可能强的反差，特别是弹性体试样，原因是标记在伸长时会褪色。

3. 应变测量方法

首先利用丝网印刷技术在哑铃状试件标距处印上圆形标记（见图 8-9），记录其初始距离为 l_0。试验过程中，随着载荷的不断增加，试件产生的拉伸变形反映在标记间距的变化上，记录不同时刻的标记间距 l_n，则此时试件的工程应变值为

$$\varepsilon = \frac{l_n - l_0}{l_0} \qquad (8\text{-}5)$$

其真实应变可描述为

$$\varepsilon = \ln(1+\varepsilon) \qquad (8\text{-}6)$$

由式（8-5）和式（8-6）可知，只要得到变形后的不同时刻两标记之间的距离 l_n，就可以根据初始距离计算出任意时刻

图 8-9　带标记
的试件

试件在标定范围内的平均应变值。

采用非接触式方法测量材料的应变，利用工业摄像机录制材料拉伸变形过程中的图像，通过图像处理的方法提取任意时刻试件上两标记点的中心位置，依据图像测量原理，对测量系统进行标定，将特征点的像素坐标位置转换为实际几何位置后，计算出两中心点间的标记间距 l_n，即可实现应变测量。

8.1.3　光源、摄像机和镜头的选用

视频引伸计由光源、工业摄像机（含配套的镜头）、图像采集卡（或相应接口），计算机和图像处理软件等构成（见图 8-10）。具体工作过程：首先，在试样上标记出测量的上下限。然后，用外部光源照亮被测试件，使被测试件上的标记在图像传感器上成像。当试件变形时，上下标记相对位置发生变化，图像传感器的成像也发生相应变化，通过图像采集卡将不同时刻采集到的数字图像存储到计算机中，利用图像处理技术对比前后图像中标记的位置变化便可计算出试件的变形大小。

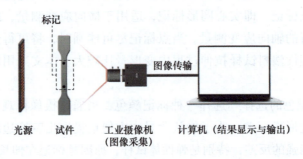

图 8-10　视频引伸计系统结构

图像质量的好坏，直接影响着后续的处理和处理结果的准确性，必须根据检测目的，合理地选取成像系统的各个组成部件。由于计算机技术的迅猛发展，一般的计算机都能满足视觉检测系统的任务要求。下面详细介绍视频引伸计成像系统及图像采集系统的选用原则。

1. 光源的选用

光源的主要作用是提供背景光，增加试件本身与环境光的对比度，使被测试件的轮廓边缘更为突出，以便完成图像边缘的提取和精确计算。光源直接影响图像的成像质量、边缘提取与拟合的效果，以及最后的测量结果。因此，光源的合理选择是获得理想图像信号的关键，是图像传感器应用的重要环节。

光源的照明效果受光的强度、颜色、均匀性，光源的结构、大小、照射方

式，以及被测物体的光学特性、距离、物体大小、背景特性等因素的影响，为了达到最佳的照明效果，针对不同的视觉系统要进行具体分析，选择相应的照明装置。

选择光源时，通常需要考虑以下几个因素。

（1）图像对比度　视觉系统应用的照明，最重要的任务就是使需要被观察的特征与需要被忽略的图像背景之间产生最大的对比度，从而易于特征的区分。对比度定义为在特征与其周围的区域之间有足够的灰度量区别。好的照明应该能够保证需要检测的特征突出于其他背景。

（2）鲁棒性　鲁棒性就是要求光源对环境有一个好的适应，光源稳定。稳定光源发光的方法很多，一般要求时，可采用稳压电源供电；当要求较高时，可采用稳流电源供电。

（3）发光强度　为确保视觉系统正常工作，应选择适当的发光强度。若光源发光强度过低，系统获得信号过小，以至无法正常测试；若发光强度过高，又会导致系统工作的非线性，有时还可能损坏系统或被测物，同时还会导致不必要的能源消耗而造成浪费。

（4）均匀性　均匀性是光源中一项很重要的技术参数，均匀性好的光源使系统工作稳定。

（5）可维护性　可维护性主要指光源易于安装、更换。

（6）寿命及发热量　光源的亮度不宜衰减过快，这样会影响系统的稳定，增加维护的成本。发热量大的灯亮度衰减快，光源的寿命也会受到影响。

视觉测量系统中，常用的光源主要有荧光灯、卤素灯、氙灯、LED、激光光源等，对它们各自的特性进行归纳，见表 8-1。

表 8-1　常用光源的特性

种类	光波	亮度	寿命/h	特点
荧光灯	白光，兼有绿光、蓝光、黄光	亮	5000~7000	便宜、需要高频、低发热
卤素灯	白光，兼有黄光	很亮	200~3000	便宜、高发热
氙灯	白光，兼有蓝光	很亮	3000~7000	昂贵、稳定
LED	多种	从弱到亮	达到 100000	寿命长、稳定、面积小
激光光源	多种颜色，不可见光	极亮	达到 100000	单色性好、方向性强、亮度极高、常用作相干光源

通过比较各种光源的特性不难发现，荧光灯、卤素灯虽然价格便宜，但有一个最大缺点，即光能不稳定；而氙灯、激光光源虽然光能稳定，但价格比较昂贵；相较之下，LED 的优点突出，主要表现为以下几方面。

1）体积小、质量小，便于集成，可做成各种形状。

2）工作电压低，发热小、耗电低，驱动简便，容易用计算机控制。

3）比普通光源的单色性好。

4）响应速度快，发光效率高，亮度便于调整。

5）发光稳定，寿命长。

考虑空气、温度、光线对拍摄图像质量的影响，本节采用红色 LED 冷光源来设计照明系统。红色 LED 冷光源的光谱发光效率可达 80%~90%；并且寿命长，可减少维护成本；光效高，光衰减低，可保证长时间的应用，确保得到高清晰的图片。LED 冷光源不会因为自身的发热而导致温度升高，从而导致暗电流的增加，影响图像的清晰度；红色的光线穿透力强，不容易发生散射，即使在有冷凝雾气的情况下，仍旧能够保证图像的高清晰度。

光源本身的选用和照明的结构设计是光源选用的两个主要方面。完成光源本身的选用后，接下来的重要任务就是对照明结构进行设计。由于本章研究的拉伸试验的视场比较小，而且要求像面上有均匀的照度，因此，图像测量系统要求成像光束无渐晕，并且有足够的光能量、足够大的照明范围，同时保证被照明物体上各点发出的光束充满物镜的入瞳，尽可能地限制视场以外的杂光进入视场，以免降低像面的对比度。

照明方式主要有四种：背向照明、前向照明、结构光照明及频闪光照明。背向照明是被测物放在光源和摄像机之间，可以获得高对比度的图像；前向照明是光源和摄像机位于被测物的同侧，便于安装；结构光照明是将光栅或线光源投射到被测物上，根据其产生的畸变，计算出被测物的三维信息；频闪光照明是将高频率的光脉冲照射到物体上，要求照相机拍摄时与光源同步。考虑镜头的视场、照明系统与工件的距离、工件的外形条件及颜色、成像物镜等因素的影响，本文采用前向照明方式。

确定光源类型和照射方向之后，再根据被测对象的特征选择光源的结构，如条形、环形、U 形等。针对试件拉伸测量的实际情况，考虑精度要求及经济实用性，本节采用自行研制的一款红色 LED 条形光源，结构如图 8-11 所示。条形光源尺寸为 15cm×5cm，照明采用 40 个功率为 1W 的红色 LED，以矩阵形式分两排密排在印

图 8-11　红色 LED 条形光源结构

制电路板上，印制电路板的正下方是光学磨砂玻璃，使得透过磨砂玻璃的光接近散射光，由于 LED 是密排结构的，所以该光源接近均匀散射光，当 LED 全部点亮时就是垂直照射的均匀散射光。

2. 摄像机的选用

摄像机是获取视觉信息的基础器件。合理的摄像机选用方案是高质量视频信息获取的有力保障。图像的获取是通过图像传感器实现的。目前常用的图像传感器有两种类型，即 CCD 图像传感器和 CMOS 图像传感器。它们的工作原理基本相同，即被摄物体反射光线，传播到镜头，经镜头聚焦到图像传感器芯片上，芯片根据光的强弱，经 A/D 转换，将光信号转换成电信号，经滤波、放大处理，通过摄像头的输出端子输出一个标准的复合视频信号。而二者的主要差异是数字数据传送的方式不同：CCD 图像传感器中每一行中每一个像素的电荷数据都会依次传送到下一个像素中，由最底端部分输出，再经由传感器边缘的放大器进行放大输出；而在 CMOS 图像传感器中，每个像素都会邻接一个放大器及 A/D 转换电路，用类似内存电路的方式将数据输出。由于数据传送方式不同，CCD 与 CMOS 图像传感器在效能与应用上也有差异，具体表现为以下两方面。

1）CCD 图像传感器灵敏度高，光谱响应范围宽，线性度好，动态范围大、体积小、寿命长和可靠性高.

2）与 CCD 图像传感器相比，CMOS 图像传感器则具有体积小、耗电少和价格低等优点，近年来，随着计算机技术的飞速发展，CMOS 图像传感器的光学分辨率、感光度、信噪比和高速成像等主要指标都呈现出超过 CCD 图像传感器的趋势。

因此，本节选用 CMOS 图像传感器作为图像获取探头。

摄像机的选择还需要考虑精度要求、摄像机分辨率、速度要求、摄像机成像速度及快门速度、其他要求（动态目标拍照、色彩检测、超大目标拍照）、与视觉板卡相匹配问题（不同视频信号的匹配、不同分辨率的匹配、特殊功能的匹配、特殊摄像机的匹配）等几个方面的问题。

针对高速拉伸测量的应用场合，在选用摄像机时，必须保证：①具有较高的分辨率；②摄像机成像速度高，拍摄速度快；③信息传输方便、准确。综合考虑上述因素，本节选用的是 Phantom V5.1 高速数字摄像机（见图 8-12）。它采用 SR-CMOS 彩色图像传感器芯片，具有分辨率高、图像质量好、色彩还原性好、图像稳定等优点；使用 IEEE 1394 接口与计算机连接配合使用，实现高效的数据传输，不需要另配图像采集卡。它可以摆脱台式计算机的限制，可用于便携式计算机，其主要特点如下。

1）该系统可以通过高速的网络连接（千兆以太网）进行数据传输，并且还支持通过 RS232 串行接口进行远程控制和通信，方便与其他设备连接。

2）该系统使用了一种高分辨率的彩色传感器，能够拍摄 1024 像素×1024 像素的图像，并且具有 10 位的颜色深度，这意味着它可以捕捉到更丰富的色彩和更精细的细节。

图 8-12　Phantom V5.1
高速数字摄像机

3）该系统可以在极快的速度下拍摄图像，满幅（即完整图像）拍摄图像 1200 张/s，最快时可以达到 95000 张/s，非常适合高速运动物体的测量和捕捉。

4）该系统支持动态调整分辨率，以根据需要在不同的细节和速度要求下优化图像质量。

5）该系统在低光条件下仍能提供良好的图像质量。黑白图像的灵敏度（即感光度 ISO 值）最高为 4800，而彩色图像的 ISO 值为 1200，这意味着即使在较暗的环境下，它也能清晰地捕捉到细节。

6）该系统具备超短的曝光时间，最短可达 $10\mu s$，这使得它能够捕捉到快速移动物体的瞬间图像，避免运动模糊。

7）该系统可以输出实时的视频流，支持标准的 NTSC 和 PAL 视频格式，适用于大多数电视机和视频设备，也支持高质量的 SDI 串行数字视频输出，适合专业应用。

8）该系统配备了 4GB 的内存，可以存储大量图像。它能在 4s 内以 1000 张/s 的速度存储 4096 张完整图像，并且可以调整速度和存储时间，以适应不同需求，如在低速下可以保存更长时间的图像（最多 40s）。

3. 镜头的选用

镜头的主要作用是将成像目标聚焦在图像传感器的光敏面上，其功能类似于人眼的晶状体。在视觉测量系统中，镜头的质量直接影响到系统的测量精度。

镜头的选用主要考虑镜头成像面、焦距、视角、工作距离、视野和景深等参数。其选用原则为工作距离越近越好、镜头畸变小越好、视野越大越好。由于三者不可能同时满足，所以在选择镜头时，优先考虑镜头畸变因素。在定焦和变焦镜头的选择中优先选用定焦镜头。

镜头选择的技术依据如下。

1) 镜头的成像尺寸：应与摄像机 CCD（或 COMS）靶面尺寸一致，如有 1in（1in = 2.54cm）、2/3in、1/2in、1/3in、1/4in、1/5in 等规格。

2) 镜头的分辨率：以每毫米能够分辨的黑白条纹数为计量单位，镜头分辨率 $N = 180/$画幅格式的高度。由于摄像机 CCD（或 COMS）的靶面大小已标准化，如 1/2in 摄像机靶面为 6.4mm × 4.8mm，1/3in 摄像机为 4.8mm × 3.6mm。因此对 1/2in 格式的靶面，镜头的最低分辨率应为 38 对线/mm，对 1/3in 格式摄像机镜头的分辨率应大于 50 对线/mm，摄像机靶面越小，镜头的分辨率越高。

3) 镜头焦距与视野角度：首先根据摄像机到被监控目标的距离，选择镜头的焦距，镜头焦距确定后，则由摄像机靶面决定了视野。

4) 光圈或通光量：镜头的通光量以镜头的焦距和通光孔径的比值来衡量，以 F 为标记，每个镜头上均标有其最大的 F 值，通光量与 F 值的平方成反比关系，F 值越小，则光圈越大。因此，应根据被监控部分的光线变化程度来选择用手动光圈镜头还是自动光圈镜头。

依据上述原则，结合实际应用情况，采用德国 Carl Zeiss Makro-Planar 100/2 ZF 微距镜头（见图 8-13）。这种镜头具有分辨率高，畸变像差极小，且反差较高，色彩还原佳等优点，能达到很好的近摄效果。其主要技术参数有：①焦距为 100mm；②最大光圈为 $F/2$，最小光圈为 $F/22$；③最近对焦距离为 44cm；④最大放大倍率为 0.5 倍；⑤视角范围为 20°~25°。

图 8-13　Carl Zeiss Makro-Planar 100/2 ZF 微距镜头

8.1.4　软件设计

图像测量软件是视频引伸计的核心，其主要功能是对摄取的数字图像进行图像处理，以便检测试件在动态拉伸状态下的变化过程，并将测量的结果输出。软件系统主要由图像采集显示模块、图像处理模块、数据运算存储模块及标定模块等几部分组成，其基本工作流程如图 8-14 所示。安装拉伸试件，调节使其平面与摄像机光轴垂直后，起动试验机和视频引伸计，利用视频引伸计执行完图像采集、预处理、特征边缘提取、参数计算等步骤后将测量数据存储到数据库中。

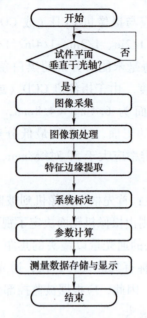

图 8-14　软件系统基本工作流程

8.2　图像处理算法研究

视频引伸计的工作流程如图 8-15 所示，其中图像处理算法主要涉及图像预处理、图像分割、边缘检测、亚像素定位等几个方面的技术。

图 8-15　工作流程

8.2.1　图像预处理

在视觉测量系统中，图像采集系统获取的原始图像中常常混有噪声污染，影响特征信息的正确提取，为了便于后续处理，必须对采集的图像进行预处理。

由于本章采用 SR-COMS 彩色图像传感器作为信息传递载体，为了提高处理速度，有必要对原始的彩色图像进行灰度化处理。另外，由于成像过程中不可避免地存在各种噪声，对于依赖灰度取值进行处理的算法来说，噪声对处理结果的影响非常大。本节主要从彩色图像灰度化处理及滤波去噪两方面对原始图像进行预处理。

1. 图像灰度化处理

灰度图像是指只包含亮度信息而不含色彩信息的图像，而彩色图像是指既包含亮度信息又包含色度信息的图像。在计算机视觉测量中，为了提高检测速度、减小算法难度，通常需要将彩色图像转化为灰度图像来处理。这种将彩色图像转换成灰度图像的过程被称为图像灰度化处理。灰度化的结果是后续图像处理的基础，选择合理的灰度化算法是图像处理中的重要环节。

彩色图像灰度化，意味着从彩色图像中提取亮度信息。在视觉测量中，图像的灰度化处理需要保持图像边缘的结构特征，以便后续的边缘检测和亚像素定位。

彩色图像灰度化处理实际上是一种色彩变换过程，可以表示为

$$g(x,y) = T[f(x,y)] \tag{8-7}$$

式中，$f(x, y)$ 是输入的彩色图像；$g(x, y)$ 是通过变换处理后输出的灰度图像；T 是代表加在输入图像域上的操作算子。

常用的彩色空间有 RGB、HSV、YIU、YIQ 等。它们的灰度化算法原理都是一样的，即根据人眼对光谱波长的适应能力而制定算法。由三基色构成的颜色，针对每种基色对亮度的贡献不同，从三基色分量计算颜色亮度的常用方法包括以下几种。

1）方法 1：NTSC 电视制式亮度方程，即 $Y = \begin{bmatrix} 0.299 & 0.587 & 0.114 \end{bmatrix} \cdot \begin{bmatrix} R & G & B \end{bmatrix}^{\mathrm{T}}$。

2）方法 2：PAL 电视制式亮度方程，即 $Y = \begin{bmatrix} 0.222 & 0.707 & 0.071 \end{bmatrix} \cdot \begin{bmatrix} R & G & B \end{bmatrix}^{\mathrm{T}}$。

3）方法 3：CIE 推荐三基色相对亮度方程，即 $Y = \begin{bmatrix} 1.000 & 4.590 & 0.060 \end{bmatrix} \cdot \begin{bmatrix} R & G & B \end{bmatrix}^{\mathrm{T}}$。

4）方法 4：各通道颜色分量各取 1/3 并求和，形成较为柔和的灰度图像，即 $Y = \begin{bmatrix} 1/3 & 1/3 & 1/3 \end{bmatrix} \cdot \begin{bmatrix} R & G & B \end{bmatrix}^{\mathrm{T}}$。

5）方法 5：直接用彩色图像的某一种色彩成分来表示。

本章利用上述算法将采集到的标定图像转成灰度图像，试验结果如图 8-16 所示。由于照明系统采用红色 LED 光源，使用方法 5 时，提取 R 分量。

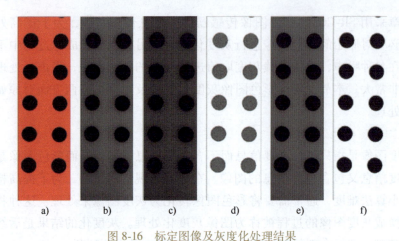

图 8-16 标定图像及灰度化处理结果

a）原图 b）方法 1 c）方法 2 d）方法 3 e）方法 4 f）方法 5

对于本次试验应用场合处理，利用方法 5 进行灰度化处理后，特征与背景的对比度最大（见图 8-16f），这种方法最有利于实现图片中特征与背景的分割。图 8-17 所示为灰度化图像的直方图，其中方法 5 的灰度化效果最好，而且其灰度分布相对集中且不连续，有明显的谷底。

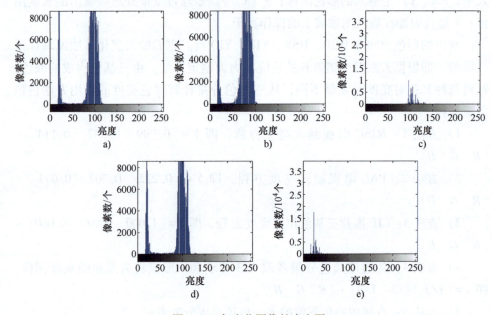

图 8-17 灰度化图像的直方图

a）方法 1 b）方法 2 c）方法 3 d）方法 4 e）方法 5

为了确认方法 5 是否在所有的拉伸应用场合都能达到较好的灰度化效果，利用上述 5 种算法对一组背景比较复杂的拉伸图片进行了处理，并对处理后的灰度化图片进行二值化处理，即通过比较二值化效果分析各种方法的灰度化效果。图 8-18 所示为拉伸图像的灰度化处理结果，图 8-19 所示为图 8-18 中各灰度化图像对应的二值化处理结果。

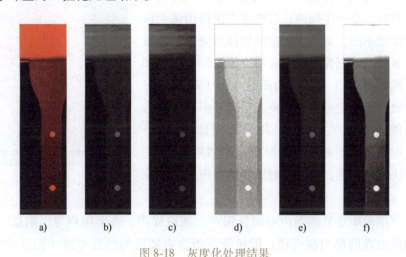

图 8-18　灰度化处理结果

a）原图　b）方法 1　c）方法 2　d）方法 3　e）方法 4　f）方法 5

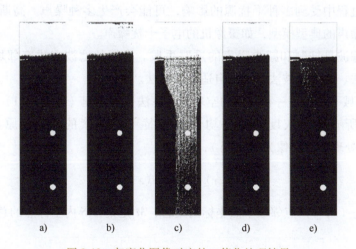

图 8-19　灰度化图像对应的二值化处理结果

a）方法 1　b）方法 2　c）方法 3　d）方法 4　e）方法 5

方法 5 对应的灰度化图片（见图 8-18f）中，特征与背景的对比度最大。在拉伸图片中，特征提取的目标是图像中的两个圆点，即有效信息为两个圆点。

图 8-19e 所示的圆点周围的无效信息最少，这说明方法 5 的灰度化效果最好。综合上述分析，本章采用方法 5（基于 R 通道的灰度化算法）对图像进行灰度化处理。

2. 图像的噪声处理

图像在摄取、传输和数字化过程中受到随机干扰信号影响，会产生噪声。这些噪声使得图像上像素点灰度值不能正确地反映空间物体对应点的光强值，也就降低了图像质量。含噪点的图片如图 8-20 所示，视频引伸计采集到的图片，由于噪点的存在，导致原本均匀分布的特征上出现许多亮点，为后续图像的处理（如分割、压缩和图像理解等）带来了很多困扰，甚至可能导致检测结果不可靠。为了解决这一问题，有必要对图像的噪声进行滤除处理。

图 8-20　含噪点的图片

数字图像中常见的噪声有椒盐噪声、随机噪声、高斯噪声等。椒盐噪声指含有随机出现的黑白亮度值；随机噪声指含有随机的白强度值（正脉冲噪声）或黑强度值；高斯噪声则是含有亮度服从高斯（正态）分布的噪声。一幅图像在成像的过程中受到多种干扰源的影响，可能会产生多种噪声。高斯噪声是许多传感器噪声的典型模型，如摄像机的电子干扰噪声。

图像滤波是抑制和减少噪声的重要手段。常用的滤波方法有邻域平均法、中值滤波法、高斯滤波法、维纳自适应滤波法。

1）邻域平均法是一种局部的空域处理算法，其原理（见图 8-21）是采用滤波窗口内所有像素灰度值的平均值来代替中心像素的值。设原始图像为 $f(x, y)$，处理后的图像为 $g(x, y)$，则有

$$g(x,y) = \frac{1}{M}\sum_{i,j \in S} f(x,y) \tag{8-8}$$

式中，S 是（x，y）点邻域中点坐标的集合；M 是集合 S 内坐标点的总数。

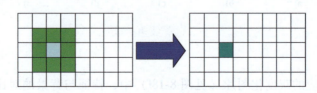

图 8-21　邻域平均法原理图

邻域平均法简单方便，能有效消除图像中的椒盐噪声，具有很好的噪声平滑能力。但是，这种方法在平滑图像信号的同时，会使图像的目标边缘或细节部分变模糊。邻域越大，处理后的图像模糊程度就越高。

2）中值滤波法是一种非线性滤波方法，其原理（见图 8-22）是采用滤波窗口内所有像素的中值来代替中心像素的值。

图 8-22　中值滤波原理

中值滤波就是用一个含有奇数点的滑动窗口，将窗口正中那个点的值用窗口内各点的中值代替。设原始图像为 $f(x,y)$，处理后的图像为 $g(x,y)$，则有

$$g(x,y)=\mathrm{Med}\{f(x-k,y-l),k\,l\in S\} \tag{8-9}$$

式中，S 是选定窗口的大小。

中值滤波器能有效地去除孤立的斑点噪声（如脉冲噪声、椒盐噪声等）和线段的干扰，而且能较好地保留图像边缘细节。这种方法运算简单，易于实现，但是对于滤除高斯噪声效果不明显。

3）高斯滤波法是一类根据高斯函数的形状来选择权值的线性平滑滤波器，能有效滤除那些服从正态分布的噪声。对图像处理来说，常用二维零均值离散高斯函数做平滑滤波器，函数表达式为

$$g(x,y)=\mathrm{e}^{-\frac{(x^2+y^2)}{2\sigma^2}} \tag{8-10}$$

式中，σ 是高斯分布参数，其决定了高斯滤波器的宽度。

具体操作通常通过模板运算来实现。例如，用模板表示为

$$\frac{1}{16}\begin{pmatrix}1&2&1\\2&(4)&2\\1&2&1\end{pmatrix} \tag{8-11}$$

通过计算某中心像素周围邻域（如 3×3 的窗口）像素的加权平均值来取代该中心像素值，从而达到图像平滑的效果。高斯滤波抑制噪声的同时，也使图像的边缘细节变得模糊，尤其是窗口尺寸较大时。

4）维纳自适应滤波法是使原始图像 $f(x,y)$ 及其恢复图像 $g(x,y)$ 之间

的均方误差最小的复原方法。其工作过程，首先根据式（8-12）和式（8-13）估算出像素的局部邻域的均值 μ 和方差 σ^2，然后利用维纳滤波器［见式（8-14）］估算出每一个像素的灰度值。

$$\mu = \frac{1}{MN} \sum_{(x,y) \in S} f(x,y) \tag{8-12}$$

$$\sigma^2 = \frac{1}{MN} \sum_{(x,y) \in S} f^2(x,y) - \mu^2 \tag{8-13}$$

式中，S 是图像中每个像素的 $M \times N$ 的邻域。

$$g(x,y) = \mu + \frac{\sigma^2 - v^2}{\sigma^2} [f(x,y) - \mu] \tag{8-14}$$

式中，v^2 是整幅图像的方差，它根据图像的局部方差来调整滤波器的输出，当局部方差大时，滤波器的降噪效果较弱，反之则滤波器降噪效果强。

维纳滤波器对高斯白噪声的滤除效果比邻域平均法好，能很好地保留原图像的细节信息，不过其计算量较大，且在信噪比较低时，其降噪效果较差。

利用上述四种滤波方法分别对同一张灰度图片进行去噪处理，试验结果如图 8-23 所示。

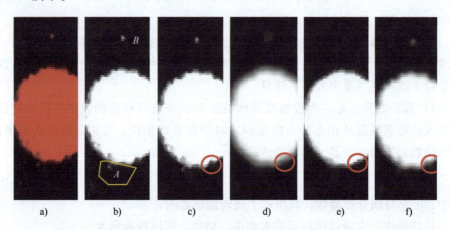

图 8-23　四种滤波方法去噪效果对比

a）原图　b）灰度图　c）维纳滤波　d）高斯滤波　e）中值滤波　f）均值滤波

如图 8-24 所示对于原始图片上噪点（见图 8-23b 所示的 A、B）的滤除，中值滤波法处理的效果最好。使用中值滤波法去噪后边缘最清晰。由此可见，中值滤波法更适合于本章的应用场合。在视频引伸计测量系统中，采用中值滤波法可以很好地消除图像中的随机噪声。本章主要采用 5×5 模板的方形滤波窗口对图像进行平滑处理。

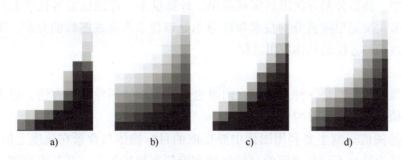

图 8-24　滤波后的局部放大图

a）维纳滤波　b）高斯滤波　c）中值滤波　d）均值滤波

8.2.2　图像分割

图像分割是图像处理和模式识别的首要问题，在机器视觉、图像分析与理解等领域有着广泛的应用。图像分割就是根据图像中某些特征的相似性，对图像的像素进行分组聚类，将图像空间划分成与现实景物相对应的一系列有意义的区域，并使这些区域互不相交，且每个区域应满足特定区域的一致性条件。图像分割的正确性和自适应性在一定程度上影响着目标检测和识别的智能化程度，而图像分割算法的处理速度也影响了其应用的实时性。

图像分割是指把目标从背景中分离出来的一种技术，它是图像处理和模式识别的首要问题，在图像工程中占据重要的位置。一方面，它是目标表达的基础，对特征测量有重要的影响。另一方面，因为图像分割及其基于分割的目标表达、特征提取和参数测量等将原始图像转化为更抽象、更紧凑的形式，使得更高层的图像分析和理解成为可能。

常用的图像分割方法有以下几种。

1）阈值分割方法：它是一种基于单阈值的图像分割技术，比较适合高反差的图像分割；

2）区域生长的分割方法：其基本思想是将具有相似性质的像素集合起来构成区域，其生长准则和控制生长的过程不容易确定。

3）基于数学形态学的分割技术：其基本思想是用具有一定形态的结构元素去量度和提取图像中的对应形状，从而实现对图像的分析和识别，它主要针对二值图像，可应用于提取表示和描述图像形状的有用成分。

4）基于小波分析和变换的分割技术：它是一种多尺度多通道分析工具，比较适合对图像进行多尺度的边缘检测。

其中，阈值分割方法因其实现简单、计算量小、性能稳定等优点被广泛采用。本节主要运用阈值分割技术和形态学处理技术来完成图像的分割。下面详细介绍这两种方法的具体应用过程。

1. 图像阈值分割

图像阈值分割是一种最常用，同时也是最简单的图像分割方法，用于高反差的图像可以达到很好的分割效果。

图像阈值分割主要利用图像中要提取的目标物体与背景在灰度上的差异，把图像分为具有不同灰度级的目标区域和背景区域的组合。其基本原理是，按照一定的准则设定不同的特征阈值，把图像像素点分为若干类，可用式（8-15）做一般描述。

$$g(x,y)=\begin{cases} T_b & f(x,y) \in T \\ T_w & 其他 \end{cases} \tag{8-15}$$

式中，T 是阈值，即图像 $f(x,y)$ 灰度级范围内的任一灰度级集合，$T \in (T_1, T_k)$；T_b 和 T_w 是任意选定的目标和背景灰度级，若取 $T_b=0$（黑），$T_w=1$（白），即为通常所说的图像二值化。

图 8-25 所示为双峰直方图，P 坐标为灰度级，T_i 和 T_j 分别为背景和目标的峰值位置，T_t 为谷底位置，其灰度级即为阈值。

图像阈值分割方法的关键是找到恰当的阈值，以便将目标和背景区分开来。确定阈值的方法有很多，常用的算法有：简单直方图分割法、最大类间方差法、熵方法、最佳阈值法。其中，Otsu 提出的最大类间方差法（又称 OTSU）因其计算简单、稳定有效而被广泛使用。

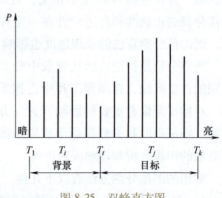

图 8-25　双峰直方图

最大类间方差法是在判决分析最小二乘法原理的基础上，推导得出的自动选取阈值的二值化方法，其基本思想是将图像直方图用某一灰度值分割成两组，当被分割成的两组方差最大时，此灰度值就作为图像二值化处理的阈值。

设灰度图像 (x,y) 的灰度级为 $0：L$（L 为图像中最大的灰度级数），灰度级 i 的像素数为 n_i，则图像中总像素数为 $N = \sum_{i=0}^{L} n_i$，灰度级 i 出现的概率为 $P_i =$

n_i / N，$P_i \geqslant 0$，$\sum\limits_{i=0}^{L} P_i = 1$，总的灰度平均值为 $\mu = \sum\limits_{i=0}^{L} iP_i$。

设阈值 k 将灰度级分为两组 C_0、C_1，分别代表背景和目标：$C_0 = 0$：k，$C_1 = k+1$：L，则 C_0 产生的概率为

$$\omega_0 = \sum_{i=0}^{k} P_i = \omega(k)$$

C_1 产生的概率为

$$\omega_1 = \sum_{i=k}^{L} P_i = 1 - \omega(k)$$

C_0 均值为

$$\mu_0 = \sum \frac{iP_i}{\omega_0} = \frac{\mu(k)}{\omega(k)}，其中 \mu(k) = \sum_{i=0}^{k} iP_i$$

C_1 均值为

$$\mu_1 = \sum \frac{iP_i}{\omega_1} = \frac{\mu - \mu(k)}{1 - \omega(k)}$$

两组间的数学期望为

$$\omega_0 \mu_0 + \omega_1 \mu_1 = \mu$$

按照模式识别理论，可求出这两类的类间方差为

$$\sigma^2(k) = \omega_0(\mu_0 - \mu)^2 + \omega_1(\mu_1 - \mu)^2 \tag{8-16}$$

以类间方差 $\sigma^2(k)$ 作为衡量不同阈值导出的类别分离性能的测量准则，极大化 $\sigma^2(k)$ 的过程就是自动确定阈值的过程，因此，最佳阈值 T_h 为

$$T_h = \arg\left[\max_{0 \leqslant k \leqslant L} \sigma^2(k) \right] \tag{8-17}$$

按照阈值的应用范围可将最大类间方差法分为三类：全局阈值法、局部阈值法和动态阈值法。全局阈值法是采用固定阈值对整幅图像进行分割，该算法简单快速，但抗噪声能力差，在物体和背景的灰度差别较明显时效果比较好。局部阈值法是指把图像分成若干个区域，对每个区域设置一个阈值进行二值化。该方法的时间复杂程度和空间复杂程度都比较大，但抗噪声能力强，能处理背景灰度可变或灰度交叠的图像，对光照不均匀、对比度低和有随机扰动、突发噪声的劣质图像有较好效果。动态阈值法的阈值确定不仅取决于该像素的灰度值及其周围像素的灰度值，而且与像素位置信息有关。

摄像机采集的拉伸试验数据中，第一帧通常为试件拉伸前的图片，该图片中特征与背景的灰度差别明显，易于分割，而随着试件不断拉伸，特征周围的背景灰度值会不断朝特征灰度值逼近，导致对比度降低，使图像分割难度加大。

对于处于大变形拉伸状态下的图片，单纯采用全局阈值分割法难以提取出目标特征，图 8-26 就是一个典型的例子。图 8-26a 所示为试件处于大变形拉伸状态下的原图，需要提取的目标是该图片下侧的两个小区域。滤波处理后的图像如图 8-26b 所示。由于图片中特征点与周围背景的对比度偏低，采用全局阈值分割法对该图片进行分割，分割后的效果如图 8-26c 所示，显然，这种分割方法不但不能提取出目标特征，反而将目标特征破坏了。

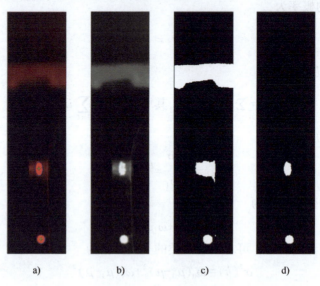

图 8-26　图像阈值分割

a）原图　b）滤波处理　c）全局阈值分割　d）新阈值分割方法

为了提取出目标特征的信息，本节针对塑料材料拉伸的特定试验场合，提出了一种新的阈值分割方法，该方法的工作原理如图 8-27 所示，具体计算流程：首先，通过 Hough 变换提取拉伸试验中第一帧图片上的圆形标记的中心坐标位置以及半径，以上、下标记点圆心为中心分别选取包含特征的矩形区域作为两圆形标记所在的初始区域 S1、S2（S1、S2 的确定将在 8.2.3 小节详细说明），对于第一帧以后的图片序列，则依据前一帧图片的圆形标记位置确定大概的目标处理区域；然后，对标记所在区域 S1、S2 分别运用 OTSU 进行阈值分割，并将灰度图片中除 S1、S2 以外的区域全部变成黑色，得到分割后的图片如图 8-26d 所示，显然，这种方法能够达到很好的分割效果。

2. 形态学处理

阈值分割处理后的图像中，目标内部可能存在某些均匀区域被剔除，使目标区域产生断裂（见图 8-28a），或者目标周围存在噪点（见图 8-28c），不利于

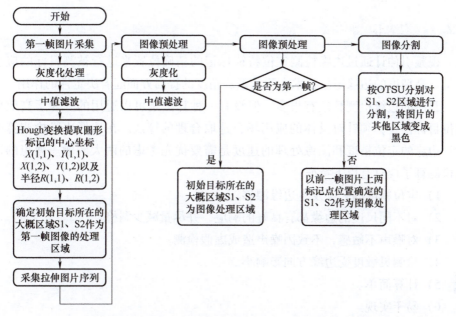

图 8-27　新阈值分割方法的工作原理

目标提取。本节利用数学形态学处理，对分区后的特征图选用半径为 2 像素的圆盘结构元进行闭运算，使目标区域成为连通区域，利用 imfill 函数将目标区域填充，然后利用 bwareaopen 函数去除孤立的小点。数学形态学处理结果如图 8-28b、8-28d 所示。

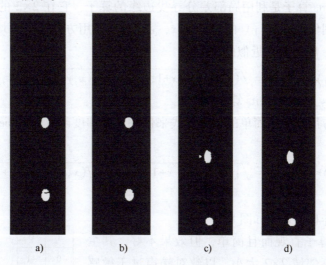

图 8-28　数学形态学处理

a）目标断裂　b）图 a 数学形态学处理　c）噪点　d）图 c 数学形态学处理

243

8.2.3　边缘检测算法

视频引伸计通过边缘检测定位特征标记的精确位置来进行被测目标的应变测量。高精度的边缘定位技术在测量系统精度的提高方面起着决定性的作用。

常用的边缘检测算法有很多，但没有一种算法是可以通用的。为了高效地定位目标位置，须针对具体的应用场合选取合理的算法。在选择边缘检测算子时，边缘的定位精度和图像处理的速度是需要优先考虑的两大问题。理想的边缘检测算子应具有以下特征。

1）定位精度高，不发生边缘漂移。

2）对不同尺度的边缘都有良好的响应，并尽量减少漏检。

3）对噪声不敏感，不致因噪声造成虚假检测。

4）检测灵敏度受边缘方向影响小。

5）计算简单。

6）易于实现。

1. 经典的边缘检测方法

经典的边缘检测方法是考虑图像的每个像素在邻域内灰度的变化，利用边缘邻近像素灰度值的一阶或二阶方向导数的变化规律来检测边缘。常用的边缘检测算法有 Roberts 算子、Sobel 算子、Prewitt 算子、Laplacian 算子、LOG 算子和 Canny 算子。

1）Roberts 算子是利用局部差分寻找边缘的算子，它在 2×2 的邻域上计算对角导数，图像点 (x, y) 的梯度 $g(x, y)$ 幅度是用方向差分的均方根（Root Mean Square，RMS）来近似的，即

$$g(x,y) \approx R(x,y) = \sqrt{(f(x,y) - f(x+1,y+1))^2 + (f(x,y+1) - f(x+1,y))^2} \quad (8\text{-}18)$$

式中，$R(x, y)$ 是 Roberts 算子。

在实际应用中采用简单的计算形式来代替，用梯度函数的 Roberts 绝对值来近似，即

$$g(x,y) \approx R(x,y) = \sqrt{|f(x,y) - f(x+1,y+1)| + |f(x,y+1) - f(x+1,y)|}$$

$$(8\text{-}19)$$

其估计卷积核表示如图 8-29 所示。

Roberts 算子直观而且简单，但效果不好，其主要问题是计算邻域 2×2 太小，以致对噪声过于敏感且检测的边缘不具有连续性。

1	0
0	-1

1	0
-1	0

图 8-29　Roberts 算子模板

2）Sobel 算子是边缘检测中最常用的算子之一。Sobel 算子有 2 个模板：检测水平边缘（见图 8-30a）和检测垂直边缘（见图 8-30b）。与其他梯度算子相比，Sobel 算子对于像素位置的影响做了加权处理，因此效果更好。

3）Prewitt 算子与 Sobel 算子相同，图像中的每一点都是用模板做卷积积分，依次用边缘样板去检测图像，与被检测区域最为相似的取最大值作为输出，即可将边缘像素检测出来。Prewitt 算子有 8 个模板，其中的 2 个模板如图 8-31 所示，其余的模板可以通过旋转获得。

−1	−2	−1
0	0	0
1	2	1

a)

−1	0	1
−2	0	2
−1	0	1

b)

图 8-30　Sobel 算子模板

a）水平边缘　b）垂直边缘

1	0	−1
1	0	−1
1	0	−1

1	1	1
0	0	0
−1	−1	−1

图 8-31　Prewitt 算子模板

4）Laplacian 算子是二阶导数算子，它通常使用图 8-32 所示的两个 3×3 模板。

5）LOG（Laplacian of Gaussian，LOG）算子，即拉普拉斯高斯算法，它具有以下特征。

① 平滑滤波器是高斯滤波器；

② 增强步骤采用二阶导数（二维拉普拉斯函数）；

③ 边缘检测判据是二阶导数零交叉点并对应一阶导数的较大峰值；

④ 使用线性内插方法在子像素分辨率水平上估边缘的位置。

LOG 算子常用的模板如图 8-33 所示。

−2	−4	−4	−4	−2
−4	0	8	0	−4
−4	8	24	8	−24
−4	0	8	0	−4
−2	−4	−4	−4	−2

0	−1	0
−1	4	−1
0	−1	0

−1	−1	−1
−1	8	−1
−1	−1	−1

图 8-32　Laplacian 算子模板

图 8-33　LOG 算子模板

6）Canny 算子是高斯函数的一阶导数，其基本思想是先对待处理的图像选择一定的高斯滤波器进行平滑滤波；然后采用一种称为"非极值抑制"的技术对平滑滤波后的图像进行处理，得到最后所需的边缘图像。它具有检测性能良好、定位精度高、单一响应标准等优点，应用于受白噪声影响的阶跃状边缘检测中能达到很高的精度。

上述边缘检测算子各有优缺点，在实际应用中，对于具体问题应具体分析，根据特定情况选择最佳的边缘检测算子，从而得到令人满意的结果。为了找出最适合视频应变测量系统的边缘检测算法，本章运用 MATLAB 编程实现了上述边缘检测算法，并对大量试验图像进行了边缘检测效果对比。下面以一幅典型的拉伸试验图片为例，说明具体的操作流程。

首先读取图片信息（见图 8-34a），将图片转换成灰度图像，然后对原始图片进行去噪和滤波，得到预处理结果如图 8-34b 所示，运用边缘检测算子对图像进行检测，实现目标特征的边缘提取，结果如图 8-34c 所示。

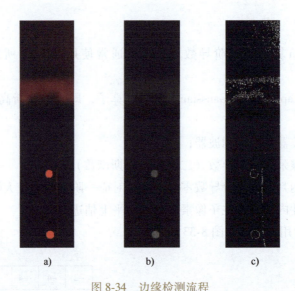

图 8-34　边缘检测流程

a）原图　b）预处理　c）边缘检测

图 8-35 所示分别为运用 Canny 算子、LOG 算子、Sobel 算子、Prewitt 算子和 Roberts 算子对图 8-34a 进行边缘检测后得到的处理结果。

为了清晰地看出目标特征的边缘提取效果，将处理结果进行放大。目标特征处经过一次放大的效果如图 8-36 所示。

目标特征处经过二次放大的效果如图 8-37 所示。

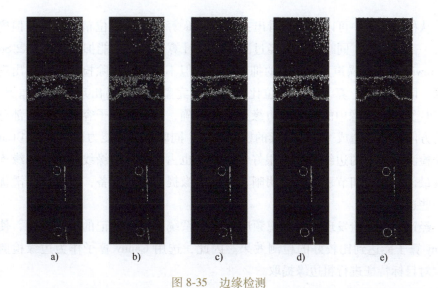

图 8-35　边缘检测

a）Canny 算子　b）LOG 算子　c）Sobel 算子　d）Prewitt 算子　e）Roberts 算子

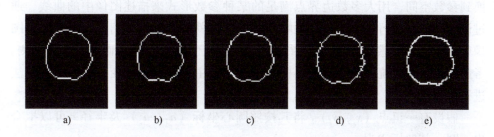

图 8-36　目标特征处边缘检测结果一次放大的效果

a）Canny 算子　b）LOG 算子　c）Sobel 算子　d）Prewitt 算子　e）Roberts 算子

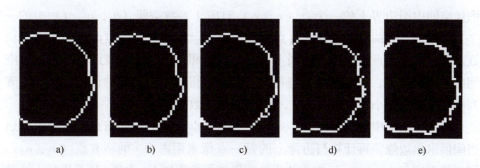

图 8-37　目标特征处边缘检测结果二次放大的效果

a）Canny 算子　b）LOG 算子　c）Sobel 算子　d）Prewitt 算子　e）Roberts 算子

从检测结果中可以直观地看出：①Roberts 算子边缘定位精度较高，但容易丢失一部分边缘，同时由于没经过图像平滑计算，因此不能抑制噪声；②Sobel 和 Prewitt 算子对噪声具有一定的抑制能力，但不能完全排除检测结果中出现伪边缘，同时这两个算子边缘定位比较准确和完整，但容易出现边缘多像素宽；③LOG 算子对图像中的阶跃型边缘点定位准确，但是该算子容易丢失一部分边缘的方向信息，造成一些不连续的检测边缘，同时抗噪声能力比较差；④Canny 算子检测结果中的边缘连续性很好，完整性也占优势，边缘线很细，边缘连接程度最佳，景物细节表现得最明晰，轮廓边缘提取得很完备，但也会平滑优化掉一些边缘信息。

经过大量试验发现，对于视频应变测量系统中圆形标记的边缘检测，使用 Canny 算子能达到比较好的检测效果。因此，选用 Canny 算子作为边缘检测算子，对目标特征进行粗边缘提取。

2. Hough 变换

Hough 变换是一种从图像空间到参数空间的映射，其基本思想是将原图像变换到参数空间，用大多数边界点满足的某种参数形式来描述图像中的曲线，通过设置累加器进行累积，所求得峰值对应的点就是所需要的信息。该方法对图像中的噪声不敏感，易于实现并行计算，常用于直线、圆和椭圆等特征的检测。考虑应变测量系统所需提取的目标为圆，本章主要对 Hough 变换检测圆的算法进行研究。

假设有一组点 (x_i, y_i)，将其按照圆心坐标 (a_1, a_2) 及半径 r 可以拟合出一圆，其解析式为

$$(x_i - a_1)^2 + (y_i - a_2)^2 = r^2 \tag{8-20}$$

那么，图像空间域中的一个圆可以表示为参数空间 (a_1, a_2, r) 中的一点。图像空间中圆边界上的一个点 (x_i, y_i) 对应于参数空间 (a_1, a_2, r) 中的一个三维锥面，则圆边界上的所有点构成的点集就对应着参数空间中的一个锥面族。若集合中的点在同一个圆周上，则圆锥族相交于一点，该点即对应图像空间的圆心和半径。对参数空间进行适当量化，得到一个三维的计数器阵列，阵列中每一个立体小方格对应 (a_1, a_2, r) 的参数离散值。

对图像空间中的圆检测时，先计算图像每点强度的梯度信息，然后根据适当阈值求出边缘，再计算与边缘上的每一点像素距离为 r 的所有点 (a_1, a_2)，同时将对应 (a_1, a_2, r) 立方体小格的累加器数值加 1。改变 r 值再重复上述过程，当对全部边缘点变换完成后，对三维阵列的所有累加器的值进行检验，其峰值小格的坐标就对应着图像空间中圆形边界的圆心 (a_1, a_2, r)。

上述方法被称为经典的圆检测 Hough 变换算法，具有精度高、抗干扰性强等特点，但它有一个明显的缺点是计算量大，因此该算法不适用于需要快速实时检测的场合。

本节所需提取拉伸试件上的初始拉伸标记为规则的圆形，随着拉伸试验的进行，拉伸试件变形越来越大，试件上的圆形标记也会随之变形为近似椭圆的特征。基于全局的 Canny 算子的边缘检测结果如图 8-34c 所示，显然检测到的目标边缘周围仍然存在很多干扰信息，导致目标定位困难。针对这一问题，尝试用 Hough 变换对第一帧拉伸图片（即变形前的图片）进行圆检测，从而实现目标边缘提取。

Hough 变换圆检测的基本流程：首先，采集拉伸试验的第一帧图片；然后，依据图像特征采用基于 R 通道的灰度化方法对图片进行灰度化处理，并运用高斯滤波法对图片进行去噪处理；最后，运用 Hough 变换方法实现圆形定位。

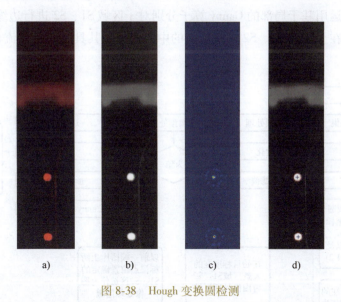

图 8-38　Hough 变换圆检测

a）第一帧图片　b）灰度化与去噪　c）Hough 转换　d）边缘检测试验结果

运行程序得到边缘检测试验结果如图 8-38d 所示，图中两圆的半径均为 18 个像素，上面那个圆的圆心坐标相对于图像左上角为（133.6135，700.8111），下面那个圆的圆心坐标相对于图像左上角为（136.0932，969.0664），其检测精度达到了亚像素水平。上述试验结果表明，Hough 变换应用于规则圆形特征的定位能取得很高的精度，但是由于 Hough 变换存在计算量大、占用内存大等缺点，考虑系统运行速度问题，该方法并不适用于视频引伸计的大工作量操作场合。

另外，在视频图像应变测量系统中，随着试件的拉伸，特征标记会变形，这也不利于 Hough 变换目标定位在本系统中的实现。

3. 特征标记的边缘提取算法

本节的特征提取目标为拉伸试件上的标记点，拉伸前，标记为规则的圆形，拉伸过程中，随着试件伸长量不断增大，标记点的形状变化越来越大，而标记点与背景的对比度越来越小，单纯采用基于全局的 Canny 算子难以提取出目标，而 Hough 变换也不再适用这种场合。针对这一问题，本节将 Hough 变换与 Canny 算子联合，提出了一种新的边缘定位技术。这种方法的基本思想：首先，运用 Hough 变换对拉伸图片集中的第一帧图片进行处理，提取目标特征点的初始位置；其次，以两目标点中心位置为依据，分别确定第一帧图片中包含特征点的两个子区域 S1、S2；再次，以 S1，S2 作为第一帧图片的图像处理区域，对于第一帧以后的图片序列，则以前一帧图片的圆形标记位置确定大概的目标处理区域；最后，运用基于局部的 Canny 算子分别对子区域 S1、S2 进行边缘检测处理，提取出包含在子区域 S1、S2 中特征点的中心坐标。其具体的工作流程如图 8-39 所示。

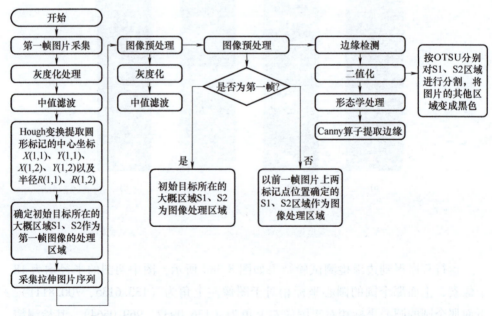

图 8-39　新的目标特征边缘提取算法的工作流程

分析该算法的工作原理不难发现，贯穿整个工作流程的关键问题其实是动态图像处理区域 S1、S2 的确定问题。S1、S2 的选取，既要保证完全包含特征点信息，又不能太大，因为区域过大的话，运算量大且噪声多，不利于特征的提取。因此，在确定 S1、S2 时，有必要对特征点移动速度进行估算。假设，高速拉伸试验中的拉伸方向为单向，拉伸试件上特征点的直径为 1mm，标距为 10mm，摄像机拍摄频率 ≥1000 帧/s，试验机拉伸速度为 3m/s。由这些数据可知，特征点的移动速度 ≤0.003mm/帧，由此可见，相邻两帧图片上，特征点的位移量非常微小。因此，在确定图像处理区域 S1、S2 时，可以把前一帧中特征点所在的大致区域作为后一帧图片的图像处理区域。

对于第一帧图片（见图 8-38a），Hough 变换处理后，可以提取出图片中两个圆形目标圆心坐标，记上面那个圆的圆心坐标为 $(X(1, 1), Y(1, 1))$，半径为 $R(1, 1)$，记下面那个圆的圆心坐标为 $(X(1, 2), Y(1, 2))$，半径为 $R(1, 2)$，则

$$\begin{cases} S1 = \text{rawimg}(h3:h4, h1:h2) \\ S2 = \text{rawimg}(h7:h8, h5:h6) \end{cases} \tag{8-21}$$

式中，$h1 = \text{round}(X(1, 1) - 1.6R(1, 1))$；$h2 = \text{round}(X(1, 1) + 1.6R(1, 1))$；$h3 = \text{round}(Y(1, 1) - 1.6R(1, 1))$；$h4 = \text{round}(Y(1, 1) + 1.6R(1, 1))$；$h5 = \text{round}(X(1, 2) - 1.6R(1, 2))$；$h6 = \text{round}(X(1, 2) + 1.6R(1, 2))$；$h7 = \text{round}(Y(1, 2) - 1.6R(1, 2))$；$h8 = \text{round}(Y(1, 2) + 1.6R(1, 2))$。

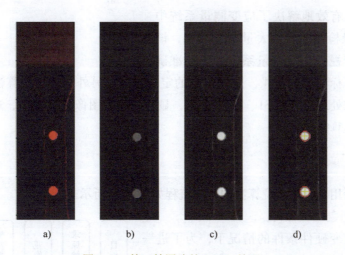

图 8-40　第一帧图片的 Hough 处理

a）第一帧图片　b）灰度化　c）高斯滤波　d）Hough 变换

对于第 i 帧图片，记上面那个特征点的中心坐标为 $(X(i, 1), Y(i, 1))$，长轴为 $A(i, 1)$，短轴为 $B(i, 1)$，记下面那个特征点中心坐标为 $(X(i, 2)$，

$Y(i, 2))$，长轴为 $A(i, 2)$，短轴为 $B(i, 2)$，表述见式（8-21）。但其中 $h1 = $ round$(X(i-1, 1)-1.6B(i-1, 1))$；$h2 = $ round$(X(i-1, 1)+1.6B(i-1, 1))$；$h3 = $ round$(Y(i-1, 1)-1.6A(i-1, 1))$；$h4 = $ round$(Y(i-1, 1)+1.6A(i-1, 1))$；$h5 = $ round $(X(i-1, 2)-1.6B(i-1, 2))$；$h6 = $ round $(X(i-1, 2) + 1.6B(i-1, 2))$；$h7 = $ round$(Y(i-1, 1)-1.6A(i-1, 2))$；$h8 = $ round$(Y(i-1, 2)+1.6A(i-1, 2))$。

以第二帧图片为例，其图像处理区域为第一帧图片处理结束后确定出的图像处理区域 S1、S2。将图片中除 S1、S2 以外的其他区域赋值为零，运用 Canny 算子分别对 S1、S2 区域进行处理，可以得到目标特征点的边缘，如图 8-41 所示。依次类推，这样就能把拉伸过程中所有图片上的目标点边缘提取出来。

该算法将 Hough 变换和 Canny 算子巧妙地联系在一起，将这两种算法的优点发挥到极致的同时，又成功地避开了它们各自的缺点，有效地解决了应变测量系统中的特征边缘检测问题。大量试验发现，该算法应用于视频应变测量系统中，能准确

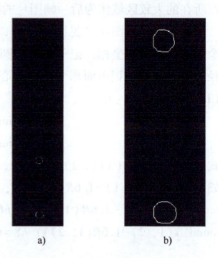

a)   b)

图 8-41   第二帧图片的边缘检测

a) 边缘检测   b) 放大边缘检测结果

地提取出目标特征的边缘，达到很高的定位精度。另外，由于该算法的边缘检测只在图像处理子区域 S1、S2 中进行，显著缩小了图像处理范围，这样可以节省大量的运算时间。

8.2.4 亚像素定位

本章所用亚像素定位算法的基本流程如图 8-42 所示。

1. 亚像素边缘检测算法

在不改变硬件条件的情况下，为了进一步提高应变测量系统的精度，有必要对目标边缘再次细化，实现目标的精定位，即亚像素边缘定位。

像素是组成图像的基本单位，而亚像素级精度是将这个基本单位再进行细分。亚像

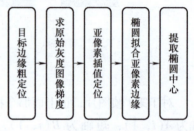

图 8-42   亚像素定位算法的基本流程

素定位技术有以下两个前提条件。

1）目标不是孤立的单个像素，而是由特定灰度分布和形状分布的一组像素组成的。

2）对具有一定特征的目标，必须明确目标定位基准点在目标上的具体位置。

常用的亚像素边缘检测技术主要分为三类，即插值法、拟合法和矩方法。其中，插值法的重复性好，计算量小，计算时间相对较短，但抗噪能力不是很强；多项式拟合法抗扰性强，所检出的边缘点位置较准确，但是由于这种方法使用过程中采用了优化算法，导致该算法的工作量较大，计算时间较长；灰度矩法亚像素级边缘位置不受图像平移或尺度变化的影响，但计算时间较长。对于本章目标特征的定位，通过 8.2.3 小节中的边缘检测算法已经达到了较高的定位精度，检测出的边缘很清晰。针对这种情况，综合考虑精度、效率和可靠性等几个方面的因素，本节采用基于二次多项式插值亚像素边缘定位算法对图像边缘进行更高精度的定位。该算法的计算效率很高，应用于本章的研究场合能达到很高的定位精度，满足了系统的高精度要求。

基于二次多项式插值的亚像素边缘定位技术是一种最常用的寻找亚像素级边缘的方法，它的原理易于理解，而且算法简单。其步骤一般为：首先，用传统的边缘检测算子（如 Sobel 算子、Canny 算子等）对边缘进行粗定位；然后，利用边缘点的二阶导数值为零这一特点，在边缘点两侧的某一小邻域内取点（一般为 3~4 个点，若点过多通常会导致定位不准确），利用这几个点的梯度值进行插值计算，求解插值基函数中的未知参数；最后，求该函数的最大值点，即一阶导数的零值点，那么这个点就是边缘的亚像素位置。

常用的插值基函数主要有多项式、抛物线方程、二次曲线方程、高斯函数等，考虑本章特征定位的目标是圆，故选用基于二次多项式的亚像素边缘定位方法。其基本思想为：首先，运用 8.2.3 小节所述的边缘检测算法将目标边缘精确定位到一个像素精度；然后，使用 Sobel 算子对原始灰度图像 $f(i, j)$、梯度图像 $R(i, j)$ 计算，见式（8-22）。

$$R(i,j) = |f(i+1,j+1) + 2f(i,j+1) + f(i-1,j+1) - f(i+1,j-1) -$$
$$2f(i,j-1) - f(i+1,j-1)| + |f(i-1,j-1) + 2f(i-1,j) - f(i-1,j+1) -$$
$$f(i+1,j+1) - 2f(i+1,j) - f(i+1,j-1)|$$

$$(8-22)$$

对于已确定的边缘点 (m, n)，在梯度图像 $R(i, j)$ 的 X 方向上取三点 $R(m-1, n)$、$R(m, n)$、$R(m+1, n)$，以这三个点的梯度赋值作为函数值，

$m-1$、m、$m+1$ 为插值基点，代入二次多项式插值函数 $\phi(x)$，另 $\mathrm{d}\phi(x)/\mathrm{d}x=0$；同理，在 Y 方向上取三点进行相同的操作，经推导可得亚像素边缘坐标 (X_e, Y_e)。

$$\phi(x) = \sum_{i=0}^{2} \prod_{i=0, j\neq i}^{2} \frac{x - x_i}{x_i - x_j} y_i \tag{8-23}$$

式中，x_i 是插值基点；y_i 是函数值。

$$\begin{cases} X_e = m + \dfrac{R(m-1,n) - R(m+1,n)}{2\left[R(m-1,n) - 2R(m,n) + R(m+1,n)\right]} \\ Y_e = n + \dfrac{R(m-1,n) - R(m+1,n)}{2\left[R(m-1,n) - 2R(m,n) + R(m+1,n)\right]} \end{cases} \tag{8-24}$$

若 $R(m, n) > R(m-1, n)$ 且 $R(m, n) > R(m+1, n)$，$R(m, n) > R(m, n-1)$ 且 $R(m, n) > R(m, n+1)$ 同时成立，则上述亚像素定位算法理论上可获得较高的边缘定位精度。

基于上述原理，运用 MATLAB 编程实现亚像素的边缘定位，以图 8-43a 为例运行程序，得到亚像素检测结果如图 8-43b 所示，图中白色边界为特征的粗边界，深色的离散点为亚像素检测算法得到的边缘。为了方便观察亚像素检测效果，将像素边缘和亚像素边缘分别进行拟合，得到结果如图 8-43c 所示，图中内侧的深色边界代表特征的粗边缘，外侧的浅色边界代表特征的亚像素边缘，结果显示，亚像素边缘能在像素边缘基础上进一步提高定位精度。

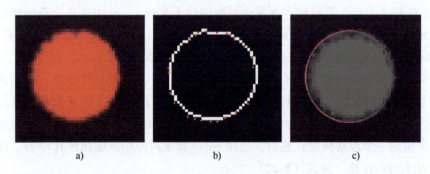

a)   b)   c)

图 8-43 亚像素边缘检测

a）待检测图像 b）亚像素检测 c）像素边缘和亚像素边缘拟合

对亚像素算法所得数据结果进行均方差计算，即

$$\sigma = \sqrt{\frac{\sum_{i=1}^{n} (x_s - x_t)^2}{n - 1}} \tag{8-25}$$

式中，x_s 是像素边缘的数据；x_t 是亚像素边缘数据。代入数据计算可得出该算法的误差 $\sigma = 0.3327$ 像素。

2. 基于椭圆拟合的特征点中心定位

亚像素定位后得到的边缘点是离散的坐标数据点，并不能组成封闭的边界将目标显现出来。为了得到高精度的特征点中心位置，本节对亚像素处理得到的边缘进行拟合。考虑到要提取的初始特征为圆，变形后该点为近似椭圆的特征，因此，采用椭圆拟合算法对亚像素边界进行拟合。

椭圆拟合的基本思想是将椭圆表示为两个矢量相乘的隐式方程，即

$$F(x,y) = ax^2 + bxy + cy^2 + dx + ey + f = 0 \tag{8-26}$$

由几何知识可知，当曲线方程系数 $4ac - b^2 = 1$ 时，表示一般二次曲线方程为椭圆，设

$$C = \begin{pmatrix} 0 & 0 & 2 & 0 & 0 & 0 \\ 0 & -1 & 0 & 0 & 0 & 0 \\ 2 & 0 & 0 & 0 & 0 & 0 \\ 0 & 0 & 0 & 0 & 0 & 0 \\ 0 & 0 & 0 & 0 & 0 & 0 \\ 0 & 0 & 0 & 0 & 0 & 0 \end{pmatrix} \tag{8-27}$$

则最小二乘椭圆拟合可转化为

$$\begin{cases} \boldsymbol{a} = \arg \min_N \| \boldsymbol{Da} \|^2 \\ \boldsymbol{a}^\mathrm{T} \boldsymbol{Ca} = 1 \end{cases} \tag{8-28}$$

式中，$\boldsymbol{D} = [\boldsymbol{x}_1, \boldsymbol{x}_2 \cdots, \boldsymbol{x}_N]^\mathrm{T}$；$\boldsymbol{x}_i = [x_i^2, x_i, y_i, y_i^2, x_i, y_i, 1]^\mathrm{T}$；$N$ 是参与拟合数据的个数。

引入拉格朗日系数并微分，由 $\boldsymbol{S} = \boldsymbol{D}^\mathrm{T} \boldsymbol{D}$ 可得

$$\begin{cases} \boldsymbol{Sa} = \lambda \boldsymbol{Ca} \\ \boldsymbol{a}^\mathrm{T} \boldsymbol{Ca} = 1 \end{cases} \tag{8-29}$$

根据广义特征值进行求解，得到式（8-28）的解为

$$a = \sqrt{\frac{\lambda_i}{\mu_i^2 S}} \mu_i \tag{8-30}$$

式中，λ_i 和 μ_i 分别是式（8-29）的特征值和特征矢量。

基于上述原理，在 MATLAB 中编程实现椭圆拟合算法，分别对图 8-43a 中特征点的亚像素边缘和像素边缘进行拟合，得到的椭圆参数见表 8-2。

表 8-2　像素级边缘点拟合与亚像素级边缘点拟合

参数	像素级边缘点拟合	亚像素级边缘点拟合	两种算法拟合的差
长轴	16.1058	16.4459	0.3401
短轴	15.8476	16.1292	0.2816
中心的 x 值	22.1862	22.0743	0.1109
中心的 y 值	22.7622	22.7484	0.0138

亚像素边缘拟合结果如图 8-44a 所示，像素边缘拟合结果如图 8-44b 所示。

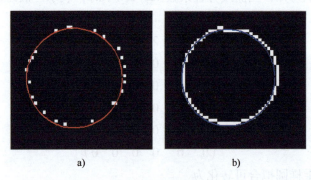

a)　　　　　　　　　　　　　　b)

图 8-44　拟合结果

a）亚像素边缘拟合　b）像素边缘拟合

8.3　基于平面网点的二维视觉测量系统标定

在视频引伸计应变测量系统中，摄像机标定是应变测量得以实现的前提和基础，其精度和可靠程度直接影响应变测量结果的精确程度，决定着应变测量的成败。

摄像机标定是指获取空间物体表面某点的三维几何位置与其在图像中对应点之间的相互关系的过程。若在视觉测量系统中，被测量的世界坐标系中的点在同一平面内，调整其位置关系，使得该平面垂直于光轴，则构成了二维视觉测量系统。本章所研究的测量系统属于二维视觉测量系统，本节对二维视觉测量系统标定技术进行了研究。

8.3.1　二维视觉测量系统成像数学模型

1. 理想变换模型

二维视觉测量系统中摄像机的透视变换可用理想小孔成像模型来近似，如图 8-45 所示。图中 O 点为摄像机透视点（即光学中心），a 为透视点到像平面的距离，即像距。过 O 点做 OZ 轴垂直于像平面且与像平面相交于 O_I 点，以 O_I 点为坐标原点建立像平面坐标系 $O_I XY$，$O_I X$ 轴和 $O_I Y$ 轴分别平行于 CCD 的行与列，同时建立 $O_I XYZ$ 为物平面坐标系。因为光学成像系统的景深很小，所以在建立数学模型时，物平面到透视中心的距离是固定的，可定义 Z_0 为物距。由几何光学原理可知，来自物平面上的任一点 B (X, Y, Z_0+a) 的光线一定通过透视中心 O 点，而在像平面上形成像点 B_I (x_u, y_u)，故 O 点、B 点、B_I 点在一条直线上。

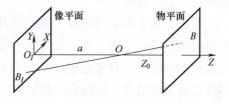

图 8-45　二维视觉测量系统透视模型

由透视模型可得，物平面 B 点到像平面 B_I 点的透视变换关系见式（8-31）。

$$\begin{cases} x_u = \dfrac{a}{Z_0} X \\[2mm] y_u = \dfrac{a}{Z_0} Y \end{cases} \tag{8-31}$$

式（8-31）的矩阵形式见式（8-32），即在不考虑畸变的情况下的二维系统摄像机的理想透视模型。实际上，$k_1 = a/Z_0$ 就是光学成像系统的放大倍数。

$$\begin{pmatrix} x_u \\ y_u \end{pmatrix} = \begin{pmatrix} \dfrac{a}{Z_0} & 0 \\[2mm] 0 & \dfrac{a}{Z_0} \end{pmatrix} \begin{pmatrix} X \\ Y \end{pmatrix} \tag{8-32}$$

2. 摄像机镜头畸变模型

实际的摄像机镜头是非理想光学系统，其二维图像存在着不同程度的非线性变形，通常把这种非线性变形称为几何畸变。除了几何畸变，还有摄像机成像过程不稳定、图像分辨率低引起的量化误差等其他因素的影响，因此，物体点在摄像机像面上实际所成的像与空间点之间存在着复杂的非线性关系。

主要的畸变误差分为三类：径向畸变、偏心畸变和薄棱镜畸变。第一类只产生径向位置的偏差，后两类则既产生径向偏差，又产生切向偏差，无畸变理

想图像点位置与有畸变实际图像点位置之间的关系如图 3-40 所示。摄像机镜头畸变的数学模型可表示为

$$\begin{cases} \bar{x} = \tilde{x} + \Delta x (k_1 r^2 + k_2 r^4) + [p_1(r^2 + 2\Delta x^2) + 2p_2 \Delta x \Delta y] \\ \bar{y} = \tilde{y} + \Delta y (k_1 r^2 + k_2 r^4) + [p_1(r^2 + 2\Delta x^2) + 2p_2 \Delta x \Delta y] \end{cases} \tag{8-33}$$

式中，$(\bar{x}, \bar{y})$ 是无畸变时场景特征点的透视投影坐标；$(\tilde{x}, \tilde{y})$ 是存在镜头畸变时特征点的像点坐标；k_1 和 k_2 是径向畸变系数；p_1 和 p_2 是切向畸变系数；Δx 是像点到畸变中心的水平距离；Δy 是像点到畸变中心的垂直距离；r 是像点到畸变中心的直线距离。

目前，光学系统的设计、加工以及安装都可以达到相当高的精度，薄棱镜畸变很小，可以忽略。在一般非高精度的视觉测量中，偏心畸变引起的切向畸变也可以不考虑，只考虑镜头的径向畸变。因为引入过多的非线性参数，往往不能提高解的精度，反而会引起解的不稳定性。

8.3.2 标定板的选择与特征点的提取

1. 精密标定板的设计

用于摄像机参数标定的标定板，必须具有以下两个基本条件。

1）标定板上特征点的相对位置关系已知。

2）图像特征点的坐标容易求取。

设计标定板时，需要考虑以下几个因素。

1）标定板上特征点形状的选择：原则上应选择为易于加工和识别的特征，常用的标定板特征有圆孔中心、直线交点、方块顶点等。

2）标记板上特征点数量的选择：它主要受选用的标定算法的影响。

3）标记板上特征点尺寸的选择：它主要由测量系统视野范围、特征点数量等因素决定。

4）标定板尺寸的确定：可以依据应变测量系统的视野范围确定。

由于目前机械、光学加工可以达到很高的精度，因此选取不同的标定板对象主要取决于是否能通过有效的特征提取算法精确获取特征点的图像坐标。

在视频引伸计的标定系统中，综合考虑拉伸视野范围、测量精度要求、标定算法等因素，本章设计并采用高精度的光刻技术加工了一个平面网点玻璃标定板，结构如图 8-46 所示，其中，标定板上均匀分布两排直径为 3.00mm 的圆形特征点，相邻圆点的圆心间距为 6.00mm，且横竖两个方向正交。标定板点阵

包括 12 个直径为 3.00mm 的圆形特征点,设置为 6 列×2 行。光刻方法得到的圆形点及网点分布误差可以忽略不计(优于±1μm)。

图 8-46 平面网点玻璃标定板结构

2. 特征点的提取

快速而准确地检测标定板上的特征点位置是系统标定的基础,在整个标定系统中起着非常重要的作用。由于标记板上选用的特征为圆,因此特征点定位问题转化为圆检测及其中心定位问题。圆检测就是估计出图像中存在的圆的三个参数,即圆心行坐标、列坐标及圆半径。常用的圆检测技术有形状分析法、环路积分微分法、Hough 变换等。Hough 变换是目前应用最广泛的圆检测方法,该方法的最大特点是可靠性高,可以同时给出圆心和圆半径参数,在噪声、变形,甚至部分区域丢失的状态下仍然能取得理想的结果。本节采用 Hough 变换方法提取标定板上的圆形特征点。

特征点提取的基本流程如图 8-47 所示,首先导入标定板图片,然后依据图像特征采用基于 R 通道的灰度化方法对图片其进行灰度化处理,并运用高斯滤波法对图片进行去噪处理,最后运用 Hough 变换方法实现圆形定位,提取各圆的圆心坐标。

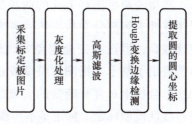

图 8-47 特征点提取的基本流程

在 MATLAB 软件中编程,实现上述操作流程,运行程序,得到试验结果如图 8-48b 所示,其中,各圆形特征点的边界为圆边缘检测的结果,白色十字线的交点表示各个圆的圆心。

3. 图像倾斜校正

在数字图像的处理及识别过程中,由于输入设备的精度缺陷,以及在操作过程中不可避免地存在着相应的误差,输入的原始图像或多或少会出现某种程度的倾斜,这将会对后续过程中的图像处理及识别造成一定的困难和影响。因此,在对数字图像进行具体的处理和识别之前,有必要对原始的输入图像进行倾斜校正。图 8-48a 所示为存在倾斜的一个典型例子。下面以图 8-48a 的倾斜校正过程为例，详细介绍倾斜校正的过程。

特征边缘检测后得到了各个特征点中心的坐标值，分别存放在数组 X 和 Y 中，其中，X、Y 均为 $5×2$ 的数组。采用最小二乘法，将其中的一列圆点集的中心进行直线拟合，计算出该直线的斜率。依据斜率，判断图像旋转的方向及角度。可以计算出一排圆点构成的直线的斜率。

8.3.3 摄像机标定

1. 考虑畸变的标定方法

标定摄像机参数的方法有很多，按其求解算法大致可分为三类：线性法、非线性优化法和两步法。其中，线性法没有考虑镜头畸变，准确度欠佳；非线性优化法可以得到

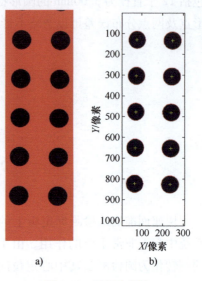

图 8-48　特征点提取
a）标定板图片　b）圆中心提取

比较高的标定精度，但其算法比较烦琐，速度慢，而且对噪声和初值选择比较敏感；两步法是介于线性法和非线性法之间的一种比较灵活的方法，其标定精度比较高，运行速度比较快，因此得到了广泛的使用。

典型的两步法有 Tsai 的两步法和 Zhang 的平面法。它们的基本原理都是先采用线性求解部分参数，然后考虑畸变引入非线性优化。这两种方法的标定精度比较高，但没有完全避免非线性优化，而且标定过程复杂。针对这一问题，本节提出了基于二维图像畸变校正的摄像机标定方法。其基本原理为，先运用曲线拟合技术对含有畸变的二维图像进行校正，再应用校正后的图像对摄像机进行线性模型标定。标定基本步骤如图 8-49 所示。

（1）畸变校正　传统的摄像机标定方法如线性求解法、直接非线性求解法、两步法，通常不能同时考虑轴对称畸变和非轴对称畸变，且一般都需要进行一定的迭代求解，尤其是如果要求达到比较高的精度，就必须以增加很大的运算量为代价。而曲面拟合标定方法，直接通过少数控制点的形心像

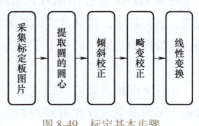

图 8-49　标定基本步骤

素坐标解算出物空间坐标与像素坐标之间的非线性关系。本节采用曲面拟合技术对图像的几何畸变进行校正。曲面拟合标定方法是用连续曲面近似地刻画或

比拟平面（曲面）上离散点组所表示的坐标之间函数关系的一种数据处理方法。

设未畸变的图像为 $g(u，v)$，实际获得的畸变图像为 $f(x，y)$，这里 $(u，v)$ 与 $(x，y)$ 分别表示畸变前后图像中同一点的坐标，由于畸变，两者的坐标值不再相等，通常可以解析表示为

$$\begin{cases} x = h_1(u,v) \\ y = h_2(u,v) \end{cases} \tag{8-34}$$

通常，变换关系 $h_1(u，v)$ 和 $h_2(u，v)$ 都可以用多项式来逼近，这样由畸变图像 $f(x，y)$ 恢复未畸变图像 $g(u，v)$ 的变换关系可表示为

$$\begin{cases} x = \sum_{i=0}^{n} \sum_{j=0}^{n-i} a_{ij} u^i v^j \\ y = \sum_{i=0}^{n} \sum_{j=0}^{n-i} b_{ij} u^i v^j \end{cases} \tag{8-35}$$

式中，a_{ij} 和 b_{ij} 是多项式的系数；n 是多项式的次数。

如果控制点数目与方程组中未知数的数目相同，则可以直接求解方程组；而在一般的图像畸变校正处理中，为了获得较高的校正精度，总是控制点数目多于方程组中未知数的数目，这样的方程组实际上可能是矛盾的，但可以求其误差平方和最小准则下的最优近似解。

按最小二乘法，若要使拟合误差平方和 ε 为最小，也就是使式（8-36）最小，即

$$\varepsilon = \sum_{l=1}^{L} \left(x_l - \sum_{i=0}^{n} \sum_{j=0}^{n-i} a_{ij} u_l^i v_l^j \right)^2 \tag{8-36}$$

则需要满足的条件为

$$\frac{\partial \varepsilon}{\partial a_{st}} = 2 \sum_{l=1}^{L} \left(\sum_{i=0}^{n} \sum_{j=0}^{n-i} a_{ij} u_l^i v_l^j - x_l \right) u_l^s v_l^t = 0 \tag{8-37}$$

由此得到

$$\sum_{l=1}^{L} \left(\sum_{i=0}^{n} \sum_{j=0}^{n-i} a_{ij} u_l^i v_l^j \right) u_l^s v_l^t = \sum_{i=0}^{n} \sum_{j=0}^{n-i} a_{ij} \left(\sum_{l=1}^{L} u_l^{i+s} v_l^{j+s} \right) = \sum_{l=1}^{L} x_l u_l^s v_l^t \tag{8-38}$$

同理可得

$$\sum_{l=1}^{L} \left(\sum_{i=0}^{n} \sum_{j=0}^{n-i} b_{ij} u_l^i v_l^j \right) u_l^s v_l^t = \sum_{i=0}^{n} \sum_{j=0}^{n-i} b_{ij} \left(\sum_{l=1}^{L} u_l^{i+s} v_l^{j+s} \right) = \sum_{l=1}^{L} y_l u_l^s v_l^t \tag{8-39}$$

式中，L 是控制点对的个数，满足 $s=0，1，2，\cdots，n$；$t=0，1，2，\cdots，n-s$；$s+t \leqslant n$。

令 $M=(n+1)(n+2)/2$，式（8-38）和式（8-39）为两组由 M 个方程组成的线性方程组，每个方程组包含 M 个未知数。通过分别求解上述二式，即可求出 a_{ij} 和 b_{ij}，将其代入式（8-35）就可实现两个坐标系之间的变换。

校正精度与所用校正多项式次数有关，多项式次数越高，拟合误差越小。但是随着多项式次数增加，系数数目增加，将导致计算量急剧增加。综合考虑精度、运算速度、控制点数等各方面因素，本节基于二次多项式曲面拟合技术对畸变进行校正。

对于标定板上的任意点，假设其理想的、不带畸变的坐标为 (u, v)，实际坐标为 (x, y)，则依据 (u, v) 和 (x, y) 可以建立映射关系式，即

$$\begin{cases} u = a_1 + a_2 x + a_3 y + a_4 x^2 + a_5 y^2 + a_6 xy \\ v = b_1 + b_2 x + b_3 y + b_4 x^2 + b_5 y^2 + b_6 xy \end{cases} \tag{8-40}$$

对于标定板上的 10 个点，可以列出 20 组这样的方程，用最小二乘方法求解出 12 个参量 $(a_1', a_2', \cdots, a_6', b_1', b_2', \cdots, b_6')$，具体的数值见表 8-3。

表 8-3 畸变校正参数

i	1	2	3	4	5	6
a_i	−108.32	2.8419	7.5466×10^{-5}	-3.5261×10^{-8}	-5.6374×10^{-3}	-7.6604×10^{-8}
b_i	−35.176	0.59100	1.0020	2.7613×10^{-6}	-1.8138×10^{-3}	-2.7178×10^{-6}

利用这 12 个参量，将标定板上 10 个圆心点的畸变校正前坐标 (x, y) 代入式 (8-40)，可以求解这 10 个点的畸变校正后坐标 (u', v')。计算得出畸变校正误差为 0.01347 像素，误差分布如图 8-50 所示。

经倾斜校正和畸变校正后，结果如图 8-51 所示。

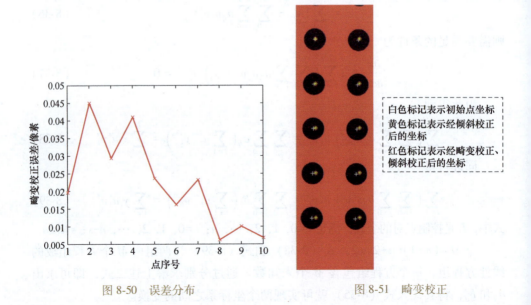

白色标记表示初始点坐标
黄色标记表示经倾斜校正后的坐标
红色标记表示经畸变校正、倾斜校正后的坐标

图 8-50 误差分布　　　　图 8-51 畸变校正

（2）线性变换　线性变换即将图像像素坐标系到世界坐标系的变换，设
(x, y) 为圆心点在世界坐标系下的坐标值，(u, v) 为圆心点的像素坐标值，
依据式（8-33）的转换关系式，建立 (u, v) 和 (x, y) 的映射关系式为

$$z\begin{pmatrix} u \\ v \\ 1 \end{pmatrix} = \begin{pmatrix} a & b & c \\ d & e & f \\ 0 & 0 & 1 \end{pmatrix}\begin{pmatrix} x \\ y \\ 1 \end{pmatrix} \tag{8-41}$$

求解线性转换系数，得到的系数值见表 8-4。

表 8-4　系数值

a	b	c	d	e	f
0.034705	-6.4218×10^{-10}	-2.6698	3.6199×10^{-9}	0.034705	-4.5316

标定后，特征点的横向误差见表 8-5，纵向误差见表 8-6。

表 8-5　横向误差　　　　　　　　　　（单位：mm）

序号	1	2	3	4	5
1	-5.8168×10^{-4}	1.2289×10^{-3}	-1.0118×10^{-3}	6.0174×10^{-4}	-2.5711×10^{-4}
2	2.0015×10^{-4}	-8.1843×10^{-5}	-2.0216×10^{-4}	-1.14986×10^{-4}	2.3423×10^{-4}

表 8-6　纵向误差　　　　　　　　　　（单位：mm）

序号	1	2	3	4	5
1	3.3869×10^{-4}	-9.3950×10^{-4}	8.5437×10^{-3}	1.2973×10^{-3}	-7.7555×10^{-4}
2	5.1816×10^{-4}	-8.0828×10^{-4}	2.0345×10^{-5}	3.1231×10^{-4}	-3.9390×10^{-5}

系统标定误差分布如图 8-52 所示。

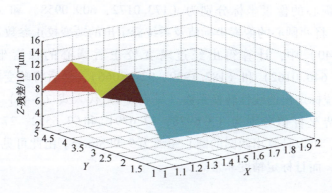

图 8-52　系统标定误差分布

计算得到 10 个点的平均误差为 $0.76535\mu m$，标准方差为 $0.46761\mu m$。这说明，该方法能达到很高的标定精度，很好地满足了应变测量系统的高精度要求。

2. 试验验证

为了检查该标定方法是否准确，下面对一幅含有已知数据的图片进行检验。图 8-53 所示的两个圆形标记是用精密的丝网印刷仪器制作出来的，圆心间距为 10mm。

按图 8-54 所示的流程进行校验试验。

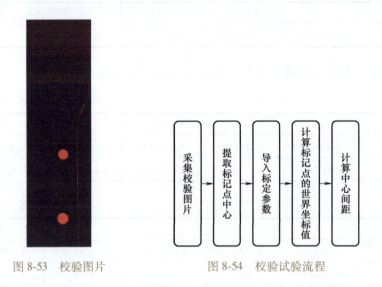

图 8-53　校验图片　　　　图 8-54　校验试验流程

依据 8.2.3 小节所述的边缘检测方法，提取出校验图片上两圆形的圆心，计算得出两圆心的像素坐标分别为（173.0172，609.0958）和（171.8321，897.1911），将两圆心的像素坐标值及系统标定出的畸变校正参数（见表 8-3）代入式（8-40）中，计算得出经过畸变校正后圆心的像素坐标分别为（183.4209，640.0162）和（182.1939，927.8066），然后将畸变校正后的像素坐标及系统标定出的线性转换系数（见表 8-4）代入式（8-41）中，可以得到圆心的世界坐标值分别为（3.6978，17.6791）和（3.6552，27.6676）。按照距离公式，可以计算出两圆的圆心距离为 9.9986mm。由此可见，该标定算法是正确的，而且标定精度非常高。

8.4　应变测量系统的试验验证

8.4.1　应变测量系统可行性分析

1. 试验方案的制定

为了验证本章设计的视频应变测量系统的可行性及准确性，本节对一根已经裁断的试件（见图 8-55）进行拉伸试验，选用 INSTRON 的万能材料试验机作为试验平台，加载方式为竖直向上，试验机夹头移动速度设置为 30mm/min，摄像机采集频率为 300 帧/s，试验过程中，试件 A 段向上移动，试件 B 段静止不动。理论上，在整个拉伸过程中，A 段特征点的移动速度应该与试验机拉伸速度完全一致，B 段特征点的中心位置应该始终不变。因此，通过比较图像测量系统计算出的 A 段特征点的位移量与试验机的实际拉伸位移量，可以对视频应变测量系统的可行性及准确性做出评价；通过比较各帧图片上 B 段特征点的坐标位置，可以对视频应变测量系统的稳定性做出评价。

2. 试验过程

（1）系统标定　利用摄像机采集一张标定板图片，如图 8-56 所示。

图 8-55　试件　　　　　图 8-56　标定板图片

按照 8.3.3 小节所述方法对其进行标定，可以得到畸变校正参数（a_1', a_2', $\cdots$, a_6', b_1', b_2', $\cdots$, b_6'），见表 8-7。

表 8-7　畸变校正参数

i	1	2	3	4	5	6
a'_j	−108. 32	2.8419	$7.5466×10^{-5}$	$-3.5261×10^{-8}$	$-5.6374×10^{-3}$	$-7.6604×10^{-8}$
b'_i	−35.176	0.59100	1.0020	$2.7613×10^{-6}$	$-1.8138×10^{-3}$	$-2.7178×10^{-6}$

空间转换系数 (a, b, c, d, e, f) 见表8-8。

表 8-8　空间转换系数

a	b	c	d	e	f
0.034705	$-6.4218×10^{-10}$	−2.6698	$3.6199×10^{-9}$	0.034705	−4.5316

（2）进行拉伸试验　设置摄像机采样频率为 300 帧/s，开启摄像机摄取拉伸试验过程，同时起动试验机进行拉伸试验，6s 后关闭摄像机，最后关闭试验机。运用本章设计的图像测量软件对采集的拉伸图片进行处理，可以得到 A 段特征点的位移数据，以及 B 段特征点的坐标数据。A 段特征点的位移量—时间曲线如图 8-57 所示，前 28 帧图片中 B 段特征点位置数据见表 8-9。

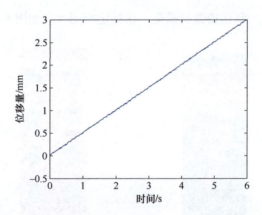

图 8-57　A 段特征点位移量—时间曲线图

图 8-57 中的位移量呈直线趋势变化，与试验机位移曲线基本匹配。曲线的斜率表示拉伸速度，通过拟合 A 段特征点位移量，可以计算出其斜率为 0.4995mm/s，与拉伸速度 30mm/min（即 0.5mm/s）相比，误差为 0.0005mm，这说明本章设计的应变系统是可行的。利用试验数据计算拟合曲线误差均方和的值为 0.00125mm，这说明该系统的测量精度比较高。

表 8-9 B 段特征点坐标值

序号	X	Y	序号	X	Y
1	3.6087	26.9285	15	3.6085	26.9294
2	3.6083	26.9302	16	3.6055	26.9268
3	3.6072	26.9283	17	3.6065	26.9327
4	3.6064	26.9271	18	3.6052	26.9277
5	3.6071	26.9266	19	3.6062	26.9267
6	3.6058	26.9285	20	3.6056	26.9265
7	3.6070	26.9298	21	3.6061	26.9269
8	3.6038	26.9298	22	3.6055	26.9268
9	3.6049	26.9295	23	3.6078	26.9276
10	3.6047	26.9310	24	3.6080	26.9327
11	3.6069	26.9303	25	3.6087	26.9299
12	3.6075	26.9296	26	3.6069	26.9338
13	3.6082	26.9298	27	3.6062	26.9294
14	3.6083	26.9300	28	3.6064	26.9301

注：X 方向最大值与最小值的差为 0.0049mm，Y 方向最大值与最小值的差为 0.0074mm。

特征点存在抖动，X 方向最大值与最小值的差为 0.0049mm，Y 方向最大值与最小值的差为 0.0074mm，依据表 8-9 中的数据计算出抖动误差均方值为 0.0029mm。由此可见，系统的稳定性比较好。

8.4.2 应变测量系统实用性分析

为了验证本章设计的视频应变测量系统的实用性，选取同一批次材料的 2 个塑料试件，分别用本章设计的视频引伸计和 INSTRON 的 AVE 视频引伸计进行应变测量试验，试验试件如图 8-58 所示，加载方式为竖直向上拉伸，采用 IN-STRON 的万能材料试验机作为试验平台，试验机夹头移动速度为 30mm/min，摄像机采集频率为 100 帧/s。将两种方法的测量结果进行比较，可以对本章设计的视频应变测量系统做出评价。

图 8-58 试验试件

267

　　分别用本章设计的视频引伸计和 INSTRON 的 AVE 视频引伸计对图 8-58 所示的试验试件进行应变测量，得到应力—应变曲线，如图 8-59 所示。

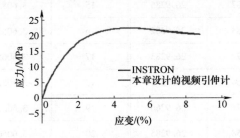

图 8-59　用两种方法测出的应力—应变曲线

　　由图 8-59 可以看出，在屈服段，二者基本吻合，这说明本章设计的应变测量系统是有效且实用的，能满足塑料材料高速拉伸的应变测量要求。

第**9**章

封隔器试验台的设计及可靠性评估

封隔器作为石油勘探开发的主要工具之一，广泛地应用于石油开采的各个领域，它能有效地减少油井封隔器堵水工序，方便地实现不压井不放喷作业，并能双向承受高压。随着油田探测所要面对的环境越来越恶劣，采油作业面临的困难越来越多，作为油田装备里的核心部件，封隔器逐渐向高性能、多功能、简单耐用、大通径、胶筒弹性恢复性好等方向发展，其工作性能的好坏直接影响着石油生产成本。

通过研制封隔器室内试验平台，能够模拟井下高温、高压等恶劣环境，测试封隔器的各项性能参数是否符合要求，形成系列化检测系统，这样可以高效地检测封隔器质量。

封隔器是指具有弹性密封元件，并借此封隔各种尺寸管柱与井眼之间，以及管柱之间的环形空间，并隔绝产层以控制产（注）液、保护套管的井下工具，如图 9-1 所示。在采油工程中封隔器用来分层，封隔器上设计有采油通道，坐封时，活塞套上行，采油通道被打开；坐封后，上层压力作用在平衡活塞上，向上推动胶筒，使解封销钉免受剪切力；解封时，靠胶筒与套管的摩擦力剪断解封销钉，活塞套下行，关闭采油通道，如图 9-2 所示。

图 9-1　封隔器

封隔器是油田作业中不可缺少的工具之一，其核心元件是起密封作用的胶筒，它被广泛用于完井、注水、压裂、酸化、防砂、机械采油、气举等采油工艺中。也就是说，封隔器所具备的各种功能，主要依靠弹性密封元件的密封作用来实现。根据封隔器密封位置的不同，将封隔器分为两类：一类是"外密

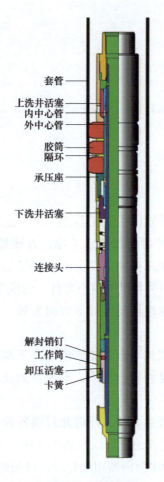

套管

上洗井活塞
内中心管
外中心管

胶筒
隔环

承压座

下洗井活塞

连接头

解封销钉
工作筒
卸压活塞
卡簧

图 9-2　封隔器结构图

封"，密封位置在油管与套管之间；另一类是"内密封"，密封位置在油管与封隔器内腔之间。前者诞生较早，在早期油田中应用相当普遍；后者诞生较晚，但结合了当时的先进技术，其密封技术较前者具有很大的优越性。得益于封隔器的密封技术，油田的正常开采和各种井下作业才能顺利地进行，因此，封隔器的研制被认为是提高油田开采率的重中之重。

9.1　封隔器的基本结构和工作原理

　　本节主以 Y241-110 封隔器为例介绍封隔器的基本结构及其工作原理。封隔器的命名按封隔件的分类代号、固定方式代号、坐封方式代号、解封方式代号、缸体最大外径、工作温度和工作压差依次排列进行编制，格式为×××-×-×，具体见表9-1。

表9-1 命名代号

分类名称	自封式	压缩式	楔入式	扩张式	组合式	
分类代号	Z	Y	X	K	用各类代号组合	
固定方式名称	尾管支撑	单向卡瓦	悬挂	双向卡瓦	锚瓦	
固定方式代号	1	2	3	4	5	
坐封方式名称	提放管柱	转动管柱	自封	液压	下工具	热力
坐封方式代号	1	2	3	4	5	6
解封方式名称	提放管柱	转动管柱	自封	液压	下工具	热力
解封方式代号	1	2	3	4	5	6

型号为Y241-110的封隔器表示其封隔件工作原理为压缩式，固定方式为单向卡瓦，采用液压坐封，采用提放管柱解封，缸体最大外径为110mm，工作温度和工作压差可以标注在最后面，也可以不标注。

9.1.1 封隔器基本结构

在采油过程中，将封隔器连接到油管柱（井下工艺管柱）上并下入套管中，利用油管柱上的附带工具（油、水配产器、砂轮器等）控制产液或产层，通过加载使封隔器的密封胶筒受压膨胀来隔离油层，从而实现对多油层油田的单井分采、分注和分层采取。此外，封隔器还用于钻井、试油、固井、测试、完井等井下试油作业中。其工作示意图如图9-3所示。

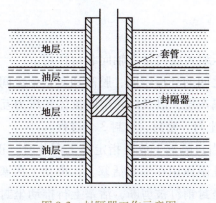

图9-3 封隔器工作示意图

Y241-110 封隔器的结构半剖图如图 9-4 所示。

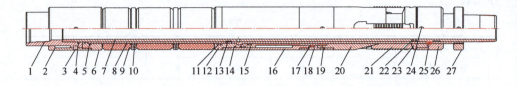

图 9-4　Y241-110 封隔器结构半剖图

1—上接头　2—上挡帽　3—解封销钉　4、5、11、14、22—密封圈　6—胶筒座　7—内中心管
8—外中心管　9—密封胶筒　10—隔环　12—坐封活塞　13—坐封锁块　15—下活塞　16—连接套
17—锁块　18—锁环压帽　19—坐封销钉　20—锥体　21—卡瓦　23—卡瓦托　24—紧定螺钉
25—解封锁块　26—下挡帽　27—下挡环

目前，国内各大油田用的封隔器设计千变万化，但基本结构相差不大，主要都是由密封、锚定、扶正、坐封、锁紧、解封六大部分组成。每个部分又由许多小部件组成，目前封隔器的差异大多体现在这些小部件的改进和优化上。

随着完井技术的不断完善，封隔器的内部结构也变得越来越精密，性能越来越突出，同一型号的封隔器可以衍生出多种适应不同环境的子型号封隔器。Y241-110 封隔器的三维模型如图 9-5 所示。

图 9-5　Y241-110 封隔器的三维模型

9.1.2　封隔器工作原理

压缩式封隔器的压缩式胶筒是在轴向载荷作用下，产生轴向压缩和径向膨胀来填满油管和套管之间的环形空间，胶筒和套管壁之间产生接触应力，从而隔绝井液和压力、封隔产层，以及防止层间流体和压力互相干扰。下面简要说明 Y241-110 封隔器的坐封、密封、解封 3 个过程。

（1）坐封过程　当封隔器下放至指定施工深井时，正在油管内注水憋压，来液经过下方中心管孔眼作用在坐封活塞上，推动上活塞及坐封活塞上行。当液压达到一定值时，坐封销钉被剪断，活塞上行推动坐封活塞套压缩胶筒，上行到达一定距离时，坐封活塞套的锯齿和锁环的锯齿扣相互啮合，泄压后，坐封活塞套的锯齿和锁环互相锁紧，完成坐封动作。

（2）密封过程　当封隔器受到上压差作用时，封隔器胶筒上端的液体直接进入上平衡活塞腔，形成向上方向作用力，从而平衡了封隔器承受的上压差。当封隔器胶筒承受下压差作用时，封隔器胶筒下端的液体进入平衡活塞腔，形成向下方向的作用力，同时坐封活塞推动胶筒座压缩胶筒，达到密封状态。胶筒密封过程前后效果如图 9-6 所示。

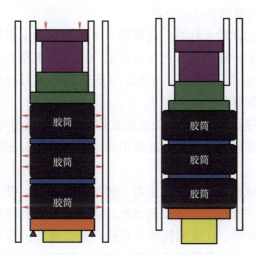

图 9-6　胶筒密封过程前后效果

（3）解封过程　在锚定部分不动的情况下，上提封隔器管柱，剪断销钉让上接头及中心管上行，当上行距离到达指定的解封距离时，释放解封锁块，下锥体恢复自由，在重力作用下自行解卡。同时，内中心管、平衡活塞、外中心管等一起上行，上拔上锥体，卡瓦失去下锥体的作用，在片弹簧作用下脱离套管，封隔器完成解封。解封后，封隔器上部和下部自行泄压，实现油管内外压力平衡。

9.2　封隔器试验台的设计

9.2.1　封隔器试验台设计准则

为了对封隔器的不同性能指标进行测试和试验，需要研制封隔器试验台设备，利用研制的封隔器试验台设备对封隔器的推、拉、扭及封隔器加压后性能指标进行测试。

1. 封隔器试验台功能要求

研制的封隔器试验台可以实现对 9-5/8in（47ppf 套管，套管内径 ϕ225mm）、7in（29ppf 套管，套管内径 ϕ158mm）封隔器的推、拉、扭测试试验（注：1ppf＝1lb/ft＝1.488kg/m，1in＝25.4mm）。同时，试验台提供的管套压测试系统可以对封隔器的加压性能指标进行测试。试验台设备提供 3 路独立液压输出，并提供数字压力检测数据供试验分析。

（1）推、拉功能试验 针对上提旋转、下压坐封和上提解封的封隔器，设计专用液压缸作用于封隔器上，产生可调推力、拉力来模拟上提或下压力，完成坐封、解封试验测试。设计液压缸长度不小于 2m，设计缸径 250mm，以保证封隔器的工作长度范围和工作推拉力。

在进行推拉力测量时，利用辅助液压缸将液压缸输出轴与封隔器轴端相连，连接位置采用压力传感器检测液压缸输出的推拉力，同时还需要保证连接的可靠性和稳定性。

（2）扭转功能试验 针对旋转坐封、解封的封隔器，设计扭转机构在封隔器上施加扭转力矩，通过正反各旋转 90°，完成封隔器旋转坐封、解封性能试验，检验产品是否合格。在施加扭转力矩前，先由液压缸施加定额轴向力，确保封隔器无轴向位移后，开始扭转试验。扭转力矩通过动态扭转传感器进行测量，并在计算机显示器上进行实时显示和数据保存。

（3）封隔器试压测试 该测试主要完成封隔器中心管压试压、封隔器套筒上套压试压和封隔器套筒下套压试验，其中封隔器中心管压、封隔器套筒上套压和封隔器套筒下套压采用独立控制方式实现。3 路独立压力输出为：①封隔器内部压力；②封隔器坐封后，套管被封隔下部压力；③封隔器坐封后，套管被封隔上部压力。

2. 封隔器试验台的性能参数要求

封隔器试验台的性能参数要求如下。

1）封隔器中心管试验压力：不小于 100MPa。

2）封隔器坐封后，套管被封隔下部压力最大为 100MPa。

3）封隔器坐封后，套管被封隔上部压力最大为 100MPa。

4）试验温度：室温（工作温度 100℃以内）。

5）试验筒体直径：9-5/8in（47ppf 套管，套管内径 ϕ225mm）、7in（29ppf 套管，套管内径 ϕ158mm）。备注：试验台 9-5/8in 套管和 7″套管两个试验筒要并排设计。

6）试验筒体长度：有效长度为 3.5m。

7）拉力/压力：800kN。

8）转矩：8000N·m，工作扭转角度为180°。

9）拉/压的行程：2m。

9.2.2　封隔器试验台方案设计

根据功能设计要求，将封隔器试验台的设计分为四部分：拉力/压力试验单元，扭转力检测单元，试压测试单元，固定夹持及辅助机构。

1. 封隔器试验台设计方法

1）自下而上设计：设计师独立于装配体设计零件，并把这些零件组成装配体。通常，装配体创建完成后，设计师若发现有些模型不符合设计要求，只能手工调节每个不合要求的零件。随着装配零件数量的增加，误差会不断地放大，检测和修正这些错误花费的时间可能比设计时间还要长。因此，这种设计方法一般用于已有产品的建模或标准零部件的设计。

2）自上而下设计：事先设计好整个装配体的总体布局，然后将每个零部件的设计信息单独提出来。设计师根据提供的零件信息设计零件结构，结合装配体的尺寸配合关系，不断修改零件的细节结构。将所有的零部件整合在一个布局图中，便于找出设计不足并改正。因为所有的设计和装配信息都整合在一起，只需改动其中一处，其他零部件以此为基准自动修改更新。该方法符合现代设计理念，适合新产品的开发。

封隔器试验台属于非标准设备，根据设计要求提供的参数（见表9-2），采用自上而下设计方法。

表 9-2　封隔器试验台基本设计参数

最大适用封隔套管	最小适用封隔套管	两种套筒工作长度	工作适用温度	工作适用环境	试验平台整体长度	试验平台整体宽度
9-5/8in	7in	3.5m	100℃	室内	11.5m	4.2m
封隔器内部工作压力	封隔器封隔上部工作压力	封隔器封隔下部工作压力	工具最大工作转矩	工具最大工作拉力/压力	工具最大扭转角度	工具拉、压、扭最大工作行程
100MPa	100MPa	100MPa	8000N·m	800kN	>180℃	2m

2. 扭转力检测单元

针对扭转力测试原理，需要分别设计封隔器送入装置和扭转装置。封隔器送入方式采用梯形螺杆与步进电动机结合的传动方式，扭转方式采用扭转驱动电动机带动扭转轴转动，扭转驱动电动机和扭转轴采用双联链轮连接。驱动轴末端装有封隔器接头，用于连接封隔器。当封隔器连接到驱动轴时，步进电动机将封隔器送入试验套筒，到达指定深度后将封隔器坐封，扭转驱动电动机开始驱动扭转轴进行扭转试验，如图9-7和图9-8所示。

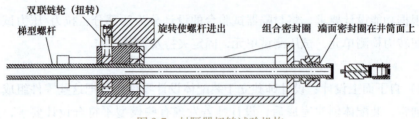

图9-7　封隔器扭转试验机构

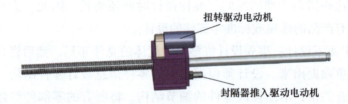

图9-8　扭转驱动示意图

3. 拉力/压力试验单元

拉力/压力试验采用双液压缸驱动，当传动轴将封隔器送入套筒指定位置后，对封隔器实施坐封操作，然后将液压缸伸缩轴伸出对接并用卡箍固定。拉力试验时，液压缸回缩，同时拖板前进，推拉杆同步后退。压力试验时，方向相反。测试完成后，封隔器解封，液压缸和传动轴退回原来的位置，如图9-9和图9-10所示。

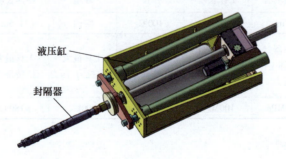

图9-9　拉力/压力试验单元

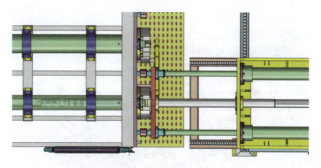

图 9-10　液压缸连接图

4. 试压测试单元

试压测试需要的压力高达 100MPa，因此选用外设的独立液压源，在套管两侧分别设有进出油口，通过控制液压油来缓慢达到试压压强。当封隔器坐封后，分别测试封隔器中心管压、封隔器套筒上套压和封隔器套筒下套压。套筒结构如图 9-11 所示。

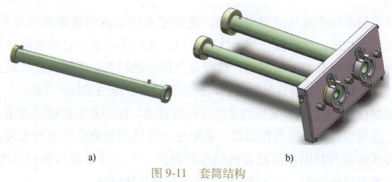

a)   b)

图 9-11　套筒结构
a）套筒　b）套筒整体结构

5. 固定夹持及辅助机构

除了上述几个核心结构，试验台还有许多辅助机构，包括封隔器升降机构、滑动导轨机构、框架固定机构、手动卡箍机构等。试验台三维模型如图 9-12 所示。

首先，将封隔器装入套筒内进行密封，利用起吊设备将待测试的封隔器放在升降架和套筒端口处的支架上，随后调节升降架高度使封隔器对准套筒的端口，并将封隔器与传动轴通过连接套相连，连接后将升降架落下，起动驱动电动机，驱动传动轴向套筒方向伸长，进而利用传动轴将封隔器送入套筒内并使两者密封连接，实现封隔器上压试压接口，此时传动轴处于最长状态，关闭驱

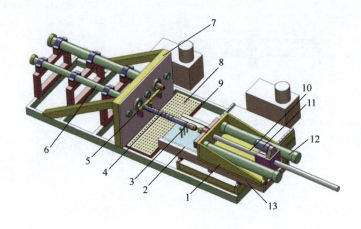

图 9-12　试验台三维模型

1—托板　2—竖直导轨　3—升降架　4—封隔器　5—密封法兰　6—套筒　7—支承架
8—接油盘　9—横向导轨　10—传动轴　11—驱动电动机　12—伸缩液压缸　13—支承板

动电动机。

　　然后，起动伸缩液压缸准备试验，使伸缩液压缸的活动端伸出至套筒处，将封隔器与其相连，然后使伸缩液压缸缩短，此时伸缩液压缸的缩短将带动支承板沿竖直导轨向套筒方向前进，同时也使传动轴后推，伸缩液压缸前进到套筒处即其运动到位，将各连接紧固，以便进行拉力、压力及扭转试验。

　　封隔器拉力/压力试验采用的是间接测量方法，伸缩液压缸的活动端与封隔器相连，连接位置安装压力传感器，采用压力传感器检测推拉力而无须在伸缩液压缸的活动端与封隔器间增加机械连接部件，压力传感器与测控系统相连，可以显示所测得的压力，以及通过测控系统控制其他设备。

　　封隔器扭转试验由驱动电动机驱动，通过传动轴带动封隔器旋转，进行封隔器扭转试验，转矩通过动态扭转传感器进行测量，并将数据传输至测控系统，可以在显示器等显示设备上进行实时显示和数据保存。

　　对封隔器进行管套压试验时，可由外部高压液压系统中的液压回路提供压力，封隔器有三路独立压力输出，分别是：①封隔器内部压力；②封隔器座封后，套筒内被封隔的下部压力；③封隔器座封后，套筒被封隔的上部压力。三路独立压力输出分别采用独立的压力传感器进行检测，并在显示器上进行实时显示和数据保存。

　　最后，该封隔器性能检测完毕后，按照与将封隔器送入套筒相反的顺序，将套筒内的封隔器拉出。先使伸缩液压缸伸长，此时伸缩液压缸带动支承板沿竖直导轨向后运动，伸缩液压缸伸至最长时，支承板退回到启示位置；此时伸缩液压缸的活动端开始缩回，并且驱动驱动电动机使传动轴开始缩回，当伸缩液压缸的活动端退回到位后，升降架升起，传动轴带动封隔器从套筒内退出并支撑在升降架上，此时完成该封隔器的性能检测，利用起吊设备将其取走即可。

9.3 封隔器试验台可靠性评估

封隔器试验台可靠性校核主要针对受力、受压较大的几个部件，主要包括 2 个套筒的耐压强度校核，扭转轴的抗扭强度校核，套管接口螺纹强度校核等。以 ANSYS Workbench 为平台进行数值仿真校核。

ANSYS 软件是融结构、流体、电场、磁场、声场分析于一体的大型通用有限元分析软件，由世界上最大的有限元分析软件公司之一的美国 ANSYS 公司开发。它能与多数 CAD 软件接口实现数据的共享和交换，如 creo、NASTRAN、I-DEAS、AutoCAD 等，是现代产品设计中的高级 CAE 工具之一。ANSYS 软件中的有限元软件包是一个多用途的有限元法计算机设计程序，可以用来求解结构、流体、电力、电磁场及碰撞等问题，因此它可应用于航空航天、汽车工业、生物医学、桥梁、建筑、电子产品、重型机械、微机电系统、运动器械等工业领域。有限元分析流程如图 9-13 所示。

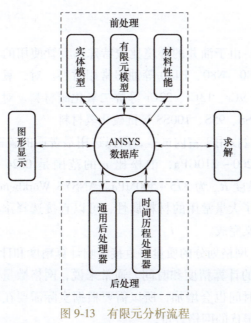

图 9-13 有限元分析流程

9.3.1　套管的耐压校核

套管是封隔器试验台的主要部件之一，封隔器的坐封、解封和试压等测试均在套管内完成。在试压时，套管需要承受最大压强为 100MPa 的液压力，因此，需要对套管进行强度校核，避免因套管强度不够而造成危险。

1）几何模型导入：在有限元分析之前，最重要的工作就是几何建模，几何建模的好坏直接影响到计算结果的正确性。一般在整个有限元分析过程中，几何建模的工作占据了非常多的时间，同时也是非常重要的环节。

ANSYS Workbench 获得几何模型有两种方法：①通过第三方 CAD 软件（NX、SolidWorks 等）以第三方格式（如 STP、IGES 等）导入 ANSYS Workbench 中；②直接用 ANSYS Workbench 自带的 Design Modeler 模块进行建模。本节所用模型属于对称结构，所以选择 1/2 模型来分析（见图 9-14），这样做既减小了计算规模，分析结果也更清晰、直观。

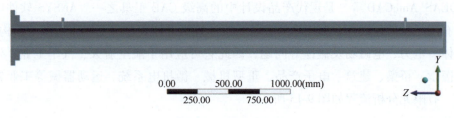

图 9-14　1/2 套筒模型图

材料属性设定：由于油井的环境比较特殊，套管使用的材料可以是普通的碳钢，或者 J55、L80、N80、P110 等油田常用材料。对二氧化碳含量偏高的油井，需要用到 3Cr、9Cr、13Cr、22Cr 等抗二氧化碳材料。对硫化氢含量偏高的油井，需要用到 90SS、95S、100SS 等抗硫化氢材料。

本章涉及的套管仅用于室内试验，所以选用最普通的碳钢材料 Q235。Q235 的弹性模量 E 为 200 ~ 210GPa，泊松比 ν 的范围是 0.24 ~ 0.28，密度 ρ 是 7858kg/m^3，抗拉强度 R_m 为 375 ~ 500MPa。ANSYS Workbench 中的 Engineering Data 工具箱中集成了大量常用的材料属性，可以直接选择添加，对于不常见的材料可以通过自定义完成。

2）网格划分：网格划分的质量将直接影响计算精度和计算速度，同时网格数量也将决定模型的计算精度和时间。通常来说，网格数量越多，计算精度越高，但相应的计算时间也会增加，所以需要根据实际需要在精度和计算时间之间合理分配，选择最优的网格数量。

网格疏密是指在结构不同部位采用大小不同的网格，这是为了适应计算数据的分布特点。在计算数据变化梯度较大的部位（如应力集中处），为了较好地反映数据变化规律，需要采用比较密集的网格。而在计算数据变化梯度较小的部位，为减小模型规模，则应划分相对稀疏的网格。这样整个结构便表现出疏密不同的网格划分形式。

本节所用的模型属于比较规则的图形，只需观察 Total Deformation 和 Equivalent Stress 两个云图数据，所以只需要在两个细节处添加 Proximity 网格加密，网格效果如图 9-15 和图 9-16 所示。划分后共有 166809 个节点、107411 个单元。

图 9-15　套筒网格图

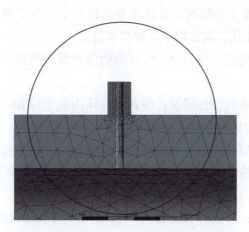

图 9-16　局部加密网格图

3）边界条件设定：边界条件指在运动边界上方程组的解应该满足的条件。有限元计算的本质就是解微分方程。而解微分方程要有定解，就一定要引入条件，这些附加条件称为定解条件。定解条件的形式很多，最常见的有两种——初始条件和边界条件。在本节的静力分析中，在对称面上添加 Frictionless Support 用于定义对称约束，在套筒内表面施加 100MPa 的均匀压力模拟液压力，在两端面添加 Fixed Support 固定套筒，如图 9-17 所示。

4）结果后处理：在有限元求解器计算时，物体动力学分析见式（9-1）。

$$[M]\{x''\}+[C]\{x'\}+[K]\{x\}=\{F(t)\} \tag{9-1}$$

图 9-17　边界条件设定

式中，$[M]$ 是质量矩阵；$[C]$ 是阻尼矩阵；$[K]$ 是刚度矩阵；$\{x\}$ 是位移矢量；$\{x'\}$ 是速度矢量；$\{x''\}$ 是加速度矢量；$\{F(t)\}$ 是力矢量。

对于线性静力学分析，与时间 t 相关的量都将被忽略，简化形式见式(9-2)。

$$[K]\{x\} = \{F\} \tag{9-2}$$

实际情况中的物体在力的作用下发生很复杂的变形，包括弹性变形、塑性变形和弹塑性变形等多种情况。在仿真分析过程中，为了突出问题的实质，并使问题简单化和抽象化，提出以下 5 种基本假设。

① 物体内的物质连续性假设：即认为物体中没有间隙，因此可以用连续函数来描述对象。

② 物体内的物质均匀性假设：即认为物体内各个位置的物质具有相同的特性，因此，各个位置的材料描述是相同的。

③ 物体内的物质（力学）特性各向同性假设：即认为物体内同一位置的物质在各个方向上的性质相同，因此，同一位置材料在各个方向上的描述是一样的。

④ 线弹性假设：即物体变形量与外力作用的关系是线性的，外力去除后，物体可以恢复原状，因此，描述材料性质的方程是线性的。

⑤ 小变形假设：即物体变形远小于物体的几何尺寸，因此，在建立方程时，可以忽略高阶（二阶以上）小量。

根据总体变形云图（见图 9-18）分析，变形范围为 $0 \sim 0.10379$mm，几乎没有变形效果，说明壁厚的选择是足够安全的。

观察等效应力云图（见图 9-19），应力范围在 $3.7915 \sim 461.35$MPa，内壁的应力主要在 300MPa 左右，属于材料安全范围内。

两个油管边缘处出现了局部应力集中现象，属于小范围应力集中，可通过工艺优化及添加抗压密封圈来缓解。大套管的材料和壁厚与小套管完全一样，两者情况相似，所以只需计算一次即可。

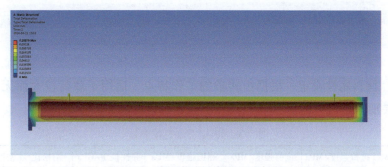

图 9-18　总体变形云图

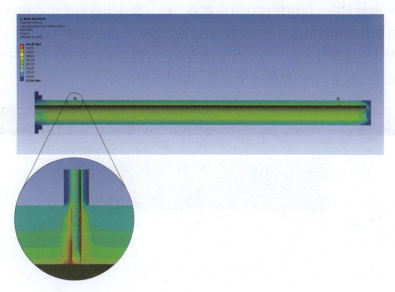

图 9-19　等效应力云图

9.3.2　扭转轴的抗拉、抗扭强度校核

扭转轴是扭转测试装置的核心部件，测试时需要将扭转驱动马达提供的 8000N·m 的转矩传递到封隔器上，这对于长达 5m 的空心带槽螺纹扭转轴是非常危险的，因此，需要校核扭转轴的抗扭强度是否满足安全需要，避免扭转失效。

（1）几何模型导入　将建立好的扭转轴三维模型保存为 IGS 格式导入 ANSYS Workbench 中，忽略一些局部特征，轴外径为 150mm，内径为 70mm，总长 5000mm，如图 9-20 所示。

图 9-20　螺纹扭转轴

（2）材料属性设定　根据扭转轴的工作特点，适用于载荷较大而无很大冲击的重要轴的材料可选择 40Cr，其力学性能参数见表 9-3。

表 9-3　40Cr 力学性能参数

硬度 HBW	抗拉强度/MPa	抗剪强度/MPa	屈服强度/MPa	弹性模量/GPa	泊松比	密度/kg/m³
217~286	980	≥400	≥785	200~210	0.28	7850

（3）网格划分　该扭转轴分为两部分，第一部分为规则的中空圆柱体，第二部分为带梯形螺纹的螺纹轴，如图 9-21 所示。第一部分的网格划分比较简单，只需要默认设置即可；第二部分对螺纹结构进行网格细化处理，计算速度非常慢。完成后的模型共有 1261818 个节点、769345 个单元。

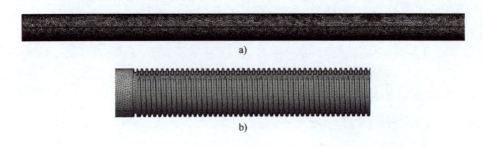

a)

b)

图 9-21　网格效果图

a）中空圆柱体　b）螺纹轴

（4）边界条件设定　对于轴类零件的抗扭强度校核，一般将轴的一端设为固定，另一端添加转矩，通过计算得出圆轴的切应力分布云图。边界条件设定如图 9-22 所示。

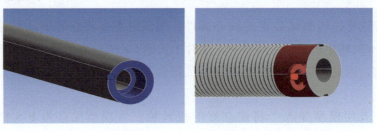

图 9-22　边界条件设定

（5）结果后处理 根据对圆轴扭转破坏案例的分析，绝大多数的轴类受扭破坏是由于圆轴横截面上的切应力过大，导致圆轴出现裂纹（见图9-23）。

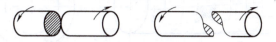

图 9-23 圆轴受扭破坏的断口

因此，通过分析该圆轴的切应力（见图9-24a）和最大切应力分布云图（见图9-24b），与轴所使用材料的需用切应力比较，得出是否满足所需的抗扭强度要求。

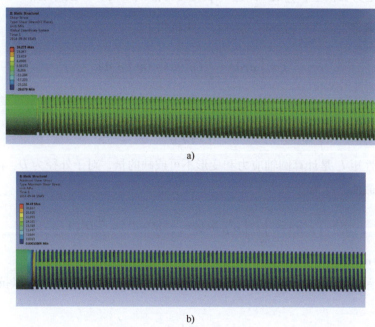

a)

b)

图 9-24 分布云图

a）切应力分布云图 b）最大切应力分布云图

从切应力分布云图中看出，切应力的范围是 $-27.079 \sim 24.275$MPa，最大切应力为 34.49MPa，出现在退刀槽处。最大切应力远小于 40Cr 的抗剪强度，所以该轴完全满足抗扭强度要求。利用材料力学理论对该轴进行理论验算，假设轴是空心光轴，大径以螺纹内径为准，内径不变，两根通槽以误差累加的方法添加到最后的结果中（见图9-25）。

当材料处于弹性阶段的比例极限以内时，剪切胡克定律成立，横截面上各点的切应力为

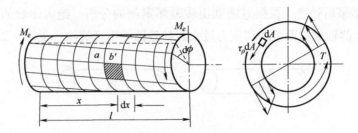

图 9-25　扭转变形、应力分布图

$$\tau_\rho = G\gamma_\rho = G\rho\theta \tag{9-3}$$

式中，G 是剪切模量；γ_ρ 是切应变；ρ 是距原点的距离；θ 是扭转角。

由静力学公式 $T = \int_A \rho\tau\sin(\rho,\tau)\,dA$ 推得

$$T = \int_A \rho\tau dA = \int_A G\rho^2\theta dA = G\theta\int_A \rho^2 dA \tag{9-4}$$

记积分式 $\int_A \rho^2 dA$ 为 I_p，称为极惯性矩。所以式（9-4）可简化为

$$T = GI_p\theta \tag{9-5}$$

极惯性矩 I_p 是计算圆轴应力和变形不可或缺的量，对于外径为 D、内径为 d 的圆空心截面，I_p 为

$$I_p = \int_A \rho^2 dA = \int_{d/2}^{D/2}\int_0^{2\pi} \rho^2\rho d\theta d\rho = \frac{\pi}{32}(D^4-d^4) = \frac{\pi}{32}D^4(1-\alpha^4) \tag{9-6}$$

式中，$\alpha = d/D$。

为了保证轴能够安全工作，轴内的应力必须小于许用应力，所以抗扭强度的条件为

$$\tau_{\max} \leqslant [\tau] \tag{9-7}$$

$$\tau_{\max} = \frac{TD/2}{I_p} = \frac{T}{W_p} \leqslant [\tau] \tag{9-8}$$

$$W_p = \frac{2I_p}{D} = \frac{\pi}{16}D^3(1-\alpha^4) \tag{9-9}$$

经计算，$W_p = [0.142^3 \times (1-(0.07/0.142)^4) \times \pi/16]\,m^3 = 5.29\times10^{-4}\,m^3$。

所以，$\tau_{\max} = T/W_p = (8000/5.29\times10^{-4})\,Pa = 1.512\times10^7\,Pa \leqslant [\tau]$。

最后，加上螺纹和通槽对轴的抗扭强度的削弱，$\tau_{\max}$ 依然远低于许用剪切应力 400MPa，所以该扭转轴的设计完全符合安全要求。

9.3.3　套管接口螺纹校核

因加工工艺限制，中空的套筒端部是不能直接加工成密封结构的，只能通过人工添加密封装置来完成套管的端部密封。如图 9-26 所示，封隔器进口不需要密封，工作时由封隔器胶筒坐封进行密封，右侧的密封端口需要通过密封装置将端口堵死。如图 9-27 所示，利用 6 个 M30×70 螺栓固定整个密封装置。因此，需要计算这些螺栓能否承受 100MPa 的压强。

封隔器进口　　　　　　　　　　　　　　　　　　密封端口

图 9-26　套筒结构

螺栓杆的抗拉强度校核：螺纹连接主要包括螺栓连接、双头螺柱连接和螺钉连接 3 种，本模型采用全螺纹螺栓连接，主要承受自身的预紧力和外部轴向拉力。对于受拉螺栓来说，其主要破坏形式是螺栓杆螺纹部分发生断裂，其设计准则是保证螺栓的静力或疲劳拉伸强度。

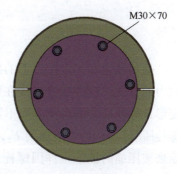

M30×70

图 9-27　套筒密封端口

螺栓连接的强度计算，首先是根据连接的类型、装配情况（有无预紧力）、载荷状态等条件，确定螺栓受力；然后根据相应的强度条件计算螺栓危险截面的直径或校核其强度。

仅受预紧力下的螺栓连接：在对紧螺栓预紧装配时，在旋紧力矩作用下，螺栓除受预紧力 F_0 的拉伸而产生拉应力，还受螺纹摩擦力矩 T_1 的扭转而产生扭转切应力，使螺栓处于拉伸和扭转的复合应力状态下。因此，进行螺栓强度校核时，应考虑拉应力和扭转切应力的联合作用。

螺栓危险截面的拉应力为

$$\sigma = \frac{4F_0}{\pi d_1^2} \tag{9-10}$$

螺栓危险截面的扭转切应力为

$$\tau = \frac{F_0 \tan(\lambda+\phi_\nu)\dfrac{d_2}{2}}{\dfrac{\pi}{16}d_1^3} = \frac{\tan\lambda+\tan\phi_\nu}{1-\tan\lambda\tan\phi_\nu}\frac{2d_2}{d_1}\frac{F_0}{\dfrac{\pi}{4}d_1^2} \tag{9-11}$$

式中，d_1 是螺栓小径；d_2 是螺栓中径；λ 是螺纹中径升角，$\lambda = \arctan(nP/\pi d_2)$，其中 nP 是导程，n 是螺纹线数，P 是螺距；ϕ_ν 是螺纹副的摩擦角，$\phi_\nu = \arctan f$，其中 f 是螺纹间的摩擦系数。

对于普通钢制螺纹，一般取 $\tan\phi_\nu \approx 1.17$、$d_1/d_2 = 1.04 \sim 1.08$、$\tan\lambda \approx 0.05$，代入式（9-11）可得 $\tau \approx 0.5\delta$。

根据第四强度理论，将拉应力 δ 和扭转切应力 τ 组成螺栓预紧状态下的复合应力为

$$\delta_{ca} = \sqrt{\delta^2 + 3\tau^2} = \sqrt{\delta^2 + 3(0.5\delta)^2} \approx 1.3\delta \tag{9-12}$$

所以，螺栓危险截面的抗拉强度表达式为

$$\delta_{ca} = \frac{1.3F_0}{\dfrac{\pi}{4}d_1^2} \leqslant [\delta] \tag{9-13}$$

受预紧力和工作拉力下的紧螺栓连接：一般螺栓连接都是受预紧力和工作拉力的方式，这种螺栓连接在承受轴向载荷之后，由于螺栓和被连接件的弹性变形，螺栓所受的总拉力并不等于预紧力与工作拉力之和。如图 9-28 所示，当螺栓所受拉力由 F_0 增加到 F_2，变形增加量为 $\Delta\lambda$，总的变形量为 $\Delta\lambda_b + \Delta\lambda$，但原来被压缩的被连接件因螺栓伸长而被放松，总的变形量随之变小。根据变形协调方程，被连接件压缩变形的减少量等于螺栓拉伸变形的增加量。被连接件的压缩力由 F_0 减至 F_1，F_1 称为残余预紧力。

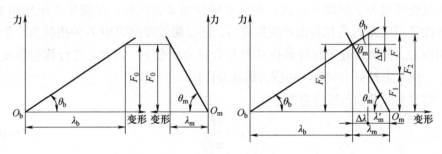

图 9-28 单个螺栓连接受力变形线图

因此，螺栓的总拉力 F_2 等于残余预紧力 F_1 和工作载荷 F 之和，即 $F_2 = F_1 +$

F。此外，螺栓的总拉力还和螺栓刚度 C_b 和被连接件刚度 C_m 有关，由受力变形线图（见图 9-28）导出 F_0 和 F_2 的表达式，即

$$F_0 = F_1 + \left(1 - \frac{C_b}{C_b + C_m}\right)F = F_1 + \frac{C_m}{C_b + C_m}F \tag{9-14}$$

$$F_2 = F_0 + \frac{C_b}{C_b + C_m}F \tag{9-15}$$

式中，$C_b/(C_b + C_m)$ 是螺栓的相对刚度，其大小与螺栓和被连接件的结构尺寸、材料及垫片、工作载荷的作用位置等有关。

所以，螺栓危险截面的抗拉强度校核表示为

$$\delta_{ca} = \frac{1.3F_2}{\frac{\pi}{4}d_1^2} \leqslant [\delta] \tag{9-16}$$

根据《机械设计手册》，取相对刚度为 0.2，性能等级 8.8 的螺栓，F_0 取 205kN，公称抗拉强度为 800MPa，$F = F_{总}/n = 622kN$，$F_2 = 337.4kN$，则

$$\delta_{ca} = \frac{1.3 \times 337.4 \times 10^3}{621 \times 10^{-6}} = 706.3MPa < [\delta] \tag{9-17}$$

在实际设备中，端部的密封装置不仅仅是靠螺栓来固定，内部还有一些相互嵌套、锁紧结构，可知，螺栓实际受力比计算代入的值要小，基本能满足强度要求。

螺纹副抗挤压强度校核：把螺纹牙沿着螺旋线剪开展直后相当于一根悬臂梁，如图 9-29 所示，啮合螺纹牙之间的挤压力相当于施加在悬臂梁正面上的压力，当螺纹牙间的挤压应力在许用挤压应力范围内，螺纹牙安全，否则便会出现挤压破坏，导致螺纹副失效。

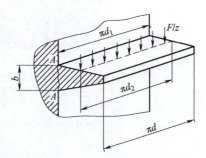

图 9-29　螺杆沿一圈螺纹展开图

设整个螺栓所受的轴向力为 F，螺纹旋合圈数为 z，则一圈螺纹所受的压力为 F/z，验算的计算为

$$\sigma_p = \frac{F}{A} = \frac{F}{\pi d_2 hz} \leqslant [\sigma_p] \tag{9-18}$$

式中，σ_p 是挤压应力（MPa）；$[\sigma_p]$ 是许用挤压应力（MPa）；F 是轴向力（N）；d_2 是螺纹中径（mm）；h 是螺纹工作高度（mm）；p 为螺距（mm）。

一般取 $[\sigma_p] = [\sigma]$，则有 $F/(\pi d_2 hz) \leqslant [\sigma]$。

螺纹工作高度和螺距之间的关系见表9-4。

表9-4　螺纹工作高度和螺距的关系

螺纹类型	梯形螺纹	矩形螺纹	锯齿螺纹	普通螺纹
关系式	$h=0.5p$	$h=0.5p$	$h=0.75p$	$h=5\sqrt{3}p/16=0.541p$

将数据代入式（9-18）可得

$$\sigma_p = \frac{F}{\pi d_2 hz} = \frac{662\times10^3}{\pi\times28.701\times1.5\times35}\text{MPa} = 139.85\text{MPa} \tag{9-19}$$

所以$\sigma_p<[\sigma]$，螺旋副强度满足要求。

基于以上分析，封隔器试验台设计方案完全满足安全需求，设备如图9-30所示。

a)

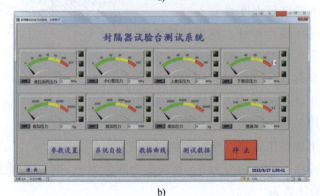

b)

图9-30　封隔器试验台

a) 样机　b) 系统界面

第 **10** 章
烧结设备的设计与开发

10.1　烧结原理、工艺过程、工艺方案设计及设备的设计目标

　　在太阳能电池的制备过程中，烧结是一道很重要的工序，其实质就是使晶体硅基片具有光电转换的功能，烧结设备及工艺方案的好坏直接影响到太阳能电池最终的光电转换效率，本章着重针对烧结炉的工艺设备及工艺方案进行分析，为后续烧结炉设计奠定基础。

　　太阳能电池制备过程复杂、工序繁多，典型的工艺流程如图 10-1 所示，烧结是整个太阳能电池制备工艺的最后一道工序。烧结设备及工艺质量的好坏直接影响太阳能电池最终的光电转换效率，故在整个太阳能电池制备工艺中处于非常重要的位置。

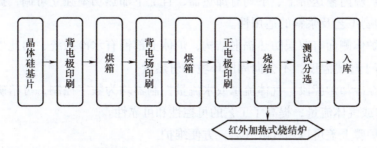

图 10-1　太阳能电池制备的典型工艺流程

　　目前，市场上的烧结设备主要分为两种炉型，即升降式间歇炉（也称为钟罩炉）和网带式连续炉。升降式间歇炉主要应用于多品种、小批量、长周期，且工艺不统一的场合。如果要求烧结大批量的、工艺一致的太阳能电池，则可以采用网带式连续炉。

291

德国 Centrotherm Photovoltaics 公司和 ATV 公司、美国 BTU 公司和 SierraTherm 公司，以及日本的碍子、光洋等公司早在 20 世纪的七八十年代就开始研制太阳能电池烧结设备，其设备历经多次的更新换代，已经具有专业化、系列化的鲜明特点。针对电池的烧结工艺，它们生产的设备在结构设计、自动控制及温度技术等方面拥有许多的发明专利，技术水平在世界范围内获得认可，是目前太阳能电池烧结设备的主要生产商，基本垄断了全球范围的市场。德国 Centrotherm Photovoltaics 公司的太阳能电池烧结炉外观如图 10-2a 所示，美国 BTU 公司的太阳能电池烧结炉的内部结构如图 10-2b 所示。

a)   b)

图 10-2　国外主流烧结设备

a）德国 Centrotherm Photovoltaics 公司的太阳能电池烧结炉　b）美国 BTU 公司的太阳能电池烧结炉

国外先进的太阳能电池烧结设备具有以下技术特点。

1）温度控制精度高，在高温区的温度偏差不超过±5℃。

2）炉膛内输送带上、下均有加热器，且上下加热功率独立可调，提高了对于各种印刷工艺及浆料的适用性。

3）炉体侧面有双层防热辐射结构，炉体上部铺有水冷系统，因此炉体本身温度不高于环境温度，不会向周围环境辐射热量。

4）在冷却炉膛段，气体流量或水流量控制器均为数字控制，可精确控制任何一路水或气体流量，提高了工艺的可控性和可靠性。

5）炉膛上盖可以用气缸开启，方便维护。

6）设备本身可集成超声清洗装置，方便输送带清洗，无须拆卸，节省时间，而且便于控制工艺卫生。

与国产的烧结设备相比，国外烧结设备的热场均匀性控制精度更高、温度稳定性更好、设备自动化程度更高。一台先进的太阳能电池专用烧结炉往往凝聚了材料技术、信息处理技术、热工技术、自动化控制技术及节能技术等多领域的研究成果。欧洲、美国、日本等发达国家/地区的烧结设备生产商重视技术创新及基础学科的研究，不断采用新材料、新技术、新工艺来研制新式的太阳能电池烧结设备，如采用烧结周期短、节能的微波烧结新工艺，以及电池基板上的互连导体也由银等贵金属改为铜等金属，炉膛内的有效烧结空间不断扩大，炉膛内的气氛设置也由原先的空气气氛向保护性气氛和还原性气氛发展。

10.1.1　太阳能电池烧结的原理

为了熟悉太阳能电池的烧结工艺，需要更好地了解电池的烧结原理，在太阳能电池烧结之前，需要经过几道丝网印刷工艺，将浆料按照某一既定的图形印刷到硅片的表面。丝网印刷工艺一般分为以下三个工序。

1）电池背面电极的印刷，浆料一般为银浆，目的是为最终的电池片提供物理上的正电极。电极就是与电池 PN 结两端形成紧密欧姆接触的导电材料，与 P 型区接触的电极是电流输出的正极，与 N 型区接触的电极是电流输出的负极。

2）铝背场的印刷，浆料为铝浆，目的是形成背电场（Back Surface Field，BSF）。铝具有良好的导热性、导电性和延展性，其熔点为 660.37℃，铝板对光的反射性能也很好，因而铝浆常用于太阳能电池背电场的印刷，一方面可以减少光穿透硅片，增强对长波的吸收；另一方面能够阻挡电子的移动，减小了表面的复合率，有利于载流子的吸收。因为硅片的吸收系数很低，当厚度变薄时，衬底对入射光的吸收减少，此时铝背场的存在可以帮助吸收抵达硅片深处的长波长光。

3）电池正面电极的印刷，浆料一般为银浆，目的是提供电池片物理上的负电极。正面电极因为要减少电极的遮光面积，所以使用导电性能良好的银浆，因为银是导电性和导热性最好的金属，并且有很好的柔韧性和延展性，其熔点为 961.78℃。负电极由两部分构成，即主栅线和细栅线，主栅线是直接连接电池外部引线的较粗部分，细栅线则是为了将电流收集起来并传递到主线上的较细部分，制成窄细的栅线状以克服扩散层的电阻。电极的形状、宽度和密度等，对于太阳能电池最终的光电转换效率都有较大影响。

烧结的原理就是将丝网印刷的金属电极经烘干后和硅片加热到共晶温度，此时硅原子会以一定比例熔入熔融的合金电极材料中形成晶体电极，硅原子熔入电极中的整个过程一般只需要几秒钟。而溶入的数目由加热的温度和金属电极材料的体积决定，温度越高、体积越大，溶入的单晶硅原子的数目也就越多。在之后的系统冷却过程中，由于温度的降低，原本熔入电极金属材料中的硅原子以固态的形式重新结晶，从而在金属和晶体接触界面上生长出一层外延层。如果外延层内与原晶体材料导电类型相同的杂质成分含量足够多，就能使电极和硅片形成欧姆接触；如果结晶层内与原晶体材料导电类型异型的杂质成分含量足够多，就能形成 PN 结。

10.1.2　太阳能电池烧结的工艺过程

　　烧结的实质就是金属电极材料与硅片之间的扩散、流动和物理化学反应的综合作用。其工艺过程是将印刷了浆料的硅片由烧结炉的输送带输送进炉内（200~600℃）先进行烘干排焦，在高温区（500~900℃）进行预烧结和烧结，然后冷却，最终使电极和硅片本身形成欧姆接触，从而提高电池的开路电压和填充因子这两项关键参数，使电极的接触具有电阻特性，达到高转换效率电池的目的。烧结从开始升温到冷却完成的整个过程一般为 120s 左右。典型的太阳能电池在烧结过程中的温度曲线如图 10-3 所示。由图 10-3 可以看到，加热阶段曲线在低温段与高温段之间有一个降温的趋附，引起这一现象的原因是为防止高温区的热量向低温区扩散，在两段炉膛之间设置了高速气帘，由于高速气体吹向烧结制品表面形成了一定的冷却作用，因而烧结制品有一个短暂的降温，但不影响烧结制品最终的性能。

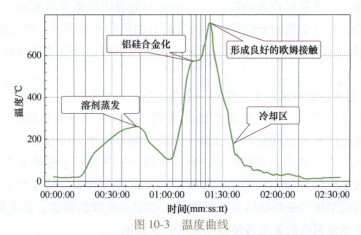

图 10-3　温度曲线

注：横坐标时间"mm：ss：tt"表示"分：秒：毫秒"。

　　（1）烘干排焦　电池电极浆料中包含改性有机黏合剂和无机黏合剂，烘干阶段的主要目的就是将印刷在硅片上的浆料烘干，并使浆料中有机黏合剂内的焦油能够充分挥发出来。如果对烘干阶段温度设置不合理，浆料中的焦油不能完全挥发出来，余下的焦油就会进入烧结阶段，此时会严重影响太阳能电池的光电转化效率。温度应根据浆料厂家所提供的温度值作为参考进行设置。

　　浆料中有机物的分解主要分为以下两个阶段。

第一个阶段是挥发性有机溶剂的去除。由于烧结炉内高温加热的作用，电池内挥发性有机溶剂蒸发，从而在电池内形成足够高的蒸气压，在之后的烘干过程中，挥发物会通过内部的间隙扩散至炉膛内部的空气中。此时，如果挥发物来不及扩散至空气中，导致电池内的蒸气压超过饱和蒸气压，就会在电池的表面或体内产生气泡。

第二个阶段是挥发性产物在加热的过程中不断热分解产生，并扩散至炉膛内部的空气中。此时，如果有机物的分解不完全，就会以残存有机物的形式驻留在电池体内并进入高温烧结阶段，若此时不能为残存有机物的分解及扩散至电池表面准备充足的时间，在无机黏合剂（玻璃粉）软化流动及变形形成三维网络后，对残存有机物的扩散将会造成更大的困难，从而使烧结后的太阳能电池内含有大量的残存有机物，严重影响电池的综合性能。

（2）烧结 经烘干排焦的过程后，硅片表面通过丝网印刷的浆料中的大部分挥发性有机物已分解，使金属电极材料浆料层收缩固化，并紧密黏附在硅片上，这时可视为与硅片紧密接触，在电池坯体输送到高温段时进行烧结，才能与硅片之间有良好的欧姆接触，从而形成畅通的载流子传输通道，减少电流的损失。

（3）冷却 完成烧结工艺的太阳能电池温度很高，先进行缓慢冷却的过程，可以有效降低电池体的内应力，之后再对电池进行快速冷却，这样烧结好的电池能有一个较低的出口温度，以便于后续工序设备的正常工作。

10.1.3 烧结炉工艺方案的设计及烧结炉的设计目标

1. 烧结炉工艺方案的设计

工艺方案的设计关键是工艺参数的确定，即确定加热时间、加热速率、保温时间和降温时间。电池在烧结时，若要使电极金属材料与硅片形成合金，必须达到一定的温度，而银、铝与硅形成合金的温度又不同，所以必须在烧结炉的设计过程中设定不同的温度来分别实现合金化。已知铝硅合金的最低共熔点大约在 577℃以上，银硅合金的最低共熔点大约在 760℃以上，因此，制定该太阳能电池烧结炉的烧结工艺过程时间大约为 120s，分为烘干、预烧结、烧结和冷却四个阶段。

烘干阶段的工艺制定准则是必须保证电池坯体有充足的时间使大部分的有机挥发物分解和扩散，此阶段的最高工作温度定为 250℃左右，烘干阶段的整个加热过程大约为 40s。

预烧结阶段的工艺制定准则是为残存有机挥发物的继续分解和扩散提供时

间，以及完成铝硅合金化，并为之后的烧结做好温度上的准备，因而此阶段的最高工作温度定为500℃，时间大约为15s。

烧结阶段的最终目的是使电池形成欧姆接触，考虑到铝的熔点较低，不能长时间处在高温之下，因此，烧结阶段的工艺制定准则是时间不能过长，大约为5s，最高工作温度设定为850℃。

冷却阶段的设计准则是在不影响高温区温度的同时以较快的速度先将温度降到50℃以下，直至出口温度不高于60℃。

2. 烧结炉的设计目标

该太阳能电池的烧结工艺方案确定后，在传统电子隧道烧结炉的研制技术基础之上对太阳能电池烧结炉展开创新设计。该烧结炉的设计目标如下。

1）节能、高效。节约能源，最主要的就是节约电能，通过合理地设计炉膛结构，充分提高炉膛内热能的利用率，设计目标是在现有国产太阳能电池烧结炉的基础上再节约3%~5%的电能；烧结炉应尽可能地缩短生产周期，以获得更高的生产率。

2）烧结炉的可操作性要好，以便于操作工人的装配、拆卸与定期清洗。

3）降低污染。烧结炉的设计要能有效地收集在排焦过程中产生的废气。

4）炉膛结构的设计要尽可能保温，以使得温度场的温度均匀性、可控性好，实现烧结温度曲线的一致性。

10.2 烧结炉结构设计

10.2.1 烧结炉总体结构设计

太阳能电池片的几何尺寸为156mm×156mm，厚度为230μm。红外加热式太阳能电池烧结炉的机械结构部分设计分为炉体加热系统（见图10-4中的1）、冷却系统（见图10-4中的2）、烧结制品的输送系统（见图10-4中的3）及气氛系统四大部分。其结构简图如图10-4所示。炉体内各温区的密封采用气帘密封方式，位于加热炉段炉体的两侧，加热炉膛的顶部设有两个混合气体分离装置。

该烧结炉总体结构的设计特点如下。

1）传热方式以辐射换热为主导，同时结合运用对流换热和热传导的方式，以达到节能效果。

2）应用辐射波长匹配原理进行优化分配，布置不同功率及不同波长的红外辐射管，以保证最大效应，提高烧结对象的成品率、产出率和优化能耗。因为

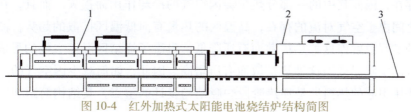

图 10-4   红外加热式太阳能电池烧结炉结构简图
1—炉体加热系统   2—冷却系统   3—输送系统

热辐射在本质上是一种电磁波，电磁波运载的能量称为辐射能，不同波长的电磁波投射到物体上，产生的效应大不相同。同理，在相同电磁波热辐射下，不同波长吸收特性的物体产生的效应也大不相同。

3）应用传热学遮热效应。在烧结炉炉膛腔室周边设置高反射率光亮不锈钢薄板，把漫反射的红外线集中反射到烧结对象及随行夹具上，从而提高热效率，同时又可减少对炉膛腔体四周的辐射传热。

4）应用绿色制造理念对工艺环境进行绿色设计，充分应用混合气体分离技术，从结构上确保尽量减少氮气及挥发性有机溶剂等蒸发气体的逸出，因而，此结构便于清洁保养。

5）应用红外技术辐射冷却现象，对刚完成烧结的被烧结对象及随行夹具进行渐行冷却，能有效地防止烧结对象受冷冲击。

对烧结炉进行总体结构的具体设计及计算时，须遵循和把握的两点前提依据如下。

1）温度场的设计要利于温度的稳定控制，并且在满足烧结工艺要求的情况下，尽可能地使结构节能、高效，温度场均匀、可靠。

2）炉膛内须尽可能地形成均匀、干净的气氛流场，以利于减小在烧结过程中对温度场的冲击，保证冷却阶段的均匀冷却。

10.2.2   烧结炉加热系统的结构设计

加热系统是承受热载荷的主要结构部分，是太阳能电池烧结炉的核心。加热系统的结构设计主要包括：①总体结构的设计；②炉膛腔室尺寸的确定；③耐火保温材料的选择；④加热元件及其固定方式的确定；⑤烧结炉加热功率的确定。

1. 总体结构的设计

太阳能电池的烧结工艺决定了相邻两个温度区间会有 200℃ 以上的落差，尽管辐射加热具有良好的定向性，但是由于在辐射加热器和烧结制品之间炉膛气氮的存在，因而其中的一部分热量会因空气的冷却作用而损失。而且，在相邻两区之间由于空气对流的存在，高温区的热量有向低温区扩散的趋势，使得高温区的实际温度因这种热扩散而有所降低，阻碍了烧结区温度尖峰的形成，而低温区的实际温度因这种热扩散而有所增高。因此，如何减少因空气的冷却及对流作用引起的热损失是加热阶段炉膛结构设计的重点，其结构简图如图10-5所示。

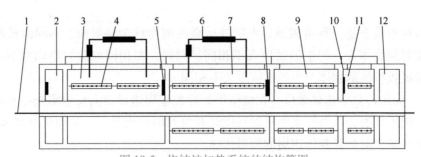

图 10-5　烧结炉加热系统的结构简图

1—网带　2、12—隔离区　3—烘干区　4—加热器　5、8、10—氮气风帘
6—混合气体分离装置　7—预烧结区　9—烧结区　11—降温区

烧结部分分为隔离区（两端）2和12、烘干区3、预烧结区7、烧结区9和降温区11。

1）烘干区3：在网带1上方布置单排加热器，因为此区的主要功能是烘干烧结对象的挥发性有机溶剂，挥发性有机溶剂中的液体及树脂类成分均是吸收中波的物质。

2）预烧结区7：在网带1上、下方各布置一排加热器4，此区主要功能是对烧结制品继续烘干的同时把烧结对象及随行夹具进行高温预加热，为之后的烧结做准备。

3）烧结区9：在网带1上、下方各布置一排加热器4，此区的主要功能是对被烧结对象进行高温烧结，完成欧姆接触。

4）降温区11：在网带上、下各布置一排加热器4，此区的主要功能是对完成烧结的制品进行保温保护，放慢冷却速度。

5）隔离区：此区的主要作用为利用炽热物体的热辐射向外散热的现象，即应用辐射冷却的原理使烧结制品冷却。

6）烘干区3及预烧结区7顶端配置混合气体分离装置6，具体的设计见10.2.4节烧结炉气氛系统的设计。在各加热功能区隔断处设氮气风帘5、8、10，以防温度失衡及氮气逸出。炉体进口处设空气气幕，起防尘和保温作用。

2. 炉膛腔室尺寸的确定

整个加热炉膛采用大加热腔室、小输送通道的结构，如图 10-5 所示。大的加热腔室能够提供足够多的热量，减少了热振荡，从而提高了炉膛内的温度均匀性，小输送通道可以使每个加热区段保持空间的相对独立性，减少两相邻区段的对流，从而降低因热扩散而引起的热损失。由于太阳能电池烧结制品的随行夹具高度不足 10mm，考虑到在实际的设计中，温度曲线的测量器件会从炉膛内通过，因此，炉膛的有效通口高度取 60mm。

设定炉膛有效通口平面尺寸（宽×高）为 350mm×60mm；初步设定炉膛腔室尺寸（内宽×内高）为 600mm×400mm。

3. 耐火保温材料的选择

对于辐射加热，炉膛耐火材料的选择不仅需要考虑炉衬材料的蓄热量、耐温隔热性能，更要考虑其辐射能力。陶瓷纤维具有极低的导热系数和比热容，以及高于一般耐火材料的黑度，并且耐高温、耐机械振动、质量小及保温效果好。陶瓷纤维导热系数仅为轻质保温砖的 10%左右，可使烧结炉的隔热效果好，热损失少；比热容仅为轻质耐火砖的 10%，可使烧结炉在升降温时吸收的热量少，升降温的速度加快；质量小，可实现烧结炉的轻量化、高效化，减轻烧结炉的载荷，延长其寿命。因此，在该辐射加热方式的太阳能电池烧结炉中采用陶瓷纤维砌筑炉膛，不仅提高了辐射加热的效果，还可以节约能源。基于以上分析，陶瓷纤维非常适用于太阳能电池烧结炉。

4. 加热元件及其固定方式的确定

辐射加热具有独特的加热机制及优良的红外辐射特性，加热时的全法向发射率高达 0.9 以上。如果光谱匹配得当，电热转换效率能达到 78%左右，一般可节电 30%~40%。此外，它还具有结构简单、体积小、质量小、热惯性小、升温速度快、不起层、不脱落、工作寿命长，物理、化学性能稳定，抗腐蚀、抗老化、无毒、无有害射线和辐照面积大等许多优点。因此，该太阳能电池烧结炉采用红外辐射器作为加热元件。

为了能在较短的时间内实现烧结阶段的温度要求，炉膛加热系统需要配置足够的功率。目前，红外辐射器有孪管和单管两种结构可以选择，其线性功率密度均达到 50kW/m^2。由于短波孪管拥有更高的单根功率（相当于两根单管并联），而且对石英玻璃管的质量要求更高，性能稳定、可靠。因此，在该烧结炉的设计中采用孪管的结构形式，如图 10-6 所示。

当红外辐射器的发射光谱与烧结制品所特有的吸收光谱相匹配时，所发出的能量才会被充分吸收，也就是烧结制品能够在短时间内高效率地吸收辐射能。

图 10-6 孪管的结构形式

因此，在烧结阶段的不同温度区间，所选用的红外辐射器也是不同的。在烘干阶段，辐射加热的主要作用是让有机溶剂和水分迅速挥发，而有机溶剂和水分均为吸收中波的物质，因此，采用中波孪管；在预烧结阶段，此区的主要功能是对烧结制品继续烘干的同时，对烧结制品及随行夹具进行高温预加热，因有机溶剂和水分是吸收中波，故用中波红外辐射孪管，而金属及随行夹具（石墨舟）是吸收短波，故高温加热须用短波红外辐射孪管，因此，此区在网带上、下面各布置一排中、短波混合配置的红外辐射孪管；在烧结阶段，必须在极短时间内使烧结制品达到共晶温度，只有短波红外辐射孪管能做到这一点。

在烧结过程中，烧结区炉膛内的温度峰值一直保持在 850℃左右，而红外辐射孪管的表面温度会保持在 1000℃左右，接近或达到石英管的温度极限，稍一过热就会在辐射孪管表面产生气孔，随即烧毁辐射孪管。而在红外辐射孪管引出导线的部位，由于石英玻璃和焊接导线的金属片密封在一起，二者的热膨胀系数又不一致，温度过高就会使得此处产生应力裂纹，从而造成辐射孪管漏气。因此，为了提高辐射孪管在烧结过程中的可靠性与稳定性，它在炉膛中的安装及固定方式就显得尤为重要。

烧结炉的红外辐射孪管在炉膛中的安装固定方式如图 10-7 所示，红外辐射孪管以抽屉式成组的结构形式分别安置在不锈钢网带的上、下。在抽屉式成组结构中，红外辐射孪管用不锈钢支承件固定，炉壁上的安装孔直径比管径大 3~4mm，通过不锈钢支承件将辐射管悬空夹持在抽屉式成组结构中；辐射管的两端距离炉壁至少 80mm 以上，从而保证了引出导线部位的温度不至于过高。同时，炉体设顶盖，以便于清洗更换。在烧结炉腔室周边设置高反射率的光亮不锈钢薄板，以达到把漫反射的红外线集中反射到烧结制品及随行夹具上，提高了热效率，同时减少了对炉腔体的辐射传热。

黑体元件具有高吸收特性，可对炉膛内呈漫反射状的热射线实现尽快吸收，使自己不断积累热量，逐渐提高自身的温度，再以其高发射特性，重新发射热射线，依靠元件的几何结构和被设置的位置，把热射线直接射向烧结制品。因此，在不改变烧结炉结构的前提下，黑体元件可以把热射线从无序调控为有序，提高了热射线的到位率，增加了对烧结制品的辐照度，强化了辐射传热，大幅度增大了炉膛的传热面积。

炉膛腔室内高黑度的黑体元件布置如图 10-8 所示，在烧结炉腔室周边的不锈钢薄板及隔热墙上均布置了高黑度的黑体元件，使其吸收漫反射的红外线继续对被烧结制品及随行夹具进行辐射加热。这样在原有节电效率的基础上还可再节约一部分电能，同时又提高了对炉腔温度的控制。

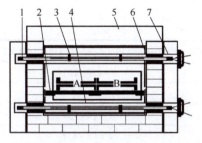

图 10-7　红外辐射孪管的安装固定方式

1—红外辐射孪管　2—不锈钢网带　3—不锈钢支承件　4、7—抽屉式成组结构　5—顶盖　6—不锈钢薄板

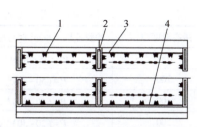

图 10-8　炉膛腔室内高黑度的黑体元件布置

1—黑体元件　2—隔热墙　3、4—不锈钢薄板

至此，完成了加热段炉膛的结构设计，设计好后的炉膛结构三维模型如图 10-9 所示。

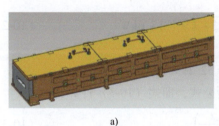
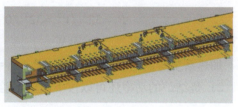

a)　　　　　　　　　　　　　　　　　　b)

图 10-9　炉膛结构三维模型

a) 炉膛结构外形　b) 炉膛内部结构

5. 烧结炉加热功率的确定

加热功率是红外加热式太阳能电池烧结炉设计中的一个重要性能指标。确定功率的方法一般有两种：其一是利用经验公式进行估算，该方法简单实用，但准确性较差，只可用来初步估算；其二是通过热平衡计算求得，它主要是通过对每个部分的热量消耗进行分析并计算，结果比较可靠。加热炉体的热损失包括散热损失和蓄热损失，其热工过程属于导热过程。此外，在烧结阶段，不同区段的炉膛内温度不同，因而每段的功率分配也不相同，温度越高，升温速

度越快，功率就会越大，在计算时要分段计算。

（1）经验公式计算方法

1）根据烧结炉炉膛容积或内表面积，利用表 10-1 所列的经验公式可粗略地计算出烧结炉的加热功率。

表 10-1　加热功率与炉膛腔室的容积及内表面积之间的关系

最高温度/℃	炉膛容积（V/m^3）与功率（P/kW）	炉膛内表面积（F/m^2）与功率（P/kW）
1000	$P=(75\sim100)^3\sqrt{V^2}$	$P=(10\sim15)F$
700	$P=(50\sim75)^3\sqrt{V^2}$	$P=(6\sim10)F$
400	$P=(30\sim50)^3\sqrt{V^2}$	$P=(4\sim7)F$
200	$P=(20\sim30)^3\sqrt{V^2}$	$P=(3\sim4)F$

烘干阶段的最高工作温度为 250℃，且升温速度较慢，故系数可以取较小值；烧结阶段的升温速度较快，系数取较大值，分别由烘干阶段炉膛容积与功率之间的关系，以及炉膛内表面积与功率之间的关系，计算出烘干阶段的功率为

$$P_1 = 22^3\sqrt{V_1^2} = 22^3\sqrt{0.4^2}\,\mathrm{kW} \approx 11.9\mathrm{kW} \tag{10-1}$$

同理，可得预烧结阶段的功率为

$$P_2 = 32^3\sqrt{V_2^2} = 32^3\sqrt{0.34^2}\,\mathrm{kW} \approx 15.6\mathrm{kW} \tag{10-2}$$

烧结阶段的功率 $P_3 = 24.6\mathrm{kW}$

加热系统所需的总功率 $P = P_1 + P_2 + P_3 = 52.1\mathrm{kW}$。

2）烧结炉的功率还可以按下面的经验公式，即式（10-3）计算，有

$$P = K_c F^{0.95}\left(\frac{t}{1000}\right)^{1.15} \tag{10-3}$$

式中，P 是烧结炉的功率（kW）；K_c 是烧结炉的综合影响系数，$K_c = 12\sim14$，通常情况下 $K_c = 12$，而对于烧结量较大或者升温速度较快的烧结炉可取中上值，即 $K_c = 12\sim14$；F 是炉膛内表面有效面积（含侧墙、炉底及炉顶）的总和（m^2）；t 是炉膛的最高加热温度（℃），$t = 850$℃。

由此经验公式估算出加热系统所需的总功率 $P = 53.4\mathrm{kW}$。

（2）热平衡计算法　在对烧结炉进行热平衡计算之前，先作如下假设。

1）烧结炉加热系统中只在烘干阶段、预烧结阶段、烧结阶段设有加热元件，在冷却段不需要热量。故而功率的计算以烧结炉加热段本体为研究对象。

2）烘干阶段、预烧结阶段、烧结阶段三段炉膛的温度设定及加热速率均不

相同，且加热速度越快，所需功率越多，故而整个计算过程根据烧结炉烧结工艺进行分段计算。

3）将烧结炉的环境温度作为计算基准温度。

4）对炉膛内部结构的温度取近似值。

取炉体烘干阶段为研究对象，以 1h 为时间节点，即计算 1h 内加热系统的耗热量。而制品完成烘干阶段的时间只需 40s，确定此热工制度后，计算烧结炉烘干阶段的计算功率。

对于红外辐射孪管为加热元件的烧结炉来说，炉内的热量主要来源为辐射热 Q_1。加热烧结炉所需要的热量由两部分组成：一部分是加热烧结制品所需要的热量，称为有效热 Q_2；而别一部分则是补偿各种损失的热量，称为热损失。热损失包括炉内网带结构带走热 Q_3、炉衬材料的蓄热 Q_4、炉内气体带走热 Q_5 合其他热损失 Q_6。烧结炉加热系统的热平衡模型如图 10-10 所示。

图 10-10　烧结炉加热系统的热平衡模型

根据热量的输入与输出得到热平衡方程为

$$Q_{in} = Q_{out} \quad 即 \quad Q_1 = \sum_{i=2}^{6} Q_i \tag{10-4}$$

1）输入的热量，即加热元件所放出的热量 Q_1（kJ），计算为

$$Q_1 = 3.6\tau P \times 10^3 \tag{10-5}$$

式中，P 是加热系统的计算功率（kW）；τ 是加热时间（h）。

由于在实际工况中，计算出的功率数据可能与实际的功率数据存在一定的偏差，在工程实际中常取一个安全系数 K 来保障烧结炉加热系统的实际安装功率 P_c'，即

$$P' = KP \tag{10-6}$$

式中，K 是烧结炉的安全系数，对于连续式炉，$K = 1.1 \sim 1.2$。

2）输出的热量，即加热元件放出的热量为

$$\sum_{i=2}^{6} Q_i \tag{10-7}$$

① 烧结制品的有效热 Q_2 为

$$Q_2 = m_2 c_2 t_2 \tag{10-8}$$

式中，m_2 是烧结制品的质量（kg），烧结炉 1h 内烧结的制品质量为 14.13kg；c_2 是制品在 0℃~t_2 间的平均比热容，$c_2 = 0.887kJ/(kg \cdot ℃)$；$t_2$ 是制品被加热的最高温度（℃），烘干阶段炉内的最高工作温度为 250℃。

烘干加热 1h 制品所需要的热量 $Q_2 = m_2 c_2 t_2 = 14.13×0.887×250kJ = 3133kJ$。

② 网带结构带走热 Q_3 为

$$Q_3 = m_3 c_3 t_3 \tag{10-9}$$

式中，m_3 是 1h 烘干过程走过烘干阶段网带的总质量（kg），$m_3 = 246kg$；c_3 是网带材料的平均比热容，$c_3 = 0.47kJ/(kg \cdot ℃)$；$t_3$ 是制品被加热的最高温度（℃），烘干阶段炉内的最高工作温度为 250℃。

因此，1h 加热过程炉内网带结构带走热 $Q_3 = 246×0.47×250kJ = 28905kJ$

③ 在烧结炉加热时，烘干阶段的炉顶、炉墙及炉底等处所砌的炉衬材料的温度随着炉膛内部温度的升高而升高，炉衬不断地蓄积热量并向外界传递热量，这是一个导热的过程。因此，在求出炉衬的蓄热之前首先要研究炉衬在加热过程中的温度分布情况，得出温度分布之后，再以平均温度为准，依据式（10-10）求出炉衬的蓄热。

炉衬材料的蓄热 Q_4 为

$$Q_4 = V_4 \rho_4 (t_4 c_4 - t_4' c_4') \tag{10-10}$$

式中，V_4 是炉衬堆砌体体积（m³），$V_4 = 0.25m^3$；ρ_4 是炉衬堆砌体的密度（kg/m³），$\rho_4 = 240kg/m^3$；t_4 和 t_4' 分别是砌体加热后和加热前的平均温度（℃），$t_4 = 146℃$，$t_4' = 20℃$；c_4 和 c_4' 分别是砌体在 t_4 和 t_4' 条件下的平均比热容 [kJ/(kg·℃)]，$c_4 = c_4' = 0.9kJ/(kg·℃)$。

因此，在烧结时炉衬的蓄热 Q_4 为

$$Q_4 = V_4 \rho_4 (t_4 c_4 - t_4' c_4') = 0.25×240×(0.9×146 - 0.9×20)kJ = 6804kJ$$

④ 气体带走热 Q_5 为

$$Q_5 = V_5 \rho_5 t_5 c_5 - V_5' \rho_5' t_5' c_5' \tag{10-11}$$

式中，V_5 和 V_5' 分别是空气在 t_5 和 t_5' 温度下的总量（m³），$V_5 = V_5'$；ρ_5 和 ρ_5' 分别是空气在 t_5 和 t_5' 温度下的密度（kg/m³）；t_5 和 t_5' 分别是空气进入炉膛后和进入炉膛前的温度（℃）；c_5 和 c_5' 分别是空气在 t_5 和 t_5' 温度下的比热容[kJ/(kg·℃)]。

烘干区加热温度设定为 250℃，室温（20℃）时空气的进气流量为 0.09m³/min，

比热容为 $1kJ/(kg \cdot ℃)$，密度为 $1.205kg/m^3$；加热到 $250℃$ 时，比热容为 $1.03kJ/(kg \cdot ℃)$，密度为 $0.7793kg/m^3$。

因此，1h 烘干过程的气体带走热 $Q_5 = (5.4×0.7793×250×1.03-5.4×1.205×20×1)kJ \approx 953kJ$。

⑤ 其他热损失 Q_6：因为该红外加热式太阳能电池烧结炉的密封性、保温性较好，散热损失较小，故 Q_6 可近似等于总耗热量的 5%。

由式（10-4）可知，输入热量等于输出热量，即

$$Q_1 = Q_2 + Q_3 + Q_4 + Q_5 + Q_6 \tag{10-12}$$

可得出 1h 加热过程中加热元件放出的热量为

$$Q_1 = 3133kJ + 28905kJ + 6804kJ + 953kJ + Q_1 × 5\%$$

得

$$Q_1 = 41890kJ$$

$$Q_6 = Q_1 × 5\% = 41890kJ × 5\% = 2095kJ$$

由式（10-5）可知烘干阶段烧结炉的加热功率为

$$P_1 = \frac{Q_1}{3.6\tau} × 10^{-3} = \frac{41890}{3.6×1} × 10^{-3} kW = 11.6kW$$

该太阳能电池烧结炉热量平衡计算结果见表 10-2，由于加热元件放出热不能低于总的热损失，烘干阶段配置加热功率为 12kW，则该加热元件工作 1h 放出热为 43200kJ。

表 10-2　太阳能电池烧结炉热量平衡计算结果

热量输入				热量输出			
编号	项目	热量/kJ	占比（%）	编号	项目	热量/kJ	占比（%）
1	加热元件放出热	43200	100	1	烧结制品的有效热	3133	7.5
				2	网带结构带走热	28905	69.0
				3	炉衬材料的蓄热	6804	16.2
				4	气体带走热	953	2.3
				5	其他热损失	2095	5.0
	合计	43200	100		合计	41890	100

同理可得，预烧结阶段的加热功率为 17.2kW；烧结阶段的加热功率为 23.3kW；烧结炉加热系统的总功率 $P = (11.6+17.2+23.3)kW = 52.1kW$。

取安全系数 $K=1.1$，由式（10-6）可得加热系统的实际安装功率为

$$P' = KP = 1.1×52.1kW = 57.3kW$$

综合由经验公式方法估算出的烧结系统实际安装功率 52.1kW 和 53.4kW，由式（10-4）计算的实际安装功率数据满足要求。

研制的太阳能电池烧结炉加热系统的总功率为 60kW，其中烘干阶段的功率配置为 12kW，最高工作温度为 250℃；预烧结阶段的功率配置为 22kW，最高工作温度为 500℃；烧结阶段的功率配置为 26 kW，最高工作温度为 850℃。

10.2.3 烧结炉冷却系统的结构设计

当烧结区的温度达到工艺曲线的数据要求时，唯一影响烧结制品成品率的就是对制品的冷却。烧结炉设计的技术要求是太阳能电池烧结完成后出炉温度要低于 60℃，如果冷却阶段的降温速率过大，会对制品产生很大的内应力，使得太阳能电池产生弯曲变形，控制不好会造成破片；而冷却速率过小又不能满足烧结制品出炉的温度要求。因此，怎样合理地设计冷却方式是烧结炉冷却系统设计的关键。对于连续式烧结炉，常用的两种冷却方式是内部循环换热方式及外部对流换热方式。

1. 内部循环换热方式

内部循环换热方式的冷却腔室与烧结炉外部环境是封闭的，在网带及烧结制品的上下各安置水冷式换热器，并在换热器的背面安置轴流风机，应用轴流风机抽风，强制将网带和烧结制品上带出的热量抽过换热器，从而使制品快速冷却；此外，通过换热器冷却降温后的冷风又吹到网带及烧结制品上，应用空气反复地在冷却腔室内循环，从而达到冷却降温的目的。此冷却方法的优点是热量在冷却腔室的内部循环，散发到烧结炉外的热量少，因此能耗较低，而且对于工人工作环境的温度影响较小，成本低；其缺点是换热效率较低，故多应用于烧结炉的炉体较长，而且对烧结制品的出口温度要求不高的场合。

2. 外部对流换热方式

外部对流换热方式的冷却腔室与烧结炉外部环境是开放的，也是在网带及烧结制品的上下各安置水冷式换热器，并在换热器的背面安置轴流风机。与内部循环换热方式不同的是，外部对流换热方式是把炉膛外部经过滤后的空气通过冷却腔室顶部的轴流风机吸入，并由上面的水冷式换热器冷却后直接吹到网带和烧结制品上，而安置在冷却腔室底部的轴流风机又强制将网带和烧结制品上带出的热量抽出，并经下面的水冷换热器冷却后排出烧结炉外，以这种方式通过不断利用烧结设备外部环境的冷空气冷却，以达到对烧结制品降温的目的。此冷却方法的优点是换热效率比内部循环换热方式高，其缺点是排出的热空气对工人工作环境的温度影响较大，而且能耗较高、成本较高。此方式多应用于烧结炉炉体较短而又要求急速冷却的，或对于烧结制品的出口温度有严格要求的场合。

综上所述，该太阳能电池烧结炉的冷却系统可以采用轴流风机辅加高效的水冷换热器的方式，但是考虑到外部对流换热的冷却方式能耗及成本都较高，因而该烧结炉设计了包含过渡渐冷区和急冷区的冷却系统，对烧结后的太阳能电池进行冷却，其系统的设计结构如图 10-11 所示。

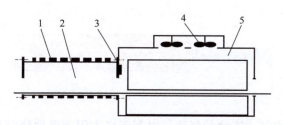

图 10-11　烧结炉冷却系统的设计结构
1—外壳　2—渐冷区　3—压缩空气气幕　4—轴流风机　5—急冷区

渐冷区如图 10-11 中的 2 所示，其外壳 1 采用高黑度及高热导率的铸铁材料。当烧结完成后的太阳能电池元件经过渐冷区时，温度较高，利用其本身的热辐射向外散热的现象，让铸铁材料充分吸收太阳能电池本身散发出的辐射热，并将热量传导至大气，从而使烧结制品达到辐射冷却的目的。同时，渐冷区内的氮气流也起一定的对流传导冷却作用。故这个冷却过程渐次进行，对烧结制品无冷冲击。

急冷区内没有气氛系统的布置，它与渐冷区之间设一道压缩空气气幕 3 来隔离，急冷区的水冷换热器安装在炉膛的两侧面及炉膛的底面（见图 10-12）。固定在冷却阶段炉膛顶面的轴流风机（见图 10-11 中的 4）垂直向下吹风。风吹到烧结制品和网带时，会向四周扩散，从而将烧结制品散发出的热量吹到炉膛腔室的四周，并由炉膛周边的水冷换热器冷却。冷却后的气流由空气对流作用回到腔室中央，再由轴流风机将降温冷却后的空气吹向烧结制品和网带。如此在冷却腔室内反复循环，从而使烧结制品在短时间内实现降温并达到预期的温度。

据此设计冷却阶段的炉膛结构，其三维结构模型如图 10-13 所示。

10.2.4　烧结炉气氛系统的结构设计

1. 烧结阶段的气氛布置
气氛系统的设计目的在于为烧结炉提供清洁、干燥的压缩气体，并在炉膛

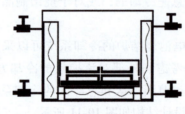

图 10-12 急冷区的纵向截面简图

图 10-13 冷却段炉膛结构三维模型图

内不同阶段形成均匀、连续的气流，以利于将太阳能电池烧结制品中的挥发性有机物及挥发性产物去除。

由于太阳能电池电极浆料中包含改性有机黏合剂和无机黏合剂（有机黏合剂包含松香、乙基纤维素、松油醇、酚醛树脂、硬脂酸钙以及添加剂，无机黏合剂为玻璃粉），同时，电池元件在进入烘干及烧结工艺时须在气体（氮气）保护下完成，并且在高温下进行，因此，有机黏合剂就会受高温气化成雾状，与氮气混合成二相流。松香树脂原生态为固相，经稀释后为水剂，稀释剂经高温烘烤气化，松香树脂成为玻璃态即松香油，黏附在红外辐射孪管表面及炉体内壁，这样就减弱了红外辐射孪管的辐射强度，时间长了黏附体会碳化而易污染被烧结对象，从而降低成品率。此外，助焊剂通常是一种复杂的混合物，包括多种成分，如松香、联氨、聚丁烯、丙三醇、乙二醇、石蜡等天然物质，某些情况下还含有异丙醇。异丙醇有助于清洁金属表面，提升焊接效果，但其具有挥发性和毒性，要求操作者注意采取防护措施，避免吸入有害烟雾。加热锡片时可能产生的二氧化锡烟也需要注意。由于烧结炉的设计特点，松香水蒸发气体、二氧化锡烟及氮气可能会逸出炉外，对工作环境造成污染。为了减少这种污染，必须采用有效的气体自动分离及回流技术，确保混合气体按预定方向流动，以实现有效导流和收集。图 10-14 所示为一种混合气体分离装置的结构，该装置旨在减轻环境污染的同时提高生产率和产品质量。通过这种方式，可以有效地控制工作环境中的污染物浓度，保障员工健康并提升生产安全性。

当具有压力的氮气注入导流器气体室（见图 10-15 中的 3）进气口，氮气流就会从导流器气体室 3 特殊构造的气室隙缝中高速喷出，流体会紧贴在引流体内壁面 2 高速流动，从排出接口 1 高速喷出，高速喷出的氮气流形成均匀的

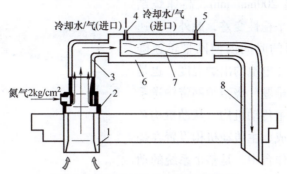

图 10-14　混合气体分离装置的结构

1—吸风罩　2—气体导流器　3—冷凝腔入口管道　4—冷却介质接入接口　5—冷却介质排出接口

6—冷凝腔/松香收集池　7—冷凝管　8—气体出口管道

360°圆锥形气流环。

如图 10-14 所示，此时气流环中心部位就会产生低于大气压的负压，在负压的作用下，炉腔内的氮气与松香水蒸发气体及二氧化锡烟所组成的混合气体，通过置于导流器下端吸风罩 1 被高速氮气流一起卷吸入冷凝腔 6。它引流的空气量可达具有压力的注入氮气量的 10 倍以上。之后冷凝管 7 通过冷却介质接入接口 4 注入冷却介质水或气，混合气体进入冷凝腔 6 之后，利用气体沸点不同的原理将不同的气体进行分离，沸点较高的松香水蒸发气体会在冷凝管 7 壁上冷却，并成为液相黏附在管壁上，积聚多了就在重力作用下滴落在松香收集池 6 内；而氮气等沸点较低的气体则在冷凝腔室经过冷却后继续以气态的形式通过冷却介质排出接口 5 输入气体出口管道 8 中，周而复始，继续投入使用。上述冷凝腔 6 可随时拆卸清洗，不会产生重复污染。

混合气体分离装置的三维模型如图 10-16 所示。

2. 降温阶段的气氛布置

降温阶段的气氛布置相对简单，主要作用是阻隔烧结阶段的热量扩散。因此，在烧结阶段与降温阶段之间的过渡区，布置数道垂直的压缩空气气幕，并结合水冷钢套的作用，使热能被完全阻隔在烧结阶段内。

10.2.5　烧结炉网带输送系统的结构设计

红外加热式太阳能电池烧结炉的烧结工艺要求网带的输送速度为 500mm/min，而普通网带炉的运

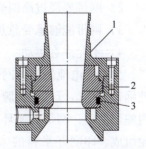

图 10-15　混合气体分离装置

结构截面

1—排出接口　2—引流体内壁面

3—导流器气体室

行速度一般只有 200mm/min。高速烧结会使网带的运行平稳性变差，此外，高速烧结如何在很短的时间内使网带迅速降温，以保证太阳能电池的出炉温度，也是一个必须解决的难题。烧结炉网带输送系统的主要构件由主传动机构、从动机构及网带三大部分组成，主传动机构设置在烧结炉出料端的工作台中，是整个系统的动力源，包括主动滚轮、减速部分各构件及

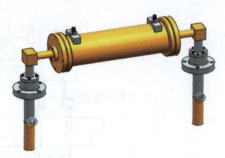

图 10-16　混合气体分离装置的三维模型

重力张紧装置。从动机构设置在烧结炉进料端的工作台中，包括从动滚轮及网带纠偏装置等组件，引导网带按规律运行。

1. 网带输送系统的结构设计

该太阳能电池烧结炉选用金属网带传动，其传动具有一般带传动的以下特点。

1）适用于较远距离的传动。

2）有良好的挠性，能缓冲、吸振，传动平稳，噪声小。

3）结构紧凑，安装和维护方便。

4）带与带轮之间存在一定的滑动，故不能保证恒定的传动比。

5）当带传动过载时，带会在带轮上打滑，故能起到过载保护作用。

6）在传动时需要张紧装置，故对带轮的压轴力较大。

同时，它必须满足以下条件。

1）采用金属带传动，网带既作为传动件又作为烧结制品的承载平台。

2）网带要经过高温烧结区，网带变形量不能太大。

3）网带能够承受急热、急冷的冲击。

4）不允许有窜动。

太阳能电池烧结炉网带输送系统结构如图 10-17 所示。主动滚轮牵引网带，使网带平稳运行，在炉膛内的这段网带由导轨支承，以有效地避免网带在炉膛内蛇形摆动；网带的循环回程部分安置在炉体的下部，由一系列的滚轮及张紧轮组成。印刷好浆料的太阳能电池放在进料口的工作台网带上，经过炉膛预热—烧结—冷却之后，在出料工作台取出，而网带则经炉体下部回程循环，周而复始。另外，在循环回程部分设计清扫装置或超声波清洗装置，使其能够在实际工况中根据需要定期对网带进行清洗。网带的结构采用平衡型编织结构，它集中了金属丝网带的许多优点，网带在运行时的变形和延伸较少。

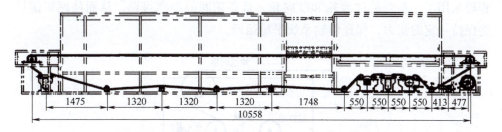

| 1475 | 1320 | 1320 | 1320 | 1748 | 550 | 550 | 550 | 550 | 413 | 477 |

10558

图 10-17　太阳能电池烧结炉网带输送系统结构

为了实现网带减速的目的，系统设计采用了由带摆线针轮减速机的电动机、变频调速器、蜗轮蜗杆减速器、离合器、V 带传动及主动滚轮组成的减速装置，其结构如图 10-18 所示。减速电动机 1 作为动力源输出的转速，经减速电动机内的摆线针轮减速器减速后，通过第一级 V 带传动 2 到达蜗轮蜗杆减速器 3，再由蜗轮蜗杆减速器 3 通过第二级 V 带传动 5 带动主动滚轮 6 转动，主动滚轮拖动包络在上面的金属丝网带，进而实现网带的输送功能。在蜗轮蜗杆减速器 3 和第二级 V 带传动 5 之间由电磁离合器 4 来传递转矩，并作超载保护。通过变频调速器来改变减速电动机 1 驱动电源的频率来实现电动机转速的改变，以使带速在指标要求的范围内连续可调。

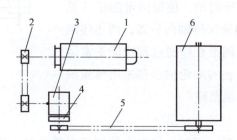

图 10-18　网带输送系统的减速装置

1—减速电动机　2—第一级 V 带传动　3—蜗轮蜗杆减速器
4—电磁离合器　5—第二级 V 带传动　6—主动滚轮

2. 网带的张紧及纠偏装置的设计

目前，网带式烧结炉均采用摩擦传动的方式，与带传动一样，烧结炉网带输送系统也会有紧边与松边之分。网带在有载荷的传动中受拉伸力及热膨胀力的作用，使网带有一定的伸长量，这对于跨度较小的传动不会造成太大的影响，但是对于跨度较大的传动，运行时就会在松边产生抖动，因此，该烧结炉网带输送系统的张紧采用全程张紧的方式，如图 10-19 所示，网带输送系统在网带回程段采用了一系列的过渡轮和改向轮，且各轮间的距离可调，从而使网带能始终保持一定的张力，保证传输系统平稳运行。

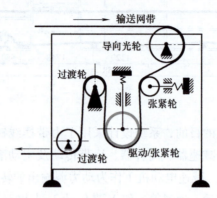

图 10-19　驱动及张紧装置结构原理

此外，为满足降温需要，烧结炉的金属丝网带设计的网孔较大，丝径较小，比较容易引起网带的扭曲、跑偏。因此，在从动滚轮轴承座上设置调整螺杆，网带在运行中跑偏时可以调整此螺杆，以此改变滚轮的导向角，使得网带跑正（见图 10-20）。为了使网带保持轴向位置，两边还加装了限位滚轮，确保网带在输送过程中能正常运转。网带输送系统安装的滚轮轴承都采用球面轴承，以便于安装及纠偏调整。

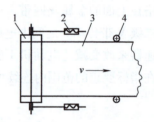

图 10-20　纠偏装置结构示意图
1—从动滚轮　2—调整螺杆
3—网带　4—限位滚轮

3. 网带输送系统的设计计算

由《机械设计手册》可知，高温金属网带在传动时，传动滚轮上所需要的圆周驱动力（设为 F_U）为运行过程中的所有阻力之和，对于该太阳能电池烧结炉的网带输送系统，圆周驱动力为

$$F_U = F_H + F_N + F_{S1} + F_{S2} + F_{St} \tag{10-13}$$

或

$$F_U = fLg(q_{R1} + q_{R2} + q_{R3} + 2q_B + q_G\cos\delta) + F_N + F_{S1} + F_{S2} + F_{St} \tag{10-14}$$

式中，F_H 是主要阻力（N）；F_N 是附加阻力（N），包括网带与导轨之间的摩擦阻力，在加料段、加速段输送物料和输送带间的惯性阻力及摩擦阻力，输送带经过滚轮的弯曲阻力及滚轮轴承阻力等；F_{S1} 是纠偏装置引起的摩擦阻力（N）；F_{S2} 是清扫器、卸料器及翻转回程分支输送带的阻力（N）；F_{St} 是倾斜阻力（N）；

f 是模拟摩擦系数，根据工作条件及制造、安装水平选取；L 是输送系统的长度
（首、尾滚轮中心距）（m），$L = 10.558$m；g 是重力加速度（m/s²），$g =$
9.8m/s²；q_{R1} 是输送系统中过渡轮单位长度旋转部分的质量（kg/m）；q_{R2} 是输送
系统中改向轮单位长度旋转部分的质量（kg/m）；q_{R3} 是输送系统中首、尾两滚
轮单位长度旋转部分的质量（kg/m）；q_B 是单位长度输送带的质量（kg/m）；q_G
是单位长度网带上承载物料的质量（kg/m）；δ 是网带输送系统的倾角，对于水
平传送系统，$\cos\delta = 1$。

在实际的工程计算中，常引入系数 C 来考虑附加阻力对于网带输送系统的
影响，故式（10-14）可优化为

$$F_U = CfLg(q_{R1}+q_{R2}+q_{R3}+2q_B+q_G\cos\delta)+F_{S1}+F_{S2} \tag{10-15}$$

查《机械设计手册》可知，当网带输送系统的长度小于 40m 时，可取 $C =$
2.4，模拟摩擦系数 $f = 0.02$；根据过渡轮、改向轮和滚轮的直径与宽度可计算得
到过渡轮转动部分质量为 28kg，改向轮转动部分质量为 75kg，首、尾滚轮转动部
分质量为 165kg，则 $q_{R1} = 106.06$kg/m、$q_{R2} = 1728$kg/m、$q_{R3} = 725$kg/m；网带单位长
度质量 $q_B = 3.2$kg/m（由网带生产商提供）；单位长度物料质量 $q_G = 2.73$kg/m；由
于纠偏装置与网带为滚轮接触，所产生的阻力忽略不计，即 $F_{S1} = 0$；根据清扫器
与网带的接触面积 A 可得 $F_{S2} = 720$N。将上述数值代入式（10-15）可得，
$F_U = 13487.89$N。

网带输送系统的驱动功率为

$$P_A = \frac{F_U v}{1000} \tag{10-16}$$

式中，v 是网带的带速（m/s），$v = 0.075$m/s。

将 F_U 和 v 的数值代入式（10-16），得到驱动功率 $P_A = 1.01$kW。由于电动机
输出转速时需要经过高速的离合器、减速器及链轮传动等一系列部件才能传递
到主动滚轮上，网带输送系统传递功率的大小就要受传递效率的高低所影响，
因此实际需要的电动机功率为

$$P_M = \frac{P_A}{\eta} \tag{10-17}$$

式中，$\eta = \eta_1\eta_2\eta_3$，其中 η_1 是离合器的效率，$\eta_1 = 0.97$，η_2 是减速器的效率，
$\eta_2 = 0.94$，η_3 是链传动的效率，$\eta_3 = 0.90$。

代入数值可得 $P_M = 1.23$kW，根据电动机的功率，该网带输送系统选用功率
为 1.5kW 的带摆线针轮减速器的变频调速电动机，此电动机具有结构简单、运
行平稳、调速方便等优点。综上所述，设计太阳能电池烧结炉炉膛结构的三维

模型如图 10-21 所示。

图 10-21　太阳能电池烧结炉三维模型

10.3　炉膛温度场的数值仿真

10.3.1　温度场热传递特性分析

红外加热式太阳能电池烧结炉是在辐射传热及对流传热的综合作用下，按照一定的工艺将烧结制品中的挥发性产物及其有机添加剂去除，并对烧结制品进行烧结以形成良好的欧姆接触的工艺设备。此工艺的关键是要保证炉膛的实际温度与工艺设定温度的一致性，同时保持适中的升温速度。除了合理的烧结工艺，对设备的可靠性及稳定性的要求也较高，制品的烘干、预热及烧结都需要在炉膛内特定的温度场进行。因此，当烧结炉内各物体发生热量传递时，所传递热量的大小和方向是与烧结炉内部温度的分布情况密切相关的，只有提供了适合制品烧结工艺的稳定温度场，才能保证烧结出合格的制品。这里的温度场指的是加热炉膛的温度分布，温度场技术是烧结炉的核心。

凡是有温差的地方，热量就必然自发地从高温向低温传递。温差是普遍存在的，因而传热指的就是两介质间因温差的存在而发生热能转移的现象。热量的基本传递方式有三种，即热传导、对流换热和辐射换热。就物体温度与时间的依变关系而言，热量传递的过程可分为稳态过程（又称定常过程）与非稳态过程（又称非定常过程）。物体中各点温度不随时间而改变的热传递过程均为稳态过程，反之则为非稳态过程。对应于烧结炉设备在持续不变的工况运行时的热传递过程属于稳态过程，而在烧结炉起动、停机、改变工况时所经历的热传递过程则为非稳态过程。

红外加热式太阳能电池烧结炉是高温下传递热量的热工设备，太阳能电池制品的最终品质与传热过程有着很大的关联。在烧结炉的炉膛内，热传导、对流换热和辐射换热这三种传热方式同时存在，且互相耦合、相互影响。下面就炉膛内的三种传热方式分别分析。

1. 热传导

热传导又称为导热，是指温度不同的物体各部分无位移或不同温度的物体直接紧密接触时，依靠物质内部分子、原子及自由电子等微观粒子的热运动而进行热量传递的现象。热传导是物质的固有属性，如热量由固体壁面的高温部分传递到低温部分的现象。热传导也可以发生在液体及气体中，但在地球引力场的范围内，只要有温差存在，液体和气体因密度差的原因不可避免地要产生热对流，单纯的热传导现象仅发生在密实的固体材料中。烧结炉内通过热传导的方式来传递热量的过程是热量通过炉壁内表面和炉衬传递到炉壳外表面。热传导基本定律——经典的傅里叶定律：对于各向同性的均匀介质，单位时间内通过某垂直于热方向的单位面积的导热量与该处的温度梯度成正比，但方向与温度梯度相反，即

$$q_{cond} = \frac{\Phi}{A} = -\lambda \frac{\partial t}{\partial n} \tag{10-18}$$

式中，q_{cond} 是热流密度（W/m^2）；Φ 是沿 n 方向的热流量（W）；A 是垂直于热流方向的传热面积（m^2）；λ 是导热系数 $[W/(m \cdot ℃)]$；t 是温度（℃）；n 是单位矢量。

从而，在 $d\tau$ 的时间内通过微元体的热量为

$$d\Phi = -\lambda \frac{\partial t}{\partial n} dA d\tau \tag{10-19}$$

又 $q_x = -\lambda \dfrac{\partial t}{\partial x}$，$q_y = -\lambda \dfrac{\partial t}{\partial y}$，$q_z = -\lambda \dfrac{\partial t}{\partial z}$。

根据能量守恒定律得出导热微分方程为

$$\frac{\partial t}{\partial \tau} = a \left(\frac{\partial^2 t}{\partial x^2} + \frac{\partial^2 t}{\partial y^2} + \frac{\partial^2 t}{\partial z^2} \right) \tag{10-20}$$

式中，a 是导温系数，$a = \lambda / (c\rho)$，c 为定压比热容。

式（10-20）括号里面的表达式为拉普拉斯算子，用 $\nabla^2 t$ 表示。因此，导热微分方程可简化为

$$\frac{\partial t}{\partial \tau} = a \nabla^2 t \tag{10-21}$$

基于导热微分方程，并利用有限差分法可求解炉衬的温度分布。

导热系数 $\lambda = -q_{cond} \partial n / \partial t$，其物理意义是在稳定传热的条件下，当温度梯度为 1 时，通过单位面积所传递的热量。在热流密度和厚度相同时，λ 值越大，导

热性能越好。与动力黏度 u 相似，导热系数也是分子微观运动的宏观体现，与分子间的作用力有关，数值的大小取决于材料的组成结构、密度、含水率及温度等因素。

2. 对流换热

对流是指流体各部分之间发生相对位移。如果流体内部温度不同，那么流体各部分的宏观相对运动将会引起热量的传递，这种热量的传递方式就称为热对流。由于液体和气体内部可以发生相对的宏观位移，故对流现象只能发生在流体介质中。在工程中常常遇到的是流体通过固体表面时发生的流体与固体壁面的换热，这种流体与固体壁面之间的换热过程称为对流换热。根据流体的流动状态，对流可以分为强制对流和自然对流两类，前者是由泵、风机或其他外部动力源所造成的，而后者则是由流体内部存在密度差所引起的。

烧结炉内通过对流换热的方式来传递热量的有：由于气氛布置系统的进出气而在炉内形成的气流与烧结制品、网带、制品承载物之间的强制对流换热，气流与炉壁之间的强制对流换热，气流在炉膛内各不同温区之间的自然对流换热，以及炉壳的外表面与周围空气之间的自然对流换热等。可见，对流换热是烧结炉炉膛内的主要传热方式，也是炉膛内温度场均匀性的主要影响因素。

对流换热是流体与接触壁面的换热，因此，对流换热的热流就必然要穿过黏性底层。由于在壁面上的流体速度为零，因此通过这一薄层换热只能是热传导。假设壁面是沿水平方向的，则根据傅里叶定律，该热流密度为

$$q_{cond} = \frac{\Phi}{A} = -\lambda \left(\frac{\partial t}{\partial y} \right)_w \tag{10-22}$$

式中，$(\partial t/\partial y)_w$ 是流体在壁面上的温度梯度。

对流换热的基本定律是牛顿冷却定律。根据牛顿公式，如果壁面温度（设为 t_w）高于流体温度（设为 t_f），则对流换热的热流密度 q 为

$$q = \alpha_c(t_w - t_f) = \alpha_c \Delta t \tag{10-23}$$

式中，t_w 是固体表面温度（℃）；t_f 是流体温度（℃）；α_c 是对流换热系数 [W/(m²·℃)]。

所以 $\alpha_c (t_w - t_f) = -\lambda \left(\dfrac{\partial t}{\partial y} \right)_w$，从而可得

$$\alpha_c = -\frac{\lambda}{\Delta t} \left(\frac{\partial t}{\partial n} \right)_w \tag{10-24}$$

式（10-24）称为换热方程，对流换热的关键就是如何确定对流换热系数 α_c，但是对流换热系数并非是一个简单的常数，从方程中可见它是取决于流体

物性和温度分布的函数。欲求出对流换热系数 α_c，首先要求出流体的温度分布。根据能量守恒定律，可以导出对流换热微分方程为

$$\frac{\partial t}{\partial \tau}+u\,\frac{\partial t}{\partial x}+v\,\frac{\partial t}{\partial y}+w\,\frac{\partial t}{\partial z}=a\left(\frac{\partial^2 t}{\partial x^2}+\frac{\partial^2 t}{\partial y^2}+\frac{\partial^2 t}{\partial z^2}\right) \tag{10-25}$$

式（10-25）左侧可用全微分符号 $\mathrm{d}t/\mathrm{d}\tau$ 表示，右侧括号中的是拉普拉斯算子 $\nabla^2 t$，则式（10-25）也可表示为

$$\frac{\mathrm{d}t}{\mathrm{d}\tau}=a\,\nabla^2 t \tag{10-26}$$

式（10-26）中全微分 $\mathrm{d}t/\mathrm{d}\tau$ 表示流体的温度变化率，反映了流体温度随时间的进展和空间的位移所引起的温度变化率。如果介质无相对运动，则 $u=v=w=0$，这时的对流换热方程即为导热微分方程。

3. 辐射换热

由于不同的原因，物体能够向其所在的空间发射各种不同波长的电磁波，这种以电磁波形式向外发射能量的现象称为辐射，辐射是物质固有的属性。而物体在发出辐射能的同时，也在不断吸收周围物体发来的辐射能。当物体辐射出的能量与吸收的能量不相等时，该物体就与外界产生了热量的传递，这种传递方式就称为辐射换热。辐射换热与热传导、对流换热有明显的区别，主要体现在以下三个方面。

1）传递方式的不同。热传导和对流换热的热量传递一定要通过物体的直接接触才能进行，而物体间的辐射换热不需要中间介质。这一特点使得辐射换热系统的温度场不一定像热传导和对流换热那样，热传导和对流换热热源处温度最高，然后逐渐降低，冷源处温度最低，而辐射换热时有可能中间温度最低。以太阳与地球的辐射换热为例，太阳和地球之间的大部分空间的温度比两者都低。

2）辐射换热过程中必定伴随着能量形式的转变。物体发射辐射能是将热能转变为辐射能，而物体吸收辐射能则是将辐射能转变为热量。

3）辐射具有方向性和选择性。在不同的方向都可能有辐射，并且辐射强度不一定相等。辐射能与波长有关，物体的吸收能力不仅取决于物体本身，也与投射的方向、波长有关。

该太阳能电池烧结炉炉膛内通过辐射换热方式来传递热量的有：加热元件与烧结制品、网带、制品承载物、炉壁及烧结区气体之间的辐射换热，炉膛内各结构之间的辐射换热，炉壁的外表面与周围环境的辐射换热等。可见，辐射换热也是烧结炉炉膛内的主要传热方式，但它对炉膛内温度场的均匀性影响并不大。

（1）基本术语简介 当热辐射的能量投射到物体表面时，和可见光一样，也发生吸收、反射和穿透现象。投射到物体表面上全波长范围的总能量被物体吸收的比率称为吸收比，记作 α；投射到物体表面上全波长范围的总能量被物体反射的比率称为反射比，记作 ρ；投射到物体表面上全波长范围的总能量辐射穿透物体的比率称为反射比，记作 τ。显然，有 $\alpha+\rho+\tau=1$。

1）辐射力 E 是单位时间内，物体的每单位表面积向其上的半球空间的所有方向所发射全波长的总辐射能量，单位是 W/m^2。

2）黑体（$\alpha=1$）是一个理想的吸收体，指的是能吸收来自各个方向、各种波长的全部投射能量，也称为绝对黑体。在辐射分析中，将它作为比较标准，与黑体辐射有关的物理量常用下角标 b 表示。

3）白体（$\rho=1$）是指能够将外来的辐射全部反射回去的物体。

4）透热体（$\tau=1$）是指能够被外来的辐射线全部透射的物体。在辐射换热分析中，可将烧结炉炉膛内的气流体视为透热体。

5）灰体是指光谱吸收率与波长无关的物体，或者说光谱发射率也不随波长而变化的物体。

（2）热辐射基本定律

1）普朗克定律给出了黑体光谱辐射力 $E_{b\lambda}$、黑体自身温度 T 及热射线波长之间的变化规律，其表达式为

$$E_{b\lambda}=\frac{c_1\lambda^{-5}}{e^{\frac{c_2}{\lambda T}}-1} \tag{10-27}$$

式中，λ 是波长（μm）；T 是热力学温度（K）；c_1 是第一辐射常数，$c_1=3.7418\times 10^{-16}W\cdot m^2$；$c_2$ 是第二辐射常数，$c_2=1.4388\times10^4\mu m\cdot K$。

2）维恩定律是黑体的最大单色辐射力的波长 λ_{max} 与温度 T 之间的关系，其表达式为

$$\lambda_{max}T=\frac{c_2}{4.9651}=2897.83 \tag{10-28}$$

3）斯特藩-玻尔兹曼定律（四次方定律）的表达式为

$$E_b=\int_0^\infty E_{b\lambda}d\lambda=\int_0^\infty \frac{c_1\lambda^{-5}}{e^{\frac{c_2}{\lambda T}}-1}d\lambda=\sigma T^4 \tag{10-29}$$

式中，σ 是黑体辐射常数，$\sigma=5.7\times10^{-8}W/(m^2\cdot K^4)$

为了便于计算高温辐射，常把式（10-29）表示为

$$E_b=c_0\left(\frac{T}{100}\right)^4 \tag{10-30}$$

式中，c_0 是黑体辐射系数，$c_0 = 5.67\,W/\,(m^2 \cdot K^4)$。

实际物体的辐射不同于黑体，实际物体的辐射往往随波长而不规则地变化，并且对投入的辐射也不能完全吸收。某物体的实际辐射力 E 与同温度下黑体的辐射力 E_b 之比称为物体的黑度 E，即 $\varepsilon = E/E_b$。而由斯特藩-玻尔兹曼定律可知，实际物体的辐射力 E 与温度 T 之间的关系为

$$E = \varepsilon E_b = \varepsilon c_0 \left(\frac{T}{100}\right)^4 \tag{10-31}$$

物体的黑度 ε 表示该物体在辐射能力上接近同温度的黑体的程度，它与物体表面性质、表面状态和温度有关。吸收率 α 表示物体表面吸收的辐射能与投入辐射能之比。在一定温度下，物体的吸收率与其黑度之间的关系为 $\varepsilon = \alpha$。此式即为实际物体的基本辐射定律——基尔霍夫定律，它表明善于吸收的物体也善于辐射。

（3）辐射换热基本算法　任何物体都在不断地发射热射线，并将落到它上面的热射线部分或全部吸收，因此两个温度不相同的物体互相辐射和吸收的总效果就构成了辐射换热，使热量从高温物体移向低温物体。假设物体无透射，由物体表面上放出的总能量称为有效辐射 J，那么有效辐射就是"自身辐射"（决定于物体表面的热状态）和"反射辐射"（反射外部投射来的部分能量）两部分能量之和，即

$$J = E + \rho G = \varepsilon E_b + (1-\alpha) G \tag{10-32}$$

式中，G 为投入辐射。

有效辐射示意图如图 10-22 所示，从图中平面的外部来观察，其能量收支差额 q 应等于有效辐射 J 与投入辐射 G 之差，即 $q = J - G$。从平面内部观察，该平面与外界的辐射换热量应为 $q = E - \alpha G$。

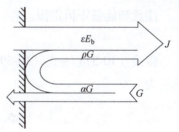

图 10-22　有效辐射示意图

从上面两式中消去投入辐射 G，得到有效辐射 J 与表面净辐射换热量 q 之间的关系为

$$J = \frac{E}{\alpha} - \frac{1-\alpha}{\alpha} q = E_b - \left(\frac{1}{\varepsilon} - 1\right) q \tag{10-33}$$

从而可得出

$$q = \frac{E_b - J}{\dfrac{1-\varepsilon}{\varepsilon}} \quad \text{或} \quad \Phi = \frac{E_b - J}{\dfrac{1-\varepsilon}{\varepsilon A}} \tag{10-34}$$

式中，$\dfrac{1-\varepsilon}{\varepsilon A}$ 是表面热阻。

由两个等温灰体表面（面 A_1、面 A_2）组成的二维封闭系统中，无论什么情形下，两表面间的辐射换热量都为

$$\Phi_{1,2}=A_1J_1X_{1,2}-A_2J_2X_{2,1} \tag{10-35}$$

式中，$X_{1,2}$ 是角系数，即表面 1 发出的辐射能落到表面 2 上的百分数，称为表面 1 对表面 2 的角系数；同理，$X_{2,1}$ 表示表面 2 对表面 1 的角系数。

由角系数的相对性及完整性可知，$A_1X_{1,2}=A_2X_{2,1}$，故式（10-35）可以表示为

$$\Phi_{1,2}=\frac{J_1-J_2}{\dfrac{1}{A_1X_{1,2}}}=\frac{J_1-J_2}{\dfrac{1}{A_2X_{2,1}}} \tag{10-36}$$

式中，$\dfrac{1}{A_1X_{1,2}}$ 和 $\dfrac{1}{A_2X_{2,1}}$ 是空间热阻。

应用式（10-34）可得

$$A_1J_1=A_1E_{b1}-\left(\frac{1-\varepsilon_1}{\varepsilon_1}\right)\Phi_{1,2} \tag{10-37}$$

$$A_2J_2=A_2E_{b2}-\left(\frac{1-\varepsilon_2}{\varepsilon_2}\right)\Phi_{2,1} \tag{10-38}$$

注意到能量守恒定律，有

$$\Phi_{1,2}=-\Phi_{2,1} \tag{10-39}$$

将式（10-37）~式（10-39）代入式（10-36），可得两物体表面间的辐射换热量为

$$\Phi_{1,2}=\frac{E_{b1}-E_{b2}}{\dfrac{1-\varepsilon_1}{\varepsilon_1A_1}+\dfrac{1}{A_1X_{1,2}}+\dfrac{1-\varepsilon_2}{\varepsilon_2A_2}} \tag{10-40}$$

式（10-34）、式（10-36）、式（10-40）与电学中的欧姆定律相比可见，换热量 Φ 相当于电流强度；E_b 相当于电源电势；J 相当于节点的电压；$(E_{b1}-E_{b2})$、(E_b-J) 或 (J_1-J_2) 相当于电势差；$(1-\varepsilon)/\varepsilon A$ 及 $1/(A_1X_{1,2})$ 相当于电阻。应用辐射换热的网络法画出两表面封闭腔辐射换热的等效网络，如图 10-23 所示。

以上关于传热特性的分析都是基于如下假设。

1）腔室内的辐射表面是等温的。

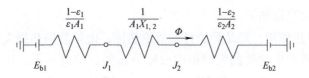

图 10-23　两表面封闭腔辐射换热等效网络

2）腔室内有均匀的有效辐射及投射辐射密度。

3）腔室内参与辐射换热的各表面是不透辐射的。

4）腔室内包含的气流是不参与辐射换热的介质（即视为透热体）。

该红外加热式太阳能电池烧结炉炉腔的性质符合上述的 4 项假设。

10.3.2　炉膛传热几何模型

在该太阳能电池烧结炉的实际炉膛中，热传导、对流换热、辐射换热这三种传热方式是同时存在的，如图 10-24a 所示，故炉膛内的温度是综合热作用的结果。此外，由于炉膛内对流换热及辐射换热都是主要的换热方式，且作用相当，因而会在实际的烧结过程中发生耦合，下面分析炉内的对流换热与辐射换热。炉壳外表面与周围空气之间对流换热的情况，已在 10.2.2 小节的"5. 烧结炉加热功率的确定"中考虑，因此在这里不作讨论。

在烧结炉的传热分析中，期望温度的精确控制，使得烧结制品能按既定的温度曲线完成烧结过程，以满足制品的性能要求。简化图 10-5 所示的结构，炉膛内的传热分析示意图如图 10-24b 所示。

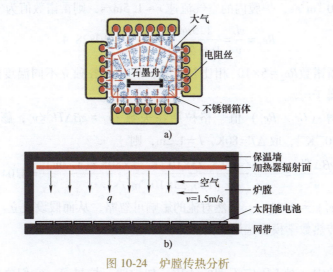

图 10-24　炉膛传热分析

a）热传导、对流换热、辐射换热示意图　　b）炉膛内的传热分析示意图

简化涉及的假设如下。

1）忽略导热作用。烧结炉炉衬近似绝热体，由炉膛的热损失计算可知，炉衬材料因导热而产生的热损失对炉内温度分布的影响并不大，计算烧结炉的导热仅在出于节能的考虑验证所选的炉衬材料（即所选的炉衬材料是否满足较好的保温要求）及确定烧结炉的加热功率时起作用，在分析计算烧结炉内的传热时可以忽略。

2）忽略不同温度区段之间自然对流换热的作用。该烧结炉的加热区段温度沿长度方向设置了四个不同温度区段，分别是烘干阶段、预烧结阶段、烧结阶段及降温区，同一区段内的温度也有差异，故存在自然对流换热的趋势。但由于气氛系统的废气收集采用高速气流计，炉膛内的气流处于高速受迫对流的状态，因而同一温度区段内空气的自然对流在分析计算烧结炉内的传热时可以忽略；此外，不同温度区段之间的通口面积较小，因而不同区段之间的自然对流在分析计算烧结炉内的传热时可以忽略。

3）对于炉膛内存在的气体，在进行对流换热分析时，将它看作常物性、稳态、不可压缩及层流的假定状态。在进行辐射换热分析时，将它作为透热体考虑。

10.3.3 传热数学模型

1. 炉内空气的流动状态

（1）计算雷诺数（Re_L）值　查文献，空气温度 $T_f = 1215\mathrm{K}$ 时的运动黏度 $\nu = 166.23 \times 10^{-6}\mathrm{m}^2/\mathrm{s}$，炉膛内的空气流速 $v \approx 1.5\mathrm{m/s}$，则雷诺数值为

$$Re_L = \frac{vL}{\nu} = \frac{1.5\mathrm{m/s} \times 1.2\mathrm{m}}{166.23 \times 10^{-6}\mathrm{m}^2/\mathrm{s}} = 10828.4$$

与临界雷诺数 $Re_L = 5 \times 10^5$ 相比较可知，炉膛内各独立不同温度区段内的空气流动状态属于层流。

（2）计算（Gr_L / Re_L^2）值　格拉斯霍夫数 $Gr_L = g\beta\Delta TL^3/\nu^2$，膨胀系数 $\beta = 1/T_f = 8.23 \times 10^{-4}\mathrm{K}^{-1}$，取 $\Delta T = 80\mathrm{K}$，$L = 1.2\mathrm{m}$，则

$$Gr_L = \frac{g\beta\Delta TL^3}{\nu^2} = \frac{9.8\mathrm{m/s}^2 \times (8.23 \times 10^{-4}\mathrm{K}^{-1}) \times 80\mathrm{K} \times (1.2\mathrm{m})^3}{(166.23 \times 10^{-6}\mathrm{m}^2/\mathrm{s})^2} = 4.04 \times 10^7$$

（Gr_L / Re_L^2）$= 0.34 < 1$，自然对流的影响可忽略，从而假设成立。综上可知，对流换热的传热数学模型选用层流模型。

2. 对流换热数学模型

在烧结炉中，对于固定不动的物质，如炉壁、炉衬等，它们之间是通过导

热的方式来传递热量的。在 10.3.1 小节中已经给出了导热微分方程，对于确定几何形状及边界条件的情况，求解该方程可以确定炉壁及炉衬的温度分布。

对于处于运动中的物质，如气流体与其他物质之间是通过对流换热的方式来传递热量的。由对流换热微分方程可以明显看到，流体的温度场取决于流体的运动状态，也就是说，流体的温度场取决于它的速度场。因此，需要建立描述运动规律的动量微分方程，与能量方程联立才能求解该方程。对流体微元单位应用质量守恒及牛顿第二定律可以得出速度方程。

为了简化分析，对于影响常见对流换热问题的主要因素，在建立数学模型前进行以下简化假设：①流动是二维的；②流体为不可压缩的牛顿型流体；③流体物性为常数、无内热源；④黏性耗散产生的耗散热可以忽略不计。

根据上述简化条件及合理的假定，建立红外加热式太阳能电池烧结炉对流换热的求解方程组。

（1）连续方程　根据质量守恒原理，即稳态流动的状态下，在 $d\tau$ 时间内，流入与流出微元控制体的质量之差应等于微元体内质量的增量，对不可压缩流体，该增量等于零。由此可得连续方程为

$$\frac{\partial u}{\partial x}+\frac{\partial v}{\partial y}=0 \tag{10-41}$$

式中，u 是流体速度在 x 方向的分量；v 是流体速度在 y 方向的分量；方程等号左侧的项为 x 方向和 y 方向上向外的净质量流率。

（2）动量守恒方程　在稳态条件下的流体，其微元控制体上所有外力必定等于该微元控制体中的流体动量变化率，即应用牛顿第二定律得

$$u\frac{\partial u}{\partial x}+v\frac{\partial u}{\partial y}=-\frac{1}{\rho}\frac{dp(x)}{dx}+\nu\frac{\partial^2 u}{\partial y^2} \tag{10-42}$$

式中，ρ 是流体的密度；ν 是流体的运动黏度，$\nu=\mu/\rho$（μ 是流体的动力黏度）；$dp(x)$ 是边界层内沿 x（壁面）方向的压力梯度，方程中的 $dp(x)/dx$ 可以当成已知量，因为它可以通过边界层理想流体的伯努利方程求得。

式（10-42）等号左侧的项表示因穿过边界层的流体运动而造成的离开微元控制体的净动量流率；等号右侧第一项表示沿 x 方向的压力梯度，第二项表示流体黏度引起的动量扩散。

（3）能量守恒方程　由式（10-26）可知，二维、稳态、不可压缩流体的能量微分方程为

$$u\frac{\partial t}{\partial x}+v\frac{\partial t}{\partial y}=a\frac{\partial^2 t}{\partial y^2} \tag{10-43}$$

式中，a 是导温系数，$a = \lambda / (c\rho)$，c 是流体的比热容，λ 是流体的导热系数，ρ 是流体的密度。

方程等号左侧项代表流体层流引起的热能离开流体微元控制体的净速率，而等号右侧项代表由于 y 方向上的热传导而输入微元控制体的净热能。

由于物体的物性（ρ、v、a）是已知的，可以视为常数。式（10-41）~式（10-43）包含了 3 个未知数 u、v、t，因而方程组是封闭的，加上定解条件即可求得不同流层中 u、v 和 t 的空间分布。3 个方程式之间也没有耦合关系，也就是说，联立式（10-41）和式（10-42）可求出速度场 $u(x,y)$ 及 $v(x,y)$，而不需要考虑式（10-43）。但是，从式（10-43）中所包含的未知数情况可以看出，速度场与温度场是耦合的。因此，在求解式（10-43）的温度分布 $t(x,y)$ 之前，必须先求解 $u(x,y)$ 及 $v(x,y)$。在物体的表面，由于流体黏性的作用，贴近物体表面的流体相对于表面是不流动的，流体与物体表面间的热量传递要穿过这个流体层，只能通过热传导的方式进行。因此，在求得温度分布 $t(x,y)$ 之后，根据傅里叶定律及牛顿冷却定律，可以确定对流换热微分方程为

$$\alpha_c = \frac{\lambda_f \left(\dfrac{\partial t}{\partial y} \right) \Big|_{y=0}}{t_w - t_f} \tag{10-44}$$

式中，α_c 是对流换热系数；λ_f 是流体的导热系数；t_w 是物体表面的温度；t_f 是流体的温度。

由式（10-44）可见，对流换热系数 α_c 依赖于物体的物性及温度的分布；流体的传热速率取决于流体在边界层的流动状态。

由于对流热换现象的复杂性及数学模型的高度非线性，求解该方程组是比较困难的。要用数量级分析法对上述方程组进行合理简化后，其数学求解才能实现。所涉及的内容超出了本章研究范围，在这里不进行具体求解。

3. 辐射换热数学模型

10.3.1 小节中已经讨论了单一表面的净辐射换热，并且由单一表面推导出两个灰体表面之间的辐射换热公式［见式（10-36）］。这里以烧结炉的炉膛腔体为研究对象，讨论由多个灰体表面所组成的空间腔体之间的辐射换热情况，并得出其辐射换热数学模型。

由式（10-34）的一般性可知，在烧结炉炉膛这一封闭的腔体内，射出任意一个表面 i 的单位面积净辐射换热量 Φ_i 为

$$\Phi_i = \frac{E_{bi} - J_i}{\dfrac{1 - \varepsilon_i}{\varepsilon_i A_i}} \tag{10-45}$$

式中，E_{bi} 是表面 i 的自身辐射；J_i 是表面 i 的有效辐射；ε_i 是表面 i 的黑度；A_i 是表面 i 的面积。

由角系数的定义可知，在烧结炉炉膛中，包括表面 i 在内的所有表面辐射到表面 i 的总辐射力为

$$A_i G_i = \sum_{j=1}^{N} X_{j,i} A_j J_j \qquad (10\text{-}46)$$

式中，G_i 是表面 i 的投射辐射；$X_{j,i}$ 是表面 j 对表面 i 的角系数；J_j 是表面 j 的有效辐射。

由角系数的互相性可知，式（10-46）可表达为

$$A_i G_i = \sum_{j=1}^{N} X_{i,j} A_i J_j \qquad (10\text{-}47)$$

由净辐射换热的定义可得

$$\Phi_i = A_i \left(J_i - \sum_{j=1}^{N} X_{i,j} J_j \right) \qquad (10\text{-}48)$$

又，利用角系数的完整性，即 $\sum_{j=1}^{N} X_{i,j} = 1$，结合式（10-48）可得

$$\Phi_i = A_i \left(1 \times J_i - \sum_{j=1}^{N} X_{i,j} J_j \right) = A_i \left(\sum_{j=1}^{N} X_{i,j} J_i - \sum_{j=1}^{N} X_{i,j} J_j \right)$$

因此，有

$$\Phi_i = \sum_{j=1}^{N} A_i X_{i,j} (J_i - J_j) = \sum_{j=1}^{N} \Phi_{i,j} \qquad (10\text{-}49)$$

式（10-49）表明，在烧结炉炉膛内任意一个表面 i 的净辐射换热量 Φ_i，等于该表面与炉膛内其他各个表面发生的净辐射换热量 $\Phi_{i,j}$ 之和。而每个 $\Phi_{i,j}$ 都可由以 $(J_i - J_j)$ 为电势和以 $(A_i X_{i,j})$ 为空间热阻的网络元表示，其等效网络图如图 10-25 所示。

由式（10-45）和式（10-49）可得

$$\frac{E_{bi} - J_i}{\dfrac{1 - \varepsilon_i}{\varepsilon_i A_i}} = \sum_{j=1}^{N} \frac{J_i - J_j}{\dfrac{1}{A_i X_{i,j}}}$$

即

$$\frac{E_{bi} - J_i}{\dfrac{1 - \varepsilon_i}{\varepsilon_i A_i}} + \sum_{j=1}^{N} \frac{J_j - J_i}{\dfrac{1}{A_i X_{i,j}}} = 0 \qquad (10\text{-}50)$$

结合图 10-25，式（10-50）说明对于烧结炉膛内的任意一个表面 i，它的有

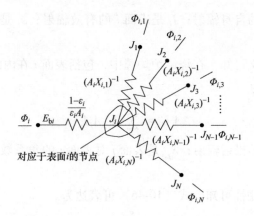

图 10-25　炉膛内任意一个表面与其他表面间的辐射换热等效网络图

效辐射节点均满足辐射平衡。即炉膛空间内通过表面热阻传给表面 i 的辐射换热速率必定等于通过相应的一些几何热阻而发生的表面 i 与所有其他表面的净辐射换热速率。为了便于计算，把炉膛空间的模型略做简化，看成是由 6 个灰体表面组成的标准六面体空间，炉膛简化后的模型简图如图 10-26 所示。

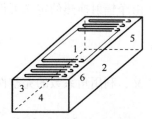

图 10-26　炉膛简化模型
1—红外加热管　2~5—炉壁
6—放置池片的平面

　　根据灰体表面间的辐射换热关系，画出辐射换热的等效网络图如图 10-27 所示。

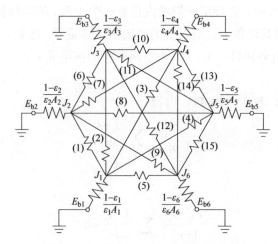

图 10-27　炉膛内表面间的辐射换热等效网络图

基于图 10-27 及式（10-50），并根据基尔霍夫定律写出 6 个节点的换热方程，即

$$J_1 : \frac{E_{b1}-J_1}{\dfrac{1-\varepsilon_1}{\varepsilon_1 A_1}} + \frac{J_2-J_1}{\dfrac{1}{A_1 X_{1,2}}} + \frac{J_3-J_1}{\dfrac{1}{A_1 X_{1,3}}} + \frac{J_4-J_1}{\dfrac{1}{A_1 X_{1,4}}} + \frac{J_5-J_1}{\dfrac{1}{A_1 X_{1,5}}} + \frac{J_6-J_1}{\dfrac{1}{A_1 X_{1,6}}} = 0$$

$$J_2 : \frac{E_{b2}-J_2}{\dfrac{1-\varepsilon_2}{\varepsilon_2 A_2}} + \frac{J_1-J_2}{\dfrac{1}{A_2 X_{2,1}}} + \frac{J_3-J_2}{\dfrac{1}{A_2 X_{2,3}}} + \frac{J_4-J_2}{\dfrac{1}{A_2 X_{2,4}}} + \frac{J_5-J_2}{\dfrac{1}{A_2 X_{2,5}}} + \frac{J_6-J_2}{\dfrac{1}{A_2 X_{2,6}}} = 0$$

$$J_3 : \frac{E_{b3}-J_3}{\dfrac{1-\varepsilon_3}{\varepsilon_3 A_3}} + \frac{J_1-J_3}{\dfrac{1}{A_3 X_{3,1}}} + \frac{J_2-J_3}{\dfrac{1}{A_3 X_{3,2}}} + \frac{J_4-J_3}{\dfrac{1}{A_3 X_{3,4}}} + \frac{J_5-J_3}{\dfrac{1}{A_3 X_{3,5}}} + \frac{J_6-J_3}{\dfrac{1}{A_3 X_{3,6}}} = 0$$

$$J_4 : \frac{E_{b4}-J_4}{\dfrac{1-\varepsilon_4}{\varepsilon_4 A_4}} + \frac{J_1-J_4}{\dfrac{1}{A_4 X_{4,1}}} + \frac{J_2-J_4}{\dfrac{1}{A_4 X_{4,2}}} + \frac{J_3-J_4}{\dfrac{1}{A_4 X_{4,3}}} + \frac{J_5-J_4}{\dfrac{1}{A_4 X_{4,5}}} + \frac{J_6-J_4}{\dfrac{1}{A_4 X_{4,6}}} = 0$$

$$J_5 : \frac{E_{b5}-J_5}{\dfrac{1-\varepsilon_5}{\varepsilon_5 A_5}} + \frac{J_1-J_5}{\dfrac{1}{A_5 X_{5,1}}} + \frac{J_2-J_5}{\dfrac{1}{A_5 X_{5,2}}} + \frac{J_3-J_5}{\dfrac{1}{A_5 X_{5,3}}} + \frac{J_4-J_5}{\dfrac{1}{A_5 X_{5,4}}} + \frac{J_6-J_5}{\dfrac{1}{A_5 X_{5,6}}} = 0$$

$$J_6 : \frac{E_{b6}-J_6}{\dfrac{1-\varepsilon_6}{\varepsilon_6 A_6}} + \frac{J_1-J_6}{\dfrac{1}{A_6 X_{6,1}}} + \frac{J_2-J_6}{\dfrac{1}{A_6 X_{6,2}}} + \frac{J_3-J_6}{\dfrac{1}{A_6 X_{6,3}}} + \frac{J_4-J_6}{\dfrac{1}{A_6 X_{6,4}}} + \frac{J_5-J_6}{\dfrac{1}{A_6 X_{6,5}}} = 0$$

将上面 6 个节点的换热方程写成关于 $J_1 \sim J_6$ 的代数方程，得

$$-\left(\frac{1}{1-\varepsilon_1}\right) J_1 + X_{1,2} J_2 + X_{1,3} J_3 + X_{1,4} J_4 + X_{1,5} J_5 + X_{1,6} J_6 = \frac{\varepsilon_1 E_{b1}}{\varepsilon_1 - 1}$$

$$X_{2,1} J_1 - \left(\frac{1}{1-\varepsilon_2}\right) J_2 + X_{2,3} J_3 + X_{2,4} J_4 + X_{2,5} J_5 + X_{2,6} J_6 = \frac{\varepsilon_2 E_{b2}}{\varepsilon_2 - 1}$$

$$X_{3,1} J_1 + X_{3,2} J_2 - \left(\frac{1}{1-\varepsilon_3}\right) J_3 + X_{3,4} J_4 + X_{3,5} J_5 + X_{3,6} J_6 = \frac{\varepsilon_3 E_{b3}}{\varepsilon_3 - 1}$$

$$X_{4,1} J_1 + X_{4,2} J_2 + X_{4,3} J_3 - \left(\frac{1}{1-\varepsilon_4}\right) J_4 + X_{4,5} J_5 + X_{4,6} J_6 = \frac{\varepsilon_4 E_{b4}}{\varepsilon_4 - 1}$$

$$X_{5,1} J_1 + X_{5,2} J_2 + X_{5,3} J_3 + X_{5,4} J_4 - \left(\frac{1}{1-\varepsilon_5}\right) J_5 + X_{5,6} J_6 = \frac{\varepsilon_5 E_{b5}}{\varepsilon_5 - 1}$$

$$X_{6,1} J_1 + X_{6,2} J_2 + X_{6,3} J_3 + X_{6,4} J_4 + X_{6,5} J_5 - \left(\frac{1}{1-\varepsilon_6}\right) J_6 = \frac{\varepsilon_6 E_{b6}}{\varepsilon_6 - 1}$$

由于所有表面对自身的角系数 $X_{i,i}=0$，于是对任意一个表面 i，上面 6 个代数方程可以统一写为

$$-\left(\frac{1}{1-\varepsilon_i}\right)J_i+\sum_{j=2}^{6}X_{i,j}J_j=\frac{\varepsilon_i E_{bi}}{\varepsilon_i-1}, i=1,2,\cdots,6$$

从而可得

$$J_i=\varepsilon_i E_{bi}+(1-\varepsilon_i)\sum_{j=1}^{6}X_{i,j}J_j, i=1,2,\cdots,6$$

由斯特藩-玻尔兹曼定律得

$$J_i=\varepsilon_i\sigma T_i^4+(1-\varepsilon_i)\sum_{j=1}^{6}X_{i,j}J_j, i=1,2,\cdots,6 \tag{10-51}$$

式（10-51）为红外加热式烧结炉炉膛内的辐射换热数学模型，求解方法可以利用直接解法或迭代法，得出各个表面的有效辐射 J_i（$i=1\sim6$）后，即可用式（10-45）计算出炉膛内各个表面的净辐射换热量。

10.3.4 数值仿真计算

10.3.3 小节确定了炉膛内的传热数学模型，但是其方程和方程组解析解的获得是相当困难的，因而可以采用数值方法得到满足实际需要的近似解。本小节采用 Fluent 软件为辅助工具，对烧结炉炉膛内的温度场进行数值仿真计算。

1. 数值仿真模型的前处理

所谓仿真，指的是对流体的区域进行离散化，通过一定的原则建立离散区域节点上的代数方程，再求解代数方程以获得所求解变量的近似解。

（1）仿真几何模型的建立 选取该烧结炉的低温段（烘干阶段）炉膛与高温段（烧结阶段）炉膛两个模型为分析研究对象，由于计算的是炉膛内部温度场的分布，在做前处理模型时，只对炉膛内部空间进行建模。结合烧结炉的实际情况，在建模之前先作如下假设：忽略一些对传热贡献不大的机械结构；忽略灯管支承结构与炉壁之间的缝隙；将烧结制品所在面与网带假想为同一个平面。

烧结阶段的炉膛内部结构仿真模型示意图如图 10-28 所示。在网带的上、下各有一排红外加热管，烧结制品放置在网带上随网带由左到右送入、送出炉膛，完成对制品的烧结。炉膛内气体的流动依靠自然对流，截面尺寸（宽×高）为600mm×400mm，模型长度为450mm，网带宽度为350mm。烘干阶段炉膛的内部结构与烧结阶段略微有所差别，烘干阶段炉膛在网带上方布置一排红外管，在网带的下方不布置红外管，并且由于气氛系统的存在，炉膛上方设有气体的进

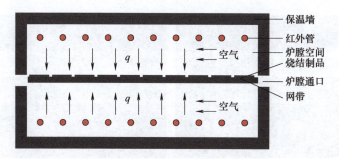

图 10-28　炉膛内部结构仿真模型示意图

气口与出气口，气体流动状态为受迫对流，模型长为 120mm。使用 Fluent 的前处理软件 Gambit 对炉膛烘干阶段及烧结阶段炉膛分别进行几何模型建模，建好模型后如图 10-29、图 10-30 所示。

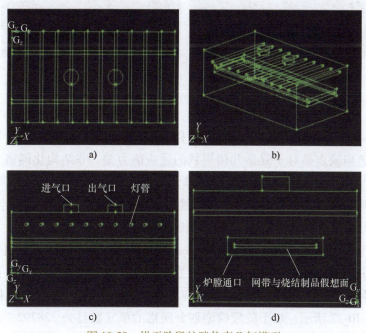

图 10-29　烘干阶段炉膛仿真几何模型
a）俯视图　b）立体观测图　c）模型主视图　d）左视图

（2）网格的划分　网格是数值仿真计算模型的几何表达式，是仿真分析的计算载体。网格划分质量的好坏直接影响仿真模拟的求解是否收敛，或者收敛后的求解质量是否能满足要求，因此，网格的划分既有计算稳定的要求，还要满足精度的要求。计算网格根据其性质的不同，主要分为两种：结构化网格和

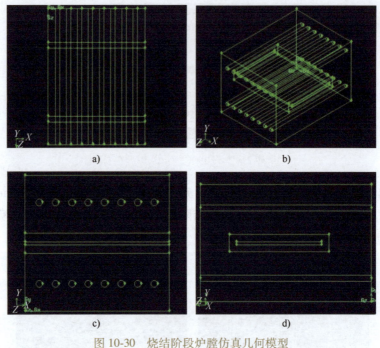

图 10-30 烧结阶段炉膛仿真几何模型

a）俯视图　b）立体观测图　c）模型主视图　d）左视图

非结构化网格。结构化网格的优点是网格有规律、构造方便、容易计算、占用内存小等，但缺点是对于复杂几何形状的适应能力差。非结构化网格舍去了网格节点的结构性限制，易于控制网格单元大小、形状及节点位置，灵活性好，对复杂外形的适应能力强，但其无规律性也导致了在模拟计算中存储空间增大、寻址时间增长、计算效率低、计算时间长等缺点。

本小节采用 Fluent 的前处理软件 Gambit 对炉膛内空间计算区域划分非结构化网格，并定义边界。对温度场内结构参数梯度变化较大的区域、靠近红外管的附近区域，利用 Gambit 的网格自适应功能进行局部加密，划分网格后如图 10-31 和图 10-32 所示。烘干阶段模型划分网格的单元数目为 328292，节点数目为 462193；烧结阶段模型划分网格的单元数目为 131589，节点数目为 181183。

（3）边界条件与初始条件　对于计算传热的问题，必须激活相关模型和提供边界条件，并且给出材料物性，这一系列过程如下。

1）选择菜单命令 Define→Models→Energy，激活能量面板，求解能量方程。

2）由于该数值仿真计算涉及辐射换热的计算，因而选择 DO 模型。DO 模型不仅能够计算所有光学厚度的辐射问题，而且还涵盖了从半透明介质的辐射、

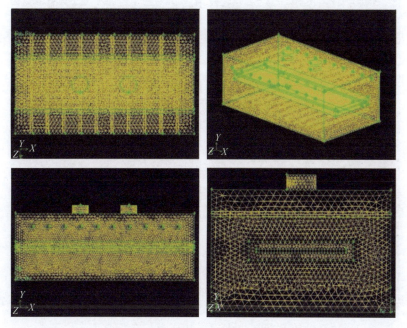

图 10-31 烘干阶段炉膛空间网格模型

表面辐射及在燃烧中出现的介入辐射等辐射问题。

3）定义边界条件（包括流体进口、出口和壁面）。根据单位时间内烘干阶段使用的氮气量，设置烘干阶段炉膛模型进气口气体流速为 1m/s，受迫对流模型；定义红外辐射管的辐射率为 0.92；定义烧结阶段炉膛模型的气流状态为自然对流；定义壁面材料为保温材料。

4）定义初始条件。由于烧结过程是在非真空状态下进行，定义炉膛内的工作压力为大气压保持不变，虽然在实际的工况中炉内的压力会有增大的趋势，但是变化并不大，对分析的结果影响较小，可以忽略。炉膛内初始温度设为室温（20℃）。

2. 数值仿真计算流程

采用分离求解器对数值模型进行求解，数值仿真计算流程如图 10-33 所示。

3. 数值仿真的结果及其分析

以流体分析及仿真软件 Fluent 6. 3. 26 为平台，对烧结炉烘干阶段及烧结阶段的炉膛温度场分别进行数值仿真计算，计算均在 200 次时收敛，残差分布曲线如图 10-34 所示。

（1）烘干阶段炉膛温度场仿真计算结果及分析 速度场分布如图 10-35 所

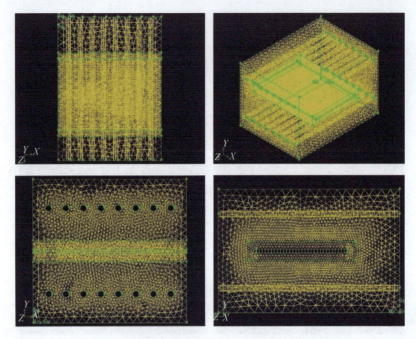

图 10-32　烧结阶段炉膛空间网格模型

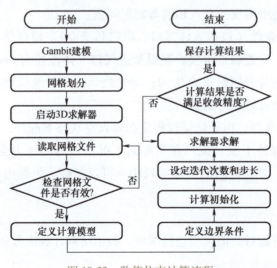

图 10-33　数值仿真计算流程

示。烘干阶段炉膛内最高空气流速为 1.07m/s，最低流速为 0.03m/s。受网带平面所阻，上半炉膛的气体流速高于下半炉膛，气流速度变化比较明显的就是入口与出口处，这两处的速度最大。

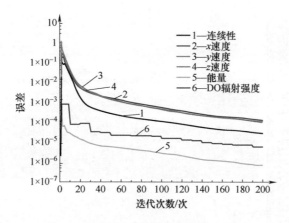

图 10-34　残差分布曲线

炉膛温度场及烧结制品所在平面受热分布如图 10-36 和图 10-37 所示。

由图 10-36 可以看出，烘干阶段炉膛下半部分的温度较低，为 241℃，这是由于受网带所在平面所阻，空气不能较好地在底部对流，从而降低了对流换热的作用；红外灯管处的温度最高，除此之外，烧结阶段炉膛内的温度是比较均匀的。这说明了红外辐射加热与对流换热的综合传热过程使得烘干阶段炉膛内的温度可以达到平衡状态。

由图 10-37 可知，对于烧结阶段金属网带的加热很均匀，最高温度为 243℃，最低温度为 241℃，温差为 2℃。

（2）烧结阶段炉膛温度场仿真计算结果及分析　速度场分布如图 10-38、图 10-39 所示。

由图 10-38 可以看出，在烧结阶段炉膛内，由于气体受热膨胀，在炉膛内产生了空气自然对流的现象，除了红外灯管所处位置、网带和烧结制品共同组成的平面所处位置的速度为 0，沿炉膛宽度方向对称中心的气流速度较为均匀。

由图 10-39 可以看出，空气自然对流的最高气流速度出现在沿炉膛宽度边缘截面的中心处，约为 0.1m/s，由于气体受热往上扩散的关系，炉膛下半部分的气体由于受到网带所在平面阻挡，无法正常向上移动，而是贴着网带下表面沿着宽度方向漂移，但网带的宽度是 350mm，炉膛宽度为 600mm，在边缘处不受网带平面阻挡作用，从而在此处气流速度出现了最高值。除此之外，可认为空气对流在整个烧结阶段炉膛内较为均匀。

由图 10-40 可以看出，烧结阶段炉膛内炉膛底部及四周的温度较低（834℃），这是由于炉膛中存在空气自然对流引起的对流换热作用导致。在炉膛内空间靠近壁面的区域，空气自然对流的作用减弱，使得在这些区域没有得到

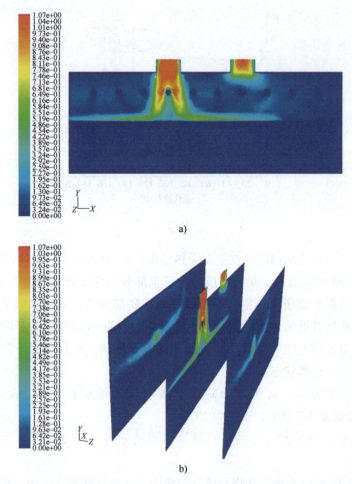

图 10-35　烘干阶段炉膛速度场分布

a）沿中心截面速度场分布　b）沿宽度方向不同截面速度场分布

足够的对流换热量，从而产生了在靠近炉膛壁面区域的温度较低，上、下两排红外管处的温度最高。除此之外，烧结阶段炉膛内的有效空间（上、下两排红外灯管之间的空间）的温度分布是比较均匀的。

　　由图 10-41 可知，有效空间内最高温度为 848℃，最低温度为 840℃，温差为 8℃。这说明红外辐射加热与对流换热的综合传热过程使得烧结阶段炉膛内的温度可以达到平衡状态，而且由图 10-36 可知，对于烧结阶段金属网带的加热也很均匀（95%以上面积的温度在 846~848℃）。

　　综上所述，太阳能电池烧结炉在烘干阶段（低温段）与烧结阶段（高温段）炉膛内的最大温差为 14℃，在±2%温差范围之内，因而温度均匀性总体上较好。

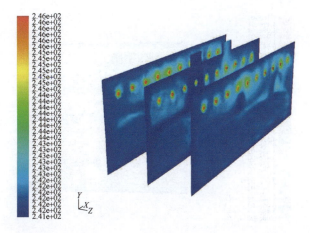

图 10-36 烘干阶段炉膛温度场沿宽度方向不同截面的分布

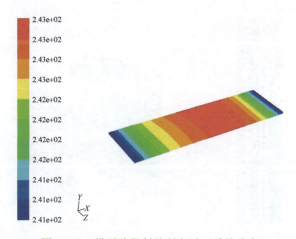

图 10-37 烘干阶段制品所在平面受热分布

4. 仿真计算结果的讨论

通过对烧结炉炉膛温度场的数值仿真计算可以得出，对于炉膛内的温度场数值仿真计算的温度值，最高工作温度与理论上设计的该阶段最高工作温度都存在一定的差异，引起这一差异的原因如下。

1）首先是计算模型的误差。数值仿真计算的模型忽略了炉内的一些结构，对模型做了适当的简化，并且其模型参数也有偏差，引起了计算的最高温度值与理论设定的温度值存在差异。

2）其次是热工过程的误差。在数值仿真计算时，将烘干阶段炉膛内的压力设定为一个近似恒定的压力值，但是在实际的加热过程中，由于炉膛内的气体

335

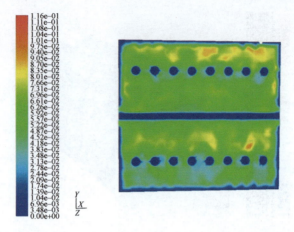

图 10-38　烧结阶段炉膛内沿宽度方向中心截面速度场分布

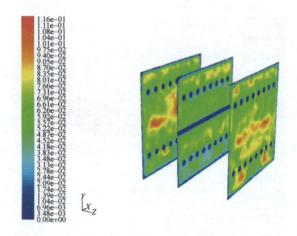

图 10-39　烧结阶段炉膛内沿宽度方向不同截面速度场分布

受热膨胀，因而炉膛内的压力值并不总是恒定不变的，气压会在微小的范围内波动。

但是由这些因素引起的误差不超过±5℃，因而模型仿真计算满足计算的精度。

最终的烧结炉产品外观如图 10-42 所示。

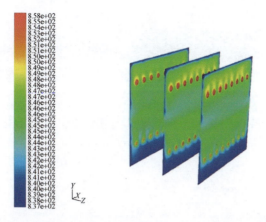

图 10-40　烧结阶段炉膛内沿宽度方向不同截面温度场分布

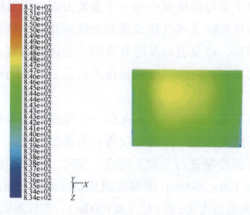

图 10-41　烧结阶段制品所在平面受热分布

图 10-42　烧结炉产品外观

第**11**章

海洋纵深温度分布实时探测系统设计与分析

海洋总面积约占全球表面积的71%，海洋中的任何变化都关系着人类生存环境的变化。海洋热学是海洋研究中的一个重要方面，而温度是海洋热学研究的先决条件，它能直接反映全球气候变化和全球海洋整体特征分布。深入了解海洋热学、海洋微结构，以及进行及时有效的环境保护研究，对温度测量提出了更精确、更快速的要求，海洋温度测量技术也是显示各国科学技术水平的重要标志之一。

海洋的纵深温度是表征海水热力状况的一个重要物理参数，对海洋运输安全、气象预报、海洋防灾减灾、国防建设等具有重要意义。为实现在恶劣的海况条件下对海洋纵深温度场进行长期、定点、实时、可靠的探测，须达到以下条件：①探测深度为 100~2000m；②温度定位精度满足±1m；③探测温度范围为 0~70℃；④温度测量精度为±0.1℃（≤1000m）；⑤探测周期小于60s。

目前，对于不同层面海水温度测量采用的测量手段不尽相同，如利用卫星检测、远程遥感遥控、红外测温进行海洋表面温度的测量，或者利用船体固定式温盐深（Conductance、Temperature、Depth，CTD）、拖曳式 CTD、抛弃式 CTD、浮标自返式 CTD 剖面仪进行海洋纵深温度检测。应用于全球海洋观测网计划（ARGO 计划）的 ARGO 浮标，也是从 CTD 技术发展而来的。ARGO 浮标的关键作用之一是提供次表层海洋的温度观测数据。用于 ARGO 计划的自持式剖面自动循环探测浮标布放后，在水中的停留状态可设置为三种：一是水面漂浮，进行卫星通信和定位 3~10h；二是停留在水下 1000m，并随着海流漂流 8~10h；三是采集起始，自动潜入 2000m 深的等密度层，到达预定时间后自动上升至海面，在上升过程中进行温度、盐度的剖面测量，大约需要 10h，到达海面后，将数据通过 ARGOS 卫星通信与定位和数据传输系统传给用户，完成一个测量周期，工作过程如图 11-1 所示。由此可见，利用这种方法进行 2000m 以下海洋纵深温度分布测量，测量周期长，而且探测浮标随波逐流，不能实现长期的定点测温。

图 11-1　浮标在水中的工作过程示意图

另外，由船载仪器配合绞车往返多次完成测量，会耗费大量人力和财力；采用传统潜标测量，则需要分层敷设多个传感器，不但大大增加了设备成本，也必然导致锚泊系统变得复杂，其现场操作难度也随之提高。随着海洋要素观测的需求越来越大，需要一些新型观测平台来弥补现有观测方法的不足。

光纤测温技术具有以下优势。

1）固有优点：体积小、质量小、可弯曲、电绝缘性好、柔性弯曲、耐腐蚀、测量范围大、灵敏度高。

2）用于温度测量时，还具有响应快、频带宽、防爆、防燃、抗电磁干扰等特点，广泛地应用于航天、航海、石油化工、电力工业、核工业、科学研究等技术领域。

3）分布式光纤温度传感器利用光纤作为温度信息的传感和传输介质，光纤设在整个温度场中，可实现沿光纤连续分布的温度场的分布式测量，测试用光纤的跨距可达几十千米，空间分辨率高、误差小，与单点或多点准分布测量相比具有较高的性能价格比。

基于以上优点，海洋温度的直接测量最终还要依靠探测主机、传感器、电源供应部件和通信设备完成，它们需要装载在一定的载体上，从而构成测量平台，本章要介绍的海表浮标除了为锚泊系统提供浮力，还起着测量载体的作用，它的设计直接影响锚泊系统的结构形式和系统的稳定性。锚泊系统是整个探测系统的重要组成部分，对于光纤信号传输、提高浮标稳定性、随波性及系统测量精度起着举足轻重的作用。

11.1　海表浮标机械结构设计方案

11.1.1　海洋纵深温度分布探测系统

海洋纵深温度分布探测系统利用分布式光纤作为传感器，利用拉曼散射原理进行测温，系统主要由三部分组成：上位机、浮标式搭载平台和锚泊系统，浮标式搭载平台主要由海表浮标、探测主机、传输传感光缆、太阳能供电系统、无线通信装置等组成。系统整体如图 11-2 所示。

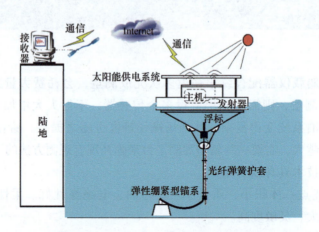

图 11-2　海洋纵深温度分布探测系统示意图

分布式光纤温度传感器通过在温度场中布置光纤，能够实时获取沿光纤全程分布的温度信息。光纤作为温度信号的传感和传输介质，跨距可达数十千米，具备较高的空间分辨率和较低的误差，性能优于传统的单点或多点测量系统。特别是在海洋纵深温度分布探测中，分布式光纤温度传感器能够在较短时间内采集大量数据，并且不受深海供电问题的限制，弥补了传统测温方法的不足。

11.1.2　浮标式搭载平台设计

浮标式搭载平台由海表浮标、能源保障系统、探测主机、传感器、通信系统五部分组成。海表浮标为整个搭载平台、锚泊系统提供浮力；能源保障系统是系统的核心，决定着探测主机能否正常工作；探测主机负责数据的采集、处理；传感器在主机的激励下，利用拉曼散射原理为主机提供数据；通信系统将经过探测主机处理过的数据实时发送到陆地的上位机。

1. 海表浮标机械结构设计方案

作为探测仪器的承载平台，海表浮标要实现在海洋环境中的稳定工作，须满足以下几项结构要求。

1）承受浮筒本身及搭载物（包括太阳能供电系统、探测主机、锚泊缆等）的总载荷。

2）承受一定范围内的风浪冲击时应保持稳定性，不能倾覆。

3）强度满足要求。

4）总体尺寸相对较小。

5）确保设备的密封性，耐腐蚀。

综合考虑以上因素，选用了三浮腔锥形浮标（见图 11-3）。三浮腔的紧凑布置提供了系统所需浮力，并且使浮标所用材料减少，整体尺寸减小；提供系统主要浮力的作用中心位于其中轴线上，形成一个"不倒翁式"的基本结构，增强了浮筒的抗横向载荷和抗倾覆性。同时，三浮腔的紧凑布置进一步保证了工作腔的密封性，优化了工作腔的环境。

2. 探测主机设计

目前，我国研制并生产的用于消防火灾探测的"线型光纤感温火灾探测器"专利技术，已通过国家消防产品鉴定中心的产品鉴定，并已用于高压电力电缆、变压器工作温度的探测。但是，由于本系统工作环境的特殊性，需要基于分布式光纤的拉曼散射原理，开发空间分辨率高、系统响应时间快和温度分

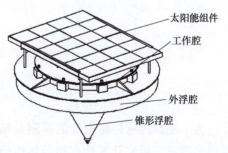

太阳能组件

工作腔

外浮腔

锥形浮腔

图 11-3　海表浮标机械结构设计方案

辨率高的小型化、低功耗探测主机，然后安置在漂浮于海面的浮标内。

海洋纵深温度探测系统根据拉曼散射原理，利用高温敏耐强压特种传输传感光缆进行测温，系统工作原理如图 11-4 所示。图中的 LD 驱动器驱动激光器

（Laser Diode，LD）发出一系列激光脉冲，通过耦合器注入传输传感光缆中，沿光缆向下垂直传播，沿途与传输传感光缆中的温度敏感介质发生作用，产生被光缆在该点温度调制了的激光雷达回波。回波信号返回至耦合器，再通过波分复用器分离出 Anti-stokes 光与 Stokes 光。Anti-stokes 光与 Stokes 光分别进入光电转换器 APD1 与 APD2 进行光电转换，再经放大器放大后进入信号采集和信号处理模块进行数据处理，解调出传输传感光缆各点分布的温度值。由于传输传感光缆是垂直锚定在海洋中的，因而其温度分布也就是海洋纵深温度分布。测得的海洋纵深温度分布数据通过无线通信模块经过 Internet 实时发射到上位机，通过界面显示给用户。

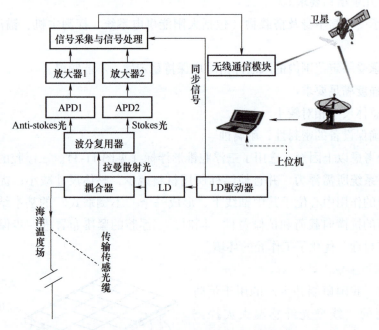

图 11-4　海洋纵深温度探测系统测温原理

3. 特种传输传感光缆

为了提高传感传输光缆的探测灵敏度，上海某电线电缆公司建立了专门的材料实验室，研究开发具有超导热性能的特种光纤材料和显著提高探测光缆温度灵敏度的光缆结构材料。由于数千米纵深的海洋具有超高的压力，探测光缆将经受成百上千个标准大气压的压力考验。综合通信光缆研制技术、海底光缆制造技术，专门设计开发了适用于超高压、高盐度海洋环境的特别结构的高强度探测光缆，其性能见表 11-1。

表 11-1　特种传输传感光缆性能

序号	检测项目		单位	检测结果
1	抗拉强度 (500N 保持 10min)	附加损耗（1300nm）	dB	试验中：0.01（最大） 试验后：0.00
		外观	—	试样光纤及其他组件 无结构性破坏
2	抗压强度	2000N 保持 1min	附加损耗 （1300nm）	dB	试验中：0.00
			外观	—	试样光纤及其他组件 无结构性破坏
		6000N 保持 1min	光纤通断	—	不断纤 （附加损耗：0.00dB）
			外观	—	试样光纤及其他组件 无结构性破坏
3	密度		g/cm³	1.409

特种传输传感光缆结构如图 11-5 所示。

4. 能源保障系统设计

由于太阳能光电转换技术较潮汐能、波浪能成熟，所以选用太阳能组件为探测系统提供能源保障。太阳能组件结构简单、功能可靠，可以增长探测系统的海上服役时间。太阳能供电系统包括光伏组件、光伏控制器、蓄电池组和逆变器，如图 11-6 所示。

5. 通信系统设计

在监测到海洋纵深温度场分布数据后，为了连续、自动地将每个探测点（浮体）的位置及该

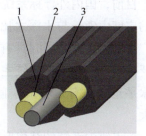

图 11-5　特种传输传感光缆结构
1—热敏护套　2—加强纤维绳
3—耐侧压温敏光纤

点的海洋纵深分布的温度数据发送到海洋环境监控数据处理中心，一般浮标上

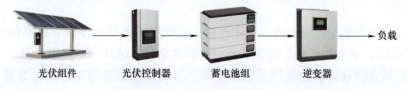

图 11-6　太阳能供电系统组成

光伏组件　　　光伏控制器　　　蓄电池组　　　逆变器　　　→ 负载

343

会安装一个全球定位系统（Global Positioning System，GPS）装置和无线数据发射器，通过无线通信系统，将相关数据发送到陆地上的数据处理中心。

目前的测试阶段，在探测主机上安装了一个码分多址（Code Division Multiple Access，CDMA）移动数据终端，通过无线通信系统发送数据，上位机通过域名访问

图 11-7　CDMA 移动数据终端实物

的方式获取相关测量数据。CDMA 移动数据终端实物如图 11-7 所示。

11.1.3　锚泊装置设计

锚泊系统是海洋浮标监测系统的核心组成部分，对保障系统的正常运行起着至关重要的作用。它的主要功能是为浮标系统提供稳定的锚泊力，确保浮标在恶劣的海洋环境中能够长期保持精确定位并稳定工作。因此，设计一个高效可靠的锚泊系统，是确保浮标系统正常运行的关键。

1. 浮标系统锚泊方式确定

目前，国内外浮标系统的锚泊方式主要分为单点锚泊和多点锚泊。单点锚泊的广度由索长与水深之比决定，且这一比值可以根据需要进行调整，从而实现广度的灵活变化。它具有结构简单、操作方便、经济耐用等特点，被国内外广泛应用。多点锚泊系统主要是多腿索式锚泊系统，其特点是可减少海表浮标的水平运动，有足够的空间安放仪器，寿命长，回收可靠性高，但投入费用较大。

单点锚泊系统的结构形式和种类较多，如下所示。

1）全锚链锚泊系统，适用于 90m 以内水深。

2）绷紧型锚泊系统，锚系长度小于水深，一般采用较大伸长率的缆索使系统呈绷紧状态。

3）半拉紧锚泊系统，适用于 60～600m 水深的海区，下端采用锚链与锚连接。

4）弹性绷紧型锚泊系统，利用连接在系统中的弹性元件调节系统在外力作用下的长度，系统始终处于绷紧状态，其缺点是容易破坏，不便于回收。

5）尼龙倒悬链锚泊系统，锚系上端、下端都用锚链与海表浮标与锚相连，中间段为尼龙编织绳和浮球。

6）聚丙烯-尼龙倒悬链锚泊系统，上下两端结构与5）相同，中间上部采用尼龙编织绳，下部为聚丙烯绳，利用聚丙烯绳的浮力形成倒悬链。

7）带水下浮标的悬链锚泊系统，由锚链、聚丙烯绳、水下浮标、包塑钢丝绳组成。

8）带水下浮标的水平锚泊系统，上端用锚链与浮标连接，中间为聚丙烯绳与水下浮标连接，水下浮标下为聚丙烯绳，通过锚链与锚相连。

由于测量目标为海洋纵深温度分布，传感器为分布式光纤，要求分布式光纤处于垂直状态，所以要求作为传感器载体的锚泊系统在水下工作时偏离垂线的倾角较小。所以，选择单点锚泊系统进行设计，采用半拉紧锚泊系统设计方案，如图 11-8 所示。

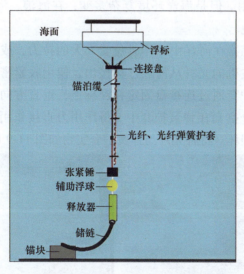

图 11-8　锚泊系统结构示意图

2. 锚泊系统组成

锚泊系统包括锚泊缆、光纤及光纤弹簧护套、张紧锤、辅助浮球、释放器、储链、锚块和辅助锚等。

（1）锚泊缆　锚泊缆选择是基于承载能力、自身质量和水中质量确定的。由于海表浮标体积较小，排水量有限，锚泊缆上的张力有限，但考虑到恶劣海况的影响，应该选取较大的安全系数。不旋转钢丝绳技术参数：公称直径为6mm，近似质量为 14kg/100m，公称抗拉强度为 1470MPa，最小破断拉力为17.3kN。海表浮标全部浸没水中，其浮力为 4.67kN，选取直径为 6mm 的钢丝绳，安全系数可以达到 4 以上，能够满足海上正常工作运行的需要。

受海表浮标体积的限制，其正浮力是有限的，并且要由浮标带动锚泊缆、测试主机和供电设备等，锚泊缆不能过重，尤其水中质量要严格控制。选用的1000m 长引导缆的水中质量大约为 110kg。

综合以上要求，选用的锚泊缆内芯为 ϕ6mm 优质钢丝绳，表面镀锌处理，外面进行注塑封装处理后直径为 10mm。它的刚性和韧性适中，具有一定的抗拉伸性能，同时又具有较高的防腐蚀能力。锚泊缆注塑层选用聚丙烯（PP），熔融温度约为 174℃，密度为 0.91g/cm³。聚丙烯强度高，硬度大，耐磨，耐弯曲疲劳，耐热达 120℃，耐湿和耐化学性均佳，容易加工成型，价格低廉。

（2）光纤及光纤弹簧护套　海洋纵深垂直温度场分布探测系统采用分布式光纤作为温度传感器，此特种光纤在水中处于临界悬浮状态，所以理论上光纤在水中不受力的作用。但是海洋环境复杂多变，在海浪、海流的联合作用下，光纤的损坏无法避免。

为保证光纤传感器在海洋中工作时免受太大的拉力，或因被生物啃食等而破损，将经过探测主机的光纤从海表浮标接出，使用收紧密封装置将其固定在海表浮标上。弹簧护套通过连接盘固定在浮标上，垂直方向上隔段与锚泊缆连接，光纤的水下部分空套在弹簧护套中，将作用力直接作用在浮标上，避免光纤受竖直方向力而损坏。特种光纤与弹簧护套实物如图 11-9 所示。

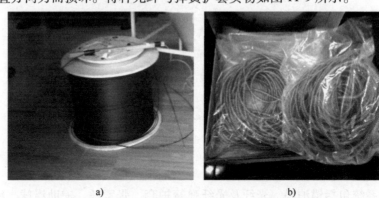

a)　　　　　　　　　　　　　　b)

图 11-9　特种光纤与弹簧护套实物

a）特种光纤　b）弹簧护套

（3）张紧锤　锚泊系统中的张紧锤装于锚泊缆下部，起到绷直锚泊缆的作用。张紧锤采用分体式设计，质量可根据水深和海况进行调节。张紧锤由焊有托盘的不锈钢中心对称轴和套在其上的数个中心有孔的圆柱形和圆台形铅砖组成。中心轴上下预留圆孔，以方便和其他部件连接。这种结构还具有造价低、便于运输等优点。

（4）辅助浮球　由于海表浮标可提供的浮力有限，辅助浮球用于承载声学释放器与储链的质量。为了扩展测量项目的需要，还可以在浮球内部放入其他测量设备，增加保护壳以方便浮球的安装连接，同时对浮球进行保护，如图11-10 所示。

a)　　　　　　　　　　　　　　　　b)

图 11-10　辅助浮球

a）玻璃浮球　b）浮球保护壳

玻璃浮球具有成本低、防腐蚀、易于使用、无污染、质量小和坚固的特点。Benthos 公司生产的深海玻璃浮球采用先进的集成工艺和密封方法，可确保浮球在极限海况下保持高度可靠。玻璃浮球技术参数见表11-2。

表 11-2　玻璃浮球技术参数

型号	外径/cm	浮力/kgf	深度范围/m
2040-10V	25.40	4.5	9000
2040-13V	33.02	10.4	9000
2040-17V	43.18	25.4	6700

（5）释放器　释放器是保证系统安全回收的关键设备，本系统采用声学释放器，应用水声通信原理，通过一对水声换能器进行通信，控制释放机构执行脱钩动作，释放锚块，使浮体带着仪器上浮。

本系统所选用的释放器如图 11-11 所示，其参数见表11-3。

表 11-3　释放器参数

型号	OCEANO LIGHT
外形尺寸	长 630cm，直径 10cm
工作水深	1000m

（续）

空气中的质量	10kg
外壳材料	不锈钢

（6）储链　为了保证锚泊系统在极端海况（如巨浪或涨潮、退潮等）下不被破坏，拟在张紧锤和锚块之间连接一段长度为20m左右的储链，如图11-12所示。当涨潮时，海平面会上升十几米甚至二十几米，海面浮标的浮力会将储链拉起，使海表浮标所受锚泊系统的作用力减小，避免其在极限海况下的破坏；当退潮时，储链的绝大部分接触海底，这时锚泊缆依靠张紧锤的作用，仍然处于比较悬直的状态。储链在整个过程中起到了增长或缩短锚泊系统长度的目的，从而保证探测系统在极端海况下正常工作。

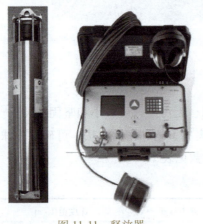 

图 11-11　释放器　　　　　　　　　　　　　图 11-12　储链

（7）锚块和辅助锚　锚块和辅助锚起定位的作用，为了方便运输和海上投放，锚块采用分体组装的方法，组装块采用铸铁材料。

11.2　锚泊系统的受力分析和姿态计算

为确保所配置的锚泊系统能在水下长期可靠地工作，对锚泊系统各部分水下的受力状况和姿态进行计算。计算中首先对锚泊系统进行合理的简化和假设，对锚泊系统工作的海洋环境进行研究，建立水下系统的数学模型，完成系统的结构配置、受力分析和水下姿态的计算。

11.2.1　锚泊系统模型简化

为方便锚泊系统数学模型的建立与力学分析的进行，对锚泊系统进行如下假设。

1）锚泊系统中使用的锚块足够重，能够将锚泊缆固定在海底。

2）锚泊缆被分段后视为刚体，不考虑其变形。

3）锚泊系统中的其他部件（除锚泊缆外）视为刚体，并通过球铰链连接相邻部件。

4）忽略弹簧护套和光纤的影响。弹簧护套固定在锚泊缆上，能够适应锚泊缆的位置和形状变化；光纤空套在弹簧护套内，且在水中处于临界悬浮状态，不受外力作用。

5）由于海表浮标体积较小，忽略风力对其的作用。

6）假设各部件的重心、流力（流体对物体施加的力）作用点和浮心位于同一点。

11.2.2　海洋环境边界条件设定

设定某一满足绝大部分海区的海洋环境条件，进行锚泊系统的受力分析和姿态计算，进而确定锚泊系统各部分的最终配置。在进行锚泊系统设计时，要根据布放海区的海流分布和变化情况选取锚泊系统工作海流，全海区表层流速记录极值及工作极值见表 11-4，再现风险率为 1% 时的部分海峡表层流速承受极值见表 11-5。

表 11-4　全海区表层流速记录极值及工作极值　　　（单位：cm/s）

项目	渤海	黄海	东海	南海	东海杭州湾全海区
记录极值	347	288	326	299	—
时间风险率为 1% 工作极值	108	129	231	195	231
时间风险率为 5% 工作极值	77	82	180	154	180
时间风险率为 10% 工作极值	61	62	152	129	152
时间风险率为 20% 工作极值	46	46	129	103	129

注：时间风险率为某要素在严酷月出现不大于某特定值的次数占时间记录总次数的百分数。

从表 11-4 中可以看出，在渤海、黄海、南海，表层流速为 200cm/s 的时间风险率为 1%，在东海杭州湾的时间风险率小于 5%。所以，本锚泊系统设计工作极值选择 200cm/s，可满足绝大多数的海区要求。

表 11-5 部分海峡表层流速承受极值   （单位：cm/s）

预期暴露期/年		2	5	10	25
海峡	马六甲海峡	185	204	219	239
	台湾海峡	235	269	294	328
	朝鲜海峡	265	306	338	381
	渤海海峡	263	306	339	382
	宫古海峡	207	229	245	268
	大隅海峡	227	250	268	291

表 11-5 显示了部分海峡的表层流速承受极值，其再现风险率为 1%，预期暴露期为 2 年、5 年、10 年、25 年。目前，我国海洋探测系统的水下工作周期一般为 3 个月，均小于表 11-5 所列的预期暴露期，如果预期暴露期降到半年以下，大部分海峡的表层流速承受极值均小于 200cm/s，因此按设定的设计工作极值所设计的锚泊系统也可布放在部分海峡区域。

综合表 11-4 和表 11-5，设计时将表层流速 100cm/s 作为系统的配置和力学计算的基础，同时将校核系统在极小流速条件下和在 200cm/s 极限流速条件下系统是否符合总体设计要求。

11.2.3 锚泊系统建模分析

1. 坐标系的定义与模型的建立

采用多刚体球铰链模型对锚泊缆进行离散化处理，即将锚泊缆划分为若干个刚性小段，并通过球铰链将它们连接起来，这种模型一方面可以反映锚泊缆的实际受力与变形情况，另一方面能有效地处理大变形问题。在此模型的基础上，建立锚泊缆的动力学方程。

假设将锚泊缆离散成 x 微段，每一段相当于一个部件，连同锚泊系统的其他 y 个部件，此锚泊系统总的部件数 $n = x + y$。将这 n 个部件按照从上到下的顺序编号，最上面的海表浮标为第 1 个部件，锚块为第 n 个部件。

以锚块的固定点为坐标原点，竖直向上为 z 轴，按右手定则建立空间坐标系，x 轴和 y 轴在水平面内。第 i 个部件在坐标系中所处位置及受力如图 11-13 所示。

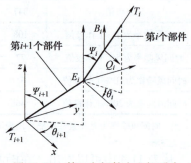

图 11-13 第 i 个部件在坐标系中所处位置及受力

2. 受力分析

水流作用于第 i 个部件上的力为

$$Q_i = \sqrt{Q_{ix}^2 + Q_{iy}^2 + Q_{iz}^2} \qquad (11\text{-}1)$$

式中，Q_{ij} 是水流作用于第 i 个部件在 j（x、y 或 z）方向上的力。

$$Q_{ij} = \frac{\rho_w C_{ij} A_{ij} U_i U_{ij}}{2} \qquad (11\text{-}2)$$

式中，ρ_w 是第 i 个部件所在水体的密度；C_{ij} 为一系数（数值大小与水体雷诺数及第 i 个部件的形状和部件表面光滑程度有关）；A_{ij} 为此部件与 j（x、y 或 z）方向相垂直的截面积；U_i 是第 i 个部件所在水体的流速大小，$U_i = \sqrt{U_{ix}^2 + U_{iy}^2 + U_{iz}^2}$；$U_{ij}$ 是第 i 个部件所在水体的流速在 j（x、y 或 z）方向上的流速分量。

静力分析中，假定锚泊系统在水中有一个稳定状态，在系统达到稳定状态后，对每一个部件进行受力分析，根据图 11-13 中第 i 个部件的受力分析，沿 x、y、z 方向分别受力平衡，得到 3 个受力平衡方程，并组成方程组为

$$\begin{cases} Q_{ix} + T_i\cos\theta_i\sin\psi_i = T_{i+1}\cos\theta_{i+1}\sin\psi_{i+1} \\ Q_{iy} + T_i\sin\theta_i\sin\psi_i = T_{i+1}\sin\theta_{i+1}\sin\psi_{i+1} \\ B_i g + Q_{iz} + T_i\cos\psi_i = T_{i+1}\cos\psi_{i+1} \end{cases} \qquad (11\text{-}3)$$

式中，Q_{ix}、Q_{iy} 和 Q_{iz} 分别是第 i 个部件上的水流作用力 Q_i 在 x、y、z 方向上的分量；$B_i g$ 是第 i 个物体受到的正浮力（B_i 为质量，g 为重力加速度）；T_i、T_{i+1} 分别是相邻的上下两个部件受到的拉力；ψ_i、ψ_{i+1} 分别是第 i 个和第 $i+1$ 个部件与 z 轴的夹角；θ_i、θ_{i+1} 分别是第 i 个和第 $i+1$ 个部件在 xy 平面上的投影与 x 轴的夹角。

在锚泊系统各部分配置和海况确定的情况下，Q_{ix}、Q_{iy}、Q_{iz} 和 B_i 为已知量，其余 6 个参数为未知量。在锚泊系统中，对于每个部件来说，都有 3 个方程和 6 个未知量。但是第 1 个部件由于上面没有部件，故不受上面部件的拉力，即 $T_i = 0$，所以对于第 1 个部件，方程组（11-3）变为

$$\begin{cases} Q_{1x} = T_2\cos\theta_2\sin\psi_2 \\ Q_{1y} = T_2\sin\theta_2\sin\psi_2 \\ B_1 g + Q_{1z} = T_2\cos\psi_2 \end{cases} \qquad (11\text{-}4)$$

这样对于第 1 个部件来说，只有 3 个方程 3 个未知量，通过解以上方程组可以得到 T_2、ψ_2 和 θ_2 的值。将第 1 个部件的方程组解得的 3 个值作为已知量带入第 2 个部件的方程组 [见式（11-5）]，得到一个 3 个方程 3 个未知量的方程组，解此方程组可得 T_3、ψ_3 和 θ_3 的值，再往下迭代入第 3 个部件的方程组，如此往

复迭代到最下端的锚块，从而可以确定锚泊系统中所有部件的受力情况。

$$\begin{cases} Q_{2x}+T_2\cos\theta_2\sin\psi_2=T_3\cos\theta_3\sin\psi_3 \\ Q_{2y}+T_2\sin\theta_2\sin\psi_2=T_3\sin\theta_3\sin\psi_3 \\ B_2g+Q_{2z}+T_2\cos\psi_2=T_3\cos\psi_3 \end{cases} \tag{11-5}$$

3. 各部件位置的确定

锚泊系统中第 i 个部件在所设定的空间坐标系里的位置用（x_i, y_i, z_i）表示，如图 11-13 所示，根据几何关系得

$$\begin{cases} x_i=x_{i+1}+l_i\cos\theta_i\sin\psi_i \\ y_i=y_{i+1}+l_i\sin\theta_i\sin\psi_i \\ z_i=z_{i+1}+l_i\cos\psi_i \end{cases} \tag{11-6}$$

式中，l_i 是第 i 个部件的长度；ψ_i 是第 i 个部件与 z 轴的夹角；θ_i 是第 i 个部件在 xy 平面上的投影与 x 轴的夹角；（x_{i+1}, y_{i+1}, z_{i+1}）是第 $i+1$ 个部件在所设定的空间坐标系中的坐标。

设定的空间坐标系以锚块的固定点为坐标原点，所以第 n 个部件即锚块的坐标 $(x_n, y_n, z_n)=(0, 0, 0)$。利用受力分析方程组计算出的各个部件的张力和倾角，结合每个部件的长度，从下向上迭代计算出每个部件在设定空间坐标系中的位置。

11.2.4 各部件的受力分析和姿态计算

上述通过假设将锚泊系统分析模型进行了简化，确定了设计海况及各部件受力分析和姿态的计算方法，本节采用 MATLAB 为辅助工具，对锚泊系统各部分配置进行分析和优化，确保系统在水下可以稳定工作。

1. 仿真模型的建立

Mooring Design & Dynamics 是 MATLAB 中针对海洋锚泊系统设计和分析的工具箱，由 Richard K. Dewey 于 1999 年提出，一直沿用至今，其设计界面如图 11-14所示。

实际情况下，海表浮标承受浮标自身、探测主机、太阳能供电系统、水下锚泊系统等的质量，为适应仿真环境，将海表浮标简化为浮球，将浮标、探测主机及太阳能供电系统的质量之和作为浮球自重，并让浮球承担水下设备的质量。锚泊系统质量分布见表 11-6。

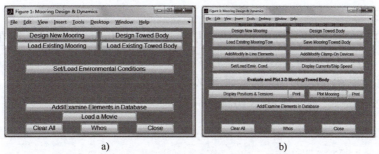

图 11-14　Mooring Design & Dynamics 界面

a）开始菜单　b）主菜单

表 11-6　锚泊系统质量分布

项目	探测主机	供电系统	浮标	锚泊缆	张紧锤
质量/kg	10	45	145	110	20

因此，海表浮球质量为 200kg，安全系数设为 2，即 400kg，以满足实际要求。锚泊系统选用的注塑钢缆，内芯直径为 6mm，优质钢丝绳表面镀锌处理，外面进行注塑封装处理后直径为 10mm，近似质量为 14kg/100m。张紧锤质量为 20kg，为光缆提供张紧力。辅助浮球承担声学释放器和锚链质量，声学释放器外形尺寸为 630cm×10cm，重量为 10kg，锚链选用"1/2 chain SL"。在分析中假设锚块质量足够，所以在设计中选择"4 Railway Wheels"为系统提供足够的锚泊力。

综合上述各部件的参数设置，建立锚泊系统分析模型，如图 11-15 所示。

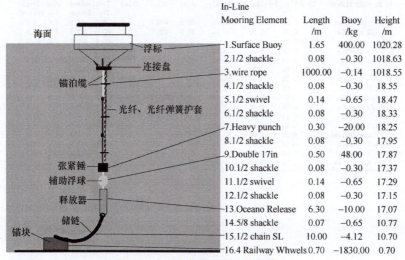

图 11-15　锚泊系统分析模型建立

2. 环境参数设置

由 11.2.2 小节的分析可知，将表层流速设为 100cm/s，校核系统在极小流速条件下和在 200cm/s 极限流速条件下是否符合总体设计要求。通过环境参数设置界面（见图 11-16）设置水深 1000m，海流速度分别为 100cm/s、50cm/s、0cm/s、200cm/s，海水密度为 1024g/cm^3。

图 11-16　环境参数设置界面

3. 计算结果及分析

仿真模型和环境参数设置完成后，单击图 11-14b 中的 Evaluate and Plot 3-D Mooring/Towed Body 按钮，对不同参数设置下的模型分别进行计算，在 100cm/s、50cm/s、0cm/s、200cm/s 的流速情况下锚泊系统计算收敛。

单击图 11-14b 中的 Display Positions & Tensions 按钮，得到各环境参数下各部分的受力与姿态计算结果。图 11-17～图 11-20 所示分别为 100cm/s、50cm/s、0cm/s、200cm/s 流速情况下各部件分析计算输出结果。

#	In-Line Mooring Element	Length[m]	Buoy[kg]	Height[m] (middle)	dZ[m]	dX[m]	dY[m]	Tension[kg] Top	Tension[kg] Bottom	Angle[deg] Top	Angle[deg] Bottom
1	Surface Buoy	1.65	400.00	880.34	80.0	485.3	0.0	0.0	403.9	4.0	8.0
2	1/2 shackle	0.08	-0.30	879.48	80.0	485.2	0.0	403.9	403.6	8.0	8.0
3	wire rope	1000.31	-0.14					403.6	286.6	8.0	41.8
4	1/2 shackle	0.08	-0.30	14.12	-6.8	11.7	0.0	286.6	286.4	41.8	41.8
5	1/2 swivel	0.14	-0.65	14.03	-6.6	11.6	0.0	286.4	285.9	41.8	41.9
6	1/2 shackle	0.08	-0.30	13.95	-6.5	11.5	0.0	285.9	285.7	41.9	42.0
7	Heavy punch	0.30	-20.00	13.81	-6.1	11.4	0.0	285.7	271.1	42.0	44.8
8	1/2 shackle	0.08	-0.30	13.67	-5.8	11.3	0.0	271.1	270.9	44.8	44.8
9	Double 17in	0.50	48.00	13.47	-5.3	11.1	0.0	270.9	306.8	44.8	38.5
10	1/2 shackle	0.08	-0.30	13.26	-4.9	10.9	0.0	306.8	306.6	38.5	38.5
11	1/2 swivel	0.14	-0.65	13.17	-4.9	10.8	0.0	306.6	306.1	38.5	38.6
12	1/2 shackle	0.08	-0.30	13.08	-4.9	10.7	0.0	306.1	305.9	38.6	38.6
13	Oceano Release	6.30	-10.00	10.59	-5.6	8.7	0.0	305.9	298.1	38.6	39.9
14	5/8 shackle	0.07	-0.65	8.11	-6.3	6.8	0.0	298.1	297.6	39.9	39.9
15	1/2 chain SL	10.00	-4.12					297.6	267.3	39.9	45.3
16	4 Railway Wheels	0.70	-1830.00	0.35	0.0	0.0	0.0	267.3		45.3	

图 11-17　100cm/s 流速时的分析计算输出结果

```
    In-Line
 #  Mooring Element  Length[m] Buoy[kg] Height[m]  dZ[m]  dX[m]  dY[m]  Tension[kg]   Angle[deg]
                                       (middle)                        Top    Bottom Top  Bottom
 1  Surface Buoy        1.65   400.00   999.54    -38.6  179.3   0.0    0.0   308.6   0.0   0.0
 2  1/2 shackle         0.08    -0.30   998.68    -38.6  179.3   0.0  308.6   308.3   0.0   0.0
 3  wire rope        1000.22    -0.14                                 308.3   172.4   0.0  17.9
 4  1/2 shackle         0.08    -0.30    17.68    -10.5    5.3   0.0  172.4   172.2  17.9  18.0
 5  1/2 swivel          0.14    -0.65    17.57    -10.3    5.3   0.0  172.2   171.5  18.0  18.0
 6  1/2 shackle         0.08    -0.30    17.47    -10.1    5.3   0.0  171.5   171.3  18.0  18.1
 7  Heavy punch         0.30   -20.00    17.29     -9.7    5.2   0.0  171.3   152.5  18.1  20.3
 8  1/2 shackle         0.08    -0.30    17.11     -9.3    5.2   0.0  152.5   152.2  20.3  20.3
 9  Double 17in         0.50    48.00    16.84     -8.8    5.1   0.0  152.2   197.7  20.3  15.7
10  1/2 shackle         0.08    -0.30    16.56     -8.3    5.0   0.0  197.7   197.4  15.7  15.7
11  1/2 swivel          0.14    -0.65    16.46     -8.3    4.9   0.0  197.4   196.7  15.7  15.7
12  1/2 shackle         0.08    -0.30    16.35     -8.3    4.9   0.0  196.7   196.5  15.7  15.8
13  Oceano Release      6.30   -10.00    13.28     -8.4    4.0   0.0  196.5   186.9  15.8  16.6
14  5/8 shackle         0.07    -0.65    10.22     -8.5    3.2   0.0  186.9   186.3  16.6  16.6
15  1/2 chain SL       10.00    -4.12                                 186.3   147.5  16.6  20.7
16  4 Railway Wheels    0.70 -1830.00     0.35      0.0    0.0   0.0  147.5          20.7
```

图 11-18　50cm/s 流速时的分析计算输出结果

```
    In-Line
 #  Mooring Element  Length[m] Buoy[kg] Height[m]  dZ[m]  dX[m]  dY[m]  Tension[kg]   Angle[deg]
                                       (middle)                        Top    Bottom Top  Bottom
 1  Surface Buoy        1.65   400.00   999.53    -38.3  131.9   0.0    0.0   296.2   0.0   0.0
 2  1/2 shackle         0.08    -0.30   998.62    -38.2  131.9   0.0  296.2   295.9   0.0   0.0
 3  wire rope        1000.21    -0.14                                 295.9   167.7   0.0  56.1
 4  1/2 shackle         0.08    -0.30    13.76     -6.6    8.4   0.0  167.7   167.5  56.1  56.1
 5  1/2 swivel          0.14    -0.65    13.70     -6.4    8.3   0.0  167.5   167.1  56.1  56.1
 6  1/2 shackle         0.08    -0.30    13.64     -6.2    8.2   0.0  167.1   167.0  56.1  56.1
 7  Heavy punch         0.30   -20.00    13.54     -5.9    8.1   0.0  167.0   156.8  56.1  66.5
 8  1/2 shackle         0.08    -0.30    13.44     -5.7    8.0   0.0  156.8   156.7  66.5  70.1
 9  Double 17in         0.50    48.00    13.33     -5.3    7.8   0.0  156.7   184.6  70.1  17.9
10  1/2 shackle         0.08    -0.30    13.21     -4.9    7.7   0.0  184.6   184.4  17.9  17.9
11  1/2 swivel          0.14    -0.65    13.10     -4.9    7.6   0.0  184.4   183.8  17.9  25.1
12  1/2 shackle         0.08    -0.30    13.00     -4.9    7.6   0.0  183.8   183.6  25.1  25.1
13  Oceano Release      6.30   -10.00    10.15     -5.3    6.5   0.0  183.6   176.9  25.1  37.7
14  5/8 shackle         0.07    -0.65     7.32     -5.6    5.4   0.0  176.9   176.5  37.7  38.6
15  1/2 chain SL       10.00    -4.12                                 176.5   154.4  38.6  90.3
16  4 Railway Wheels    0.70 -1830.00     0.37     -0.0    0.0   0.0  154.4          90.3
```

图 11-19　0cm/s 流速时的分析计算输出结果

```
    In-Line
 #  Mooring Element  Length[m] Buoy[kg] Height[m]  dZ[m]  dX[m]  dY[m]  Tension[kg]   Angle[deg]
                                       (middle)                        Top    Bottom Top  Bottom
 1  Surface Buoy        1.65   400.00   660.99    302.1  744.1   0.0    0.0   419.7   8.8  17.6
 2  1/2 shackle         0.08    -0.30   660.14    302.1  743.9   0.0  419.7   419.4  17.6  17.7
 3  wire rope        1000.34    -0.14                                 419.4   338.6  17.7  63.8
 4  1/2 shackle         0.08    -0.30     8.80     -1.6   15.8   0.0  338.6   338.4  63.8  63.9
 5  1/2 swivel          0.14    -0.65     8.75     -1.5   15.7   0.0  338.4   338.1  63.9  64.0
 6  1/2 shackle         0.08    -0.30     8.70     -1.3   15.6   0.0  338.1   338.0  64.0  64.0
 7  Heavy punch         0.30   -20.00     8.62     -1.0   15.5   0.0  338.0   329.7  64.0  67.1
 8  1/2 shackle         0.08    -0.30     8.54     -0.8   15.3   0.0  329.7   329.6  67.1  67.2
 9  Double 17in         0.50    48.00     8.43     -0.4   15.0   0.0  329.6   351.0  67.2  59.9
10  1/2 shackle         0.08    -0.30     8.31     -0.0   14.8   0.0  351.0   350.9  59.9  60.0
11  1/2 swivel          0.14    -0.65     8.26     -0.1   14.7   0.0  350.9   350.6  60.0  60.1
12  1/2 shackle         0.08    -0.30     8.20     -0.2   14.6   0.0  350.6   350.4  60.1  60.1
13  Oceano Release      6.30   -10.00     6.61     -1.8   11.8   0.0  350.4   345.5  60.1  61.6
14  5/8 shackle         0.07    -0.65     5.03     -3.3    9.0   0.0  345.5   345.2  61.6  61.6
15  1/2 chain SL       10.00    -4.12                                 345.2   327.7  61.6  67.7
16  4 Railway Wheels    0.70 -1830.00     0.35      0.0    0.0   0.0  327.7          67.7
```

图 11-20　200cm/s 流速时的分析计算输出结果

在设定流速为 100cm/s 的情况下，由图 11-17 整理可得，各部件上下端受力及倾角情况见表 11-7。浮筒倾角为 4°，锚泊缆倾角为 8°，均在设计允许范围内；锚泊缆所受最大拉力为 403.6kgf，由于所选注塑光缆的最小破断力为 17.3kN，所以安全系数大于 4，满足设计要求；锚块所受拉力为 267.3kgf，乘以安全系数 2，锚块的设计质量为 534.6kg。

表 11-7 100cm/s 流速时锚泊系统各部件上下端受力及倾角情况

名称	拉力/kgf		倾角/(°)
	上端	下端	
浮标	0	403.9	4.0
锚泊缆	403.6	286.6	8.0
张紧锤	285.7	271.1	42.0
辅助浮球	270.9	306.6	44.8
释放器	305.9	298.1	38.6
储链	297.6	267.3	39.9
锚块	267.3	—	45.3

在设定流速为 50cm/s、0cm/s 的情况下，由图 11-18、图 11-19 整理可得，各部件上下端受力及倾角情况见表 11-8 和表 11-9。两种情况下，浮筒与锚泊缆的倾角都为 0°，锚泊缆所受的最大拉力均小于 403.9kgf，锚块所受拉力均小于设计海况下的结果。流速为 0cm/s 时，由于水深为 1000m，张紧锤、释放器、储链都在海底，所以倾角突变较大。综上分析，在极小流速条件下，系统符合总体设计要求。

表 11-8 50cm/s 流速时锚泊系统各部件上下端受力及倾角情况

名称	拉力/kgf		倾角/(°)
	上端	下端	
浮标	0	318.9	0
锚泊缆	318.6	181.9	0
张紧锤	180.7	161.8	18.0
辅助浮球	161.5	207.2	18.1
释放器	206.0	196.4	15.8
储链	195.8	156.7	16.6
锚块	156.7	—	20.7

表 11-9 0cm/s 流速时锚泊系统各部件上下端受力及倾角情况

名称	拉力/kgf		倾角/(°)
	上端	下端	
浮标	0	135.1	0
锚泊缆	134.8	6.9	0
张紧锤	7.7	26.5	153.7
辅助浮球	26.8	21.2	179.5
释放器	20.0	10.0	0.5
储链	9.4	31.9	10.8
锚块	31.9	—	180.0

在 200cm/s 极限流速条件下，由图 11-20 整理可得，锚泊系统各部件上下端受力及倾角情况见表 11-10，锚泊缆受到的最大拉力为 419.5kgf，小于其最小破断力，锚块所受的拉力 327.7kfg，小于其设计重力 534.6kgf，所以本系统在极限海况下不会被破坏，符合总体设计要求。

表 11-10 200cm/s 流速时锚泊系统各部件上下端受力及倾角情况

名称	拉力/kgf		倾角/(°)
	上端	下端	
浮标	0	419.8	8.8
锚泊缆	419.5	338.6	17.7
张紧锤	338.1	329.7	64.0
辅助浮球	329.7	351.1	67.2
释放器	350.5	345.6	60.1
储链	345.3	327.7	61.7
锚块	327.7	—	67.7

流速 $v = 100$cm/s、50cm/s、0cm/s 和 200cm/s 的情况下，各部件位置如图 11-21 所示。由图 11-21a 可知，设计流速 $v = 100$cm/s 时，浮标潜在水下，所以底部储链的设计长度应该加长，以使得系统在设计流速海况下能正常工作。

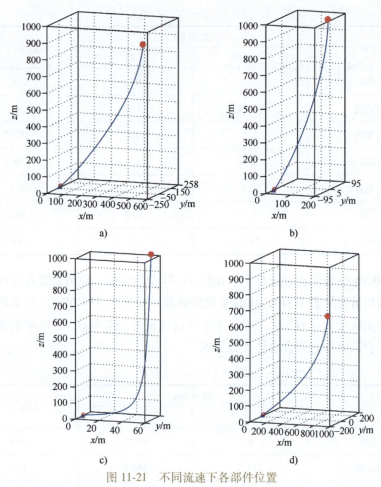

图 11-21 不同流速下各部件位置

a）流速 $v=100\text{cm/s}$ b）流速 $v=50\text{cm/s}$ c）流速 $v=0\text{cm/s}$ d）流速 $v=200\text{cm/s}$

11.3 海表浮标结构设计与制造

11.3.1 海表浮标结构设计

海表浮标作为整个探测系统的支承部分，为系统正常工作提供浮力的同时，其结构设计也影响着探测主机、通信系统、太阳能供电系统的安装形式。海表浮标在波浪力作用下产生的摇荡运动，会导致海表浮标的倾覆和撞击，这将直接影响海表浮标的稳定性和其上设备的安全性。因此，对海表浮标在波浪中摇荡运动的研究是海表浮标水动力分析的一个重要组成部分。可以采用波浪理论和数值方法预测海表浮标在波浪中的运动响应，也可以采用模型试验的方法获得。本节采用波浪理论和数值方法对在波浪中运动的海表浮标的水动力系数、波浪力及运动响应进行了计算，最终确定了海表浮标的设计结构。

1. 海表浮标方案设计

海洋纵深温度场分布实时探测系统要实现在海洋环境中稳定工作，海表浮标须满足以下几点结构要求。

1）承受浮标本身及搭载物，包括太阳能供电系统、探测主机、通信系统等负载。

2）承受一定范围的风浪冲击，保持稳定性，不能倾覆。

3）强度满足要求。

4）总体尺寸相对较小。

5）确保设备的密封性，耐腐蚀。

圆盘形是浮标比较常见的结构，其在水中的稳定性、抗倾覆性较好，但圆盘形海洋浮标结构都比较复杂，其浮腔为整体式布置或零散布置。浮腔整体式布置使得腔体尺寸较大且腔体内部结构复杂；浮腔零散布置有多个浮腔，但由于浮腔的分布不紧凑，导致横向或纵向尺寸比较大。一般整体式海洋浮标的直径都可达到 3m 以上，零散布置的海洋浮标的纵向尺寸一般达到 5m 以上。大尺寸的海洋浮标加大了海上布放的难度，同时提高了浮标的制作成本。

为了满足以上要求，海表浮标的具体机械结构如图 11-22 所示，它采用三浮腔紧凑布置，该结构不仅保证了浮标的浮力，而且减小了浮标的尺寸，增强了浮标的抗倾覆性。该浮标的浮腔分为工作浮腔、外浮腔和锥形腔。工作浮腔放置供电装置和探测主机，并且为浮标提供主要浮力；外浮腔是一个中空的环形结构，焊接在工作浮腔的外围，为浮标提供附加浮力的同时，增加了浮标的稳定性；锥形腔除了为浮标提供部分浮力，其锥形结构可以减缓浮标所受的横向冲击，增强了浮标的抗倾覆性。三浮腔的紧凑布置提供了浮标所需的浮力，并且使浮标所用材料减少，整体尺寸减小，增强了浮标的抗横向载荷和抗倾覆性。同时，三浮腔的紧凑布置进一步保证了工作浮腔的密封性，优化了工作浮腔的环境。

为了便于连接特种光纤并增加不锈钢锥体的刚性，过锥体中心从上到下穿有钢管；锥体下部安装有收紧密封套，以增加整体结构的密封性；锥体下部焊有 4 个带孔连接板，方便引导缆连接；考虑到运输的需要，外浮腔外对称地焊接着 4 个吊环；为了防止浮标变形，浮标表面内外的受力部位都焊接着加强筋；支架用来放置海表浮标，方便陆地的运输、调试。海表浮标设计效果如图 11-23 所示。

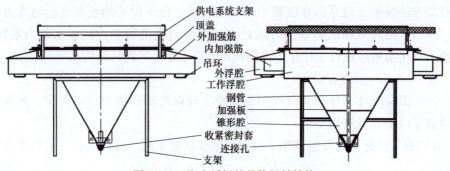

图 11-22　海表浮标的具体机械结构

图 11-23　海表浮标设计效果

2. 海表浮标参数确定

在极限海况下，浮标有可能没入水中，使浮标离水面的最大距离可能达到30m。这就要求浮标有一定的耐压能力，下面进行水下 30m 耐压条件下，浮标壁厚的分析计算。

拉普拉斯根据无力矩理论首先导出了微体平衡方程式，在任意一回转壳体的任意位置取一块微体，根据微体上各分力的静平衡关系，可得微体平衡方程式，即

$$\frac{\sigma_\phi}{R_1}+\frac{\sigma_\theta}{R_2}=\frac{p}{t} \tag{11-7}$$

式中，σ_ϕ 是微体的径向应力；σ_θ 是微体的环向应力；p 是壳体上的压力；t 是壳体壁厚；R_1 是微体的径向曲率半径；R_2 是微体的周向曲率半径。

在此问题中，$R_2 \approx R_1$、$\sigma_\phi \approx \sigma_\theta$，代入微体平衡方程式，可得

$$\sigma = \frac{RP}{2t} \tag{11-8}$$

根据第一强度理论的强度条件，可得

$$\sigma^1 = \frac{RP}{2t} \leqslant [\sigma] \tag{11-9}$$

而材料的许用应力为

$$[\sigma] = \frac{\sigma_{极限}}{K} \tag{11-10}$$

式中，K 是安全系数。

由式（11-9）与式（11-10）得

$$t = \frac{RPK}{2\sigma_{极限}} \tag{11-11}$$

由式（11-11）可知，浮标壳体的壁厚与承压压力、浮标尺寸、安全系数及材料的极限应力有关，并随着承压压力、浮标尺寸及安全系数的增大而增大，随着材料极限应力的增大而减小。

本节所设计的海表浮标的壳壁可以当作薄膜，符合上述各式。选取 430 不锈钢材料，其屈服强度为 310MPa。由于浮标内部设计了均匀分布的环肋来增加强度，外部在拉伸力较大的部位也焊接了加强筋，因此安全系数 K 的数值选取为 2，为了便于搭载物安装，且保证海表浮标结构紧凑，近似取浮标最大半径为 $R = 0.75\text{m}$。将 $p = 0.5\text{MPa}$、$K = 2$、$R = 0.75\text{m}$ 等数值代入式（11-10），可求得该浮标壳体的壁厚 $t \approx 1.2\text{mm}$。海表浮标在静水中的受力情况如图 11-24 所示，海表浮标下面所受拉力主要载荷为锚泊缆、张紧锤和连接件，它们的水下重力见表 11-11。

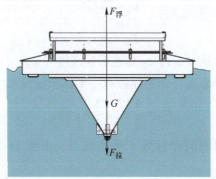

图 11-24　海表浮标在静水中的受力情况

表 11-11　锚泊系统主要配件重力

序号	配件名称	重力/kgf
1	探测主机	10
2	供电系统	45

（续）

序号	配件名称	重力/kgf
3	锚泊缆	110
4	张紧锤	20
5	连接件	10

由表 11-11 可知，海表浮标下面所受拉力 $F_{拉}=(110+20+10)\text{kgf}=140\text{kgf}$，浮力计算公式为

$$F_{浮}=\rho_{液}\,gV_{排} \tag{11-12}$$

1）工作浮腔计算如下。

$$V_{工}=\pi r^2 h \tag{11-13}$$

$$F_{工}=\rho gV_{工} \tag{11-14}$$

式中，r 是工作浮腔的内径（m）；h 是工作浮腔的高度（m）；ρ 是海水密度，一般在 $1.02\sim1.07\text{g/cm}^3$，取决于温度、盐度和压力（或深度）；$g$ 是重力加速度，取 9.81m/s^2。

2）外浮腔计算如下。

$$V_{外}=(\pi R^2-\pi r^2)h_1 \tag{11-15}$$

$$F_{外}=\rho gV_{外} \tag{11-16}$$

式中，R 是外浮腔外径（m）；h_1 是外浮腔的高度（m）。

3）锥形腔计算如下。

$$V_{锥}=\frac{\pi r_1^2 h_2}{3} \tag{11-17}$$

$$F_{锥}=\rho gV_{锥} \tag{11-18}$$

式中，r_1 是锥形腔内半径（m）；r_2 是锥形腔高度（m）。

设计过程中，选择海表浮标主浮腔有一半体积浸没水中，则有

$$F_{浮}=\frac{1}{2}F_{工}+\frac{1}{2}F_{外}+F_{锥} \tag{11-19}$$

在静水情况下，海表面浮标处于平衡状态，由图 11-26 可知，$F_{浮}=G+F_{拉}$。参数设计值见表 11-12。

表 11-12　参数设计值

序号	1	2	3	4	5	6
项目	r	h	R	h_1	r_1	h_2
数值/m	0.50	0.22	0.75	0.12	0.60	0.52

海水密度取 $1.05\mathrm{g/cm^3}$，将表 11-12 中的参数代入式（11-12）~式（11-18）中，得到 $F_\text{工} = 181.4\mathrm{kgf}$、$F_\text{外} = 123.7\mathrm{kgf}$、$F_\text{锥} = 205.8\mathrm{kgf}$。由式（11-19）得，$F_\text{浮} = 358.35\mathrm{kgf}$。

在海洋环境下要求材料耐腐蚀，强度、刚度符合要求，此外，由于金属材料对信号有屏蔽作用，影响探测主机对外通信，所以在顶盖的设计中不采用不锈钢。玻璃钢和聚氯乙烯（PVC）都可用来替代铜、铝、不锈钢等金属材料制作耐腐蚀设备与零件，比重为 $1.35 \sim 1.6$，符合设计要求。由于玻璃钢在加工成型过程中的材料利用率低，造成材料的浪费，且造价高，因此顶盖选择 PVC 板制作。

浮标重力包括探测主机、供电系统、浮标自身的质量，根据表 11-11 和表 11-12 建立浮标三维模型，运用测量几何体命令对各部分质量进行测量，G＝探测主机重力+供电系统重力+顶盖重力+浮标腔体重力+供电系统支架重力＝（10+45+10+56+7）kgf＝128kfg，所以 $G + F_\text{拉} = (140 + 128)\mathrm{kgf} = 268\mathrm{kgf}$，$F_\text{浮}/(G + F_\text{拉}) \approx 1.3$。因此，该浮标在设计浮力范围内的安全系数为 1.3，符合工程运用的最小安全系数。而且海表浮标主浮腔有 1/2 体积浸没水中，工作浮腔外壁与海水接触，有利于工作浮腔内部的散热。最后确定的海面浮标的主尺度是：圆盘形与锥形复合浮体，各部分尺寸见表 11-12，吃水深度为 0.64m，壳壁厚度为 1.2mm，空气中总质量约为 66kg。

11.3.2　海表浮标在波浪中的运动响应分析

海表浮标在波浪力作用下产生的摇荡运动，会导致海表浮标的倾覆和撞击，这将直接影响海表浮标的稳定性和其上设备的安全性。因此，对海表浮标在波浪中摇荡运动的研究是海表浮标水动力分析的一个重要组成部分。

1. 分析方法及原理

波浪力是作用在海洋工程结构物上的一项主要外力，对结构物会产生黏滞效应、附加质量效应、散射效应和自由表面效应。在结构物尺寸相对于波长的比值较小的情况下，结构物的存在对波浪的运动无显著影响，波浪对结构物的作用主要为黏滞效应和附加质量效应；在结构物尺寸相对于波长的比值较大的情况下，如平台的大型基础沉垫、大型石油贮罐等，结构物本身的存在对波浪的运动有显著影响，需要考虑入射波浪的散射效应及自由表面效应。因此，当进行海表结构物上的波浪力分析时，一般将问题分为与波长相比尺寸较小和较大两类来分别考虑。

本章所分析的探测系统的海表浮标与入射波的波长相比，属于尺寸较小的结构物，波浪对小尺寸结构物的作用力是绕流拖曳力和绕流惯性力。浮标遭受的波浪载荷可按照三维势流理论进行分析，采用三维线性频域水动力理论求解满足控制方程拉普拉斯方程的速度势。

对于不可压缩的理想流体，在无旋场中，速度势满足拉普拉斯方程，即

$$\nabla^2 \phi = 0 \qquad (11\text{-}20)$$

式中，∇^2 是拉普拉斯算子；ϕ 是速度势。

线性化自由面边界条件为

$$\frac{\partial \phi}{\partial z} - \frac{\omega_e^2}{g} \phi = 0 \qquad (11\text{-}21)$$

式中，ω_e 是规划波频率。

海底边界条件为

$$\nabla \phi = 0 \; , z \to -\infty \; (\text{无限水深}) \qquad (11\text{-}22)$$

$$\frac{\partial \phi}{\partial z} = 0 , z = -d \, (\text{海底，浅水}) \qquad (11\text{-}23)$$

由式（11-20）~式（11-23）解出速度势 ϕ，根据式（11-24）得到速度分布。

$$V = \nabla \phi \qquad (11\text{-}24)$$

根据线性化假设，可将一阶波浪力速度势 ϕ 分解为入射波速度势 ϕ_I、绕射波速度势 ϕ_d 和六自由度的辐射势 ϕ_j 的叠加，即

$$\phi = \left(\phi_I + \phi_d + \sum_{j=1}^{6} x_j \phi_j \right) \mathrm{e}^{-i\omega_e t} \qquad (11\text{-}25)$$

式中，ϕ_I 是入射波速度势；ϕ_d 是绕射波速度势；ϕ_j 是六自由度方向的辐射势（$j=1$，2，3，4，5，6）。

入射波速度势定义为

$$\phi_I = \frac{-ig\eta \cosh \left[k(d+z) \right] \mathrm{e}^{ik(x\cos\theta + y\sin\theta)}}{\omega_e \cosh(kd)} \qquad (11\text{-}26)$$

式中，k 是波数，由 $\omega_e^2 = gk\tanh(kd)$ 求得；d 是水深；η 是入射波幅。

通过边界元方法可求得绕射波速度势和辐射势。

解得一阶波浪力速度势后，即可根据伯努利方程求解作用在结构物表面上的水压力 p，有

$$p = -\rho \frac{\partial \phi}{\partial t} \qquad (11\text{-}27)$$

然后将水压力沿着海表浮标湿表面积分得到一阶波浪力，即

$$F_j = \int_s p \, n_j \mathrm{d}s = -\int_s i \, \omega_e \rho (\phi_I + \phi_d) \, n_j \mathrm{d}s \qquad (11\text{-}28)$$

式中，n_j 是广义单位法向矢量；s 是浮标的湿表面。

根据入射波速度势和绕射波速度势求解得到作用在海表浮标上的一阶波浪力，根据辐射势求解海表浮标的附加质量和附加阻尼，并考虑黏性阻尼，则根据如下频域内单位波幅下海表浮标的运动方程即可求解海表浮标各个自由度的运动响应，即

$$\left[-\omega^2(\boldsymbol{M}_S+\boldsymbol{M}_a(\omega))-i\omega\boldsymbol{C}(\omega)+\boldsymbol{K}\right]\boldsymbol{X}(\omega)=\boldsymbol{F}(\omega) \tag{11-29}$$

式中，$\boldsymbol{M}_S$ 是质量矩阵；$\boldsymbol{M}_a$ 是频域下的附加质量矩阵；$\boldsymbol{C}$ 是频域下的阻尼矩阵；$\boldsymbol{K}$ 是静水回复力矩阵；$\boldsymbol{X}$ 是位移；$\boldsymbol{F}$ 是外部恢复力（包括入射力和绕射力）矩阵。

利用 ANSYS Workbench/AQWA 中的 Hydrodynamic Diffraction 模块与 Hydrodynamic Time Response 模块进行模拟计算。Hydrodynamic Diffraction 模块可以使用典型的格林函数方法计算由波浪辐射衍射引起的任意形状的浮体结构周围的波浪力、浮体的附加质量和辐射阻尼；Hydrodynamic Time Response 模块用于计算在随机波浪条件下，浮体结构包括多体的载荷及运动时间历程，具体分析计算流程如图 11-25 所示。

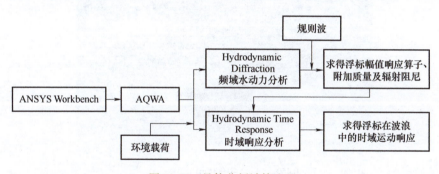

图 11-25　具体分析计算流程

2. 海表浮标有限元模型建立

海表浮标的稳定性是指其在海上工作时在风浪压力等外力作用下发生倾斜，产生倾斜力矩，当外力消失后，由于受到周围水介质作用可产生回复力矩，能回复常态的能力。海表浮标在波浪中的运动有纵荡、横荡、垂荡、横摇、纵摇和首摇，如图 11-26 所示。

海表浮标稳定性的影响因素包括：海况环境（即海浪力和风力）、海表浮标质量分布和海表浮标的结构形式。

针对海表浮标模型进行如下简化。

1）由于所研究的海表浮标内部无活动部件，所以在整个过程中其质量一

定，质心位置不变，质量对称分布，为有确定几何形状的刚体。

2) 由于海表浮标露出海面部分面积较小，太阳能电池板水平放置，在此忽略风力作用，且海上部分建模中以一个等效模型代替。

3) 细小部件对有限元网格划分有较大影响，建模时略去一些产生微小角度的圆角，这些圆角在非受力的部件上，对有限元分析没有影响。

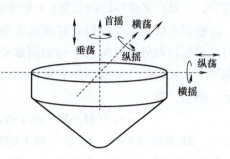

图 11-26　海表浮标在波浪中的运动

针对海表浮标的结构特点，在对其进行有限元网格划分时，采用自由划分功能，设定最大单元尺寸为 0.05m，最小容忍尺寸为 0.02m，最大允许频率为 0.72rad/s，网格单元数为 2080 个，其有限元模型网格划分如图 11-27 所示。

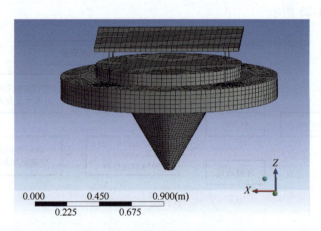

图 11-27　有限元模型网格划分

在有限元模型网格划分后，输入 ANSYS Workbench/AQWA 中的 Hydrodynamic Diffraction 模块与 Hydrodynamic Time Response 模块进行模拟计算，如图11-28 所示。

水动力分析参数设置见表 11-13。

表 11-13　水动力分析参数

水动力分析参数	参数值
波浪峰值频率 ω/（rad/s）	0.05~0.72（间隔 0.05）
浪向角 α/（°）	−180~180（间隔 25）

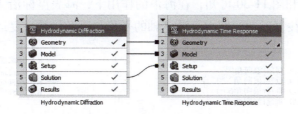

图 11-28　仿真项目建立

3. 计算结果分析

海浪条件下的海表浮标稳定性分析，主要是研究浮标在波浪干扰力作用下的横摇、纵摇、首摇、横荡、纵荡、垂荡与浪向角、波浪频率之间的关系。

本节通过 ANSYS workbench/AQWQ 模拟分析海表浮标自由状态下的幅值响应算子（Response Amplitude Operator，RAO），它是波浪波幅到平台各位置参数的传递函数，即

$$RAO = \frac{\eta_i}{\xi} \qquad (11\text{-}30)$$

式中，η_i 是浮标运动第 i 个自由度的波幅值；ξ 是某一频率波浪高度的幅值。

图 11-29~图 11-37 所示为海表浮标有限元模型网格划分后，输入 ANSYS Workbench/AQWA 中的 Hydrodynamic Diffraction 模块与 Hydrodynamic Time Response 模块进行模拟计算的结果。

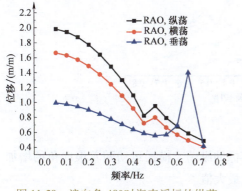

图 11-29　浪向角 40°时海表浮标的纵荡、
横荡、垂荡 RAO

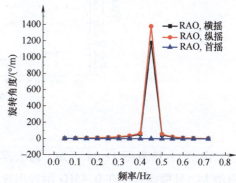

图 11-30　浪向角 40°时海表浮标的
横摇、纵摇、首摇 RAO

由图 11-29 和图 11-30 可知，在海浪的作用下，海表浮标沿 X、Y 轴的平移和绕 X、Y 轴的往复运动幅度大于沿 Z 轴的平移和绕 Z 轴的往复运动幅度。

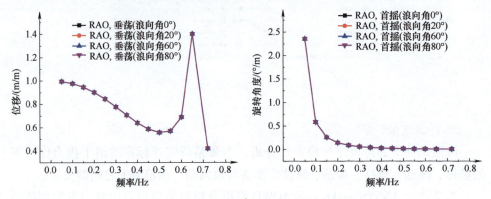

图 11-31　不同浪向角下海表浮标的垂荡 RAO　图 11-32　不同浪向角下海表浮标的首摇 RAO

由图 11-31 和图 11-32 可知，海表浮标的垂荡、首摇运动不受浪向角的影响，与波浪频率有关，在 0.65Hz 处垂荡值最大，在低频状态下首摇角度大。

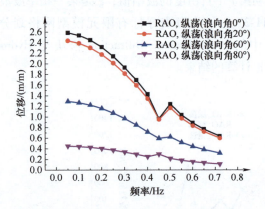

图 11-33　不同浪向角下海表浮标的纵荡 RAO

由图 11-33 和图 11-34 可知，海表浮标的纵荡、横摇运动随着浪向角的增加而增大，且横摇运动在 0.45Hz 附近出现最大值。

由图 11-35 和图 11-36 可知，海表浮标垂荡、首摇运动受浪向角的影响较小；纵荡与横荡、横摇与纵摇在不同的浪向角下出现相似的运动，且运动是互补的，这是浮标结构的对称性导致的。

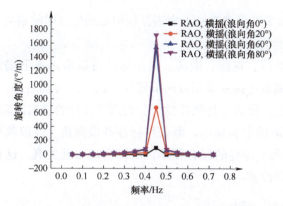

图 11-34　不同浪向角下海表浮标的横摇 RAO

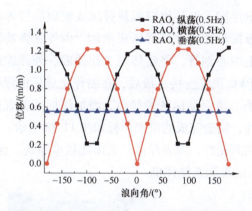

图 11-35　波浪频率 0.5Hz 时海表浮标的纵荡、横荡、垂荡 RAO

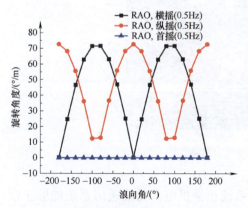

图 11-36　波浪频率 0.5Hz 时海表
浮标的横摇、纵摇、首摇 RAO

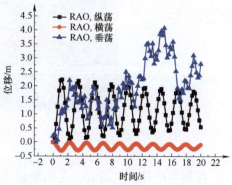

图 11-37　浮标中心的位移时间响应

图 11-37 所示为在海浪激励下海表浮标中心的位移时间响应，海表浮标位置随波浪呈周期性变化。

海表浮标的垂荡、首摇、横荡、纵荡运动可以通过水下锚泊系统削弱，同时在海表浮标与锚系连接处采用万向节连接，消除由首摇运动产生的转动力矩。由于结构的对称性，海表浮标倾覆性可分析海表浮标的横摇运动。根据图11-30、图 11-34、图 11-36 的数据显示，海表浮标在各浪向角、波浪频率下的稳定性较好，0.45Hz 接近海表浮标的固有频率，所以运动出现失真，这种情况可以通过调整质心位置加以改善。

11.3.3　海表浮标制造

拟制作的不锈钢浮标，先是将钢板裁剪压成锥面后拼焊成锥体，内部固定好加强筋；再将钢板按设计尺寸裁剪压成曲面，内外加强筋固定好后焊接成工作腔与外浮腔；连上中心钢管，将锥体与工作浮腔、外浮腔焊接，锥体底部连接收紧密封套，将 PVC 顶盖连接。最后，在制作完成后的浮标外表面喷漆着色处理，着色不仅赋予不锈钢浮标各种颜色，增加浮标的美观性，而且提高了浮标的耐磨性和耐蚀性，制造完成的海表浮标如图 11-38 所示。

将探测主机、探测光纤、海表浮标、太阳能供电系统、无线通信系统集成，得到如图 11-39 所示的探测系统样机。

图 11-38　制造完成的海表浮标

探测主机开机起动后，太阳能供电系统正常供电，无线通信系统能够正常工作，上位机域名访问探测主机，可以获得光纤周围的温度曲线（见图 11-40）。结果表明，探测系统通信良好，系统测试误差不大于 0.1℃，满足设计要求。上海某公司将本探测主机投入使用，已经获得很好的应用效果，说明本探测系统的有效性、可行性和可靠性。

图 11-39　探测系统样机

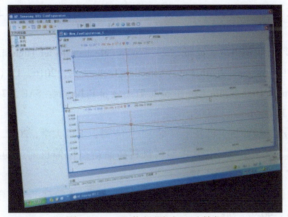

图 11-40　上位机测试显示数据

参 考 文 献

［1］PAHL G, BEITZ W, FELDHUSEN J, et al. Engineering Design ［M］. Berlin: Springer, 2007.

［2］帕尔，拜茨. 工程设计学：学习与实践手册 ［M］. 张直明，毛谦德，张子舜，等译. 北京：机械工业出版社，1992.

［3］李桂琴，于明玖，陆长德，等. 基于问题的模糊推理方法在造型设计中的应用 ［J］. 机械科学与技术，2002，21（6）：7-10，19.

［4］施永春，吴剑清，赵伟，等. 一种应用于激光电视投影仪的移动镜头门：201410769282. 1 ［P］. 2018-11-13.

［5］施永春，吴剑清，赵伟，等. 一种应用于激光电视投影仪的滑轨式移动镜头门：201410770526. 8 ［P］. 2018-4-27.

［6］张允真，曹富新. 弹性力学及其有限元法 ［M］. 北京：中国铁道出版社，1983.

［7］陈国华. 有限元法在内燃机工程中的应用 ［M］. 武汉：华中工学院出版社，1985.

［8］白影春，李超，陈潇凯. 汽车结构优化设计理论及应用 ［M］. 北京：北京理工大学出版社，2022.

［9］RUAN B, LI G Q, CHEN Y, et al. New Tension Mechanism for High-speed Tensile Testing Machine ［J］. International Journal of Automotive Technology, 2016, 17（6）：1033-1043.

［10］SAE International. High Strain Rate Tensile Testing of Polymers：SAE J2749-2008 ［S］. Warrendale：SAE International，2008.

［11］徐新虎. 高速动态拉伸机关键技术研究 ［D］. 上海：上海大学，2012.

［12］李桂琴，陈阳，郭庆，等. 电磁式塑料材料高速动态拉伸机的运动控制系统和方法：201610479522. 3 ［P］. 2020-1-17.

［13］谭翰墨，裴仁清. 订单制造报价工艺设计的研究 ［J］. 常熟理工学院学报（自然科学），2008，23（4）：90-92，96.

［14］余志平，李桂琴，王军. 基于 Optistruct 的重型梁结构优化设计 ［J］. 机械制造，2014，52（3）：20-22.

［15］王庆林. 基于系统工程的飞机构型管理 ［M］. 上海：上海科学技术出版社，2017.

［16］上海市企业信息化促进中心. 构型管理 ［M］. 上海：上海科学技术出版社，2010.

［17］翟芳. 机械制图 ［M］. 北京：中国传媒大学出版社，2008.

［18］KONG F H, LI G Q, WANG C G, et al. The New Method of the Processing of Waste Materials in Slitting Line ［C］//SUN Jiaguang. The 8th International Conference on Frontiers of Design and Manufacturing. Tianjin：［s. n.］，2008：422-439.

［19］孔凡会. 曲线开料机废料处理技术研究 ［D］. 上海：上海大学，2009.

［20］WANG Y, LI G Q, JIN Z, et al. Partition-Based Camera Calibration Method for High-precision Measurement ［C］. //2010 International Conference on Computational Intelligence and

Computing Research. ［S. l.］：［s. n.］，2010：352-356.

［21］王燕. 视频引伸计关键技术研究［D］. 上海：上海大学，2011.

［22］LI G Q，GUO L，WANG Y，et al. 2D Vision Camera Calibration Method for High-precision Measurement［J］. Transaction on Control and Mechanical Systems，2012，1：99-103.

［23］郭磊，李桂琴，章林鑫. 基于分块的二维视觉测量系统标定［J］. 工业控制计算机，2014，27（8）：5-7.

［24］余志平. 井下封隔器性能分析及其检测设备设计［D］. 上海：上海大学，2015.

［25］TONG S H，LI G Q，LU L X，et al. Design and Calculation of the Transmission System for Sintering Furnace［C］.//Anon. The 2nd International Conference on Electronic & Mechanical Engineering and Information Technology. Dordrecht：Atlantis Press，2012.

［26］李桂琴，仝韶华，陆利新. 太阳能电池连续式烧结炉温度场分析［J］. 计算机仿真，2013，30（1）：188-192.

［27］仝韶华，李桂琴，陆利新，等. 烧结炉网带传动系统的设计计算［C］.//中国机械工程学会. 第 18 届中国机构与机器科学国际会议论文集.［S. l.］：［s. n.］，2012：1-4.

［28］陆利新，李桂琴，仝韶华，等. 连续式烧结炉加热功率计算模型［J］. 热加工工艺，2012，41（19）：37-39.

［29］金国军. 太阳能电池烧结炉的结构设计及温度场 CFD 分析［D］. 上海：上海大学，2012.

［30］仝韶华. 海洋纵深垂直温度实时探测系统关键技术［D］. 上海：上海大学，2013.